军用软件工程

叶雪梅　陈　菁　主编

叶雪梅　陈　菁　蔡艳宁　安　利　范青刚　编著

西北工業大學出版社

【内容简介】 本书在对军用软件及其相关概念介绍的基础上，阐述了基于项目的面向对象的软件开发方法、基于生命周期的迭代式软件研发过程、军用软件项目管理及军用软件过程改进，并对军用软件工程相关标准进行了介绍。

本书主要用做软件工程课程的教材，适用于计算机科学与技术专业、信息研究与安全专业本科生或硕士研究生、各类继续教育人员，亦可作为高等院校计算机科学与技术专业、软件工程专业或其他相关专业的教学参考书，或作为从事软件开发、项目管理及软件过程改进等工作人员的参考书、培训教材等。

图书在版编目(CIP)数据

军用软件工程/叶雪梅，陈菁主编．—西安：西北工业大学出版社，2012.1
高等学校规划教材．2110 系列教材
ISBN 978-7-5612-3282-8

Ⅰ.①军… Ⅱ.①叶…②陈… Ⅲ.①军用计算机—软件工程—高等学校—教材
Ⅳ.①E919

中国版本图书馆 CIP 数据核字(2012)第 003401 号

出版发行：西北工业大学出版社
通信地址：西安市友谊西路 127 号　　邮编：710072
电　　话：(029)88493844　88491757
网　　址：www.nwpup.com
印 刷 者：陕西天元印务有限责任公司
开　　本：787 mm×1 092 mm　1/16
印　　张：14.375
字　　数：349 千字
版　　次：2012 年 1 月第 1 版　　2012 年 1 月第 1 次印刷
定　　价：29.00 元

前　言

军用软件工程是个新兴的学科，它是以软件开发与管理所用军用标准及工程化的思想和方法来指导军用软件开发和管理的整个过程的学科，它具有鲜明的实践性。近年来在军用计算机和军用信息管理等领域中，它的地位显得越来越重要，不仅大型软件项目离不开它，一般的、甚至小型软件项目也必须运用它的概念、原则和方法。软件经理，软件分析人员，软件设计、编程、测试、维护人员和软件配置管理人员以及质量保证人员，都必须很好地掌握软件工程、软件项目管理及软件过程改进知识，才能适应岗位工作的要求。特别是在当前我军信息化建设的形势下，军用软件工程更加受到重视。事实也一再表明，不掌握软件工程知识，不按照软件工程的要求去做软件项目，提供给部队的产品只能是低质量的、难以维护的。

本书系统地介绍了与军用软件相关的软件工程的有关概念、原理、方法、技术、标准和相关管理技术，突出了面向对象技术在软件开发过程中的应用以及软件项目管理、软件过程改进的重要性。全书共分6章，第1章主要对军用软件工程的产生、概念、有关标准以及开发过程标准进行概述；第2章主要阐述面向对象技术和统一建模语言，并对建模工具 Rational Rose 进行详细介绍；第3章主要对军用软件研发过程进行详细论述；第4章主要对软件项目管理有关内容进行介绍；第5章主要论述军用软件过程管理和过程改进相关内容；第6章主要介绍军用软件开发、军用软件项目管理及过程改进中的几个主要的军用软件标准。

全书从方法介绍的角度出发，内容紧凑，每章之后都配有习题，讲述力求理论联系实际，深入浅出，循序渐进。本书由叶雪梅、陈菁主编，具体编写分工如下：第1章、第3章及第6章由叶雪梅编写，第2章、第4章由陈菁编写，第5章由蔡艳宁编写，全书习题及小结部分由安利、范青刚编写。全书由叶雪梅统稿，汪洪桥、陈柏松审阅了书稿。

在本书的编写过程中，参考和引用了许多专家、学者的著作和论文，在正文中未一一注明，在此，谨向相关参考文献的作者表示衷心的感谢。

由于水平有限，书中不当之处，恳请读者批评指正。

编著者

2011年10月

目　录

第1章 军用软件工程的基本概念

GJB 2786A—2009《军用软件开发通用要求》对计算机软件(或软件)进行了下述定义:软件是指能使计算机硬件完成计算和控制功能的有关计算机指令和计算机数据定义的组合。它包括程序、相关数据及其说明文档。其中,程序是按照事先设计的功能要求执行的指令序列,数据是程序能正常操纵信息的数据结构,文档是与程序开发维护和使用有关的各种图文资料。

软件工程是针对软件这一具有特殊性质的产品的工程化方法。它涵盖了软件生存周期的所有阶段,并提供一整套工程化方法来指导软件人员的相关工作。

军用软件工程是结合军用软件标准与军用软件特点提出的适用于军用软件的工程化方法。

本章通过介绍软件、软件危机和软件工程的基本概念,讲解军用软件工程的发展及现状,并介绍军用软件工程标准和军用软件工程方法等。

1.1 软件的发展及软件工程的产生

1.1.1 软件的发展

20世纪50年代,软件伴随着第一台电子计算机的问世诞生了。以编写软件为职业的人员也开始出现,到60年代美国大学里开始出现授予计算机学位的专业,设置相关课程教人们编写软件。在短短50年的时间里,软件产业迅速发展成为推动人类社会发展的支柱产业之一,并成为人类社会信息化发展不可或缺的重要组成部分。从总体上讲,计算机软件的发展经历了3个时期。

1.程序设计时期(1946—1956年)

这个时期的软件生产方式主要是个体手工劳动。使用的工具是机器语言、汇编语言;开发的方法是追求编程技巧,追求程序运行效率,使得程序难读、难懂、难修改;硬件特征是价格贵,存储容量小,运行可靠性差;软件特征是只有程序、程序设计概念,不重视程序设计方法。其主要有以下特点。

(1)只有改善硬件结构,才能提高计算机系统的性能。

(2)编程只是计算机运行时必须进行的准备工作。

(3)程序是为解决特定问题而专门设计的,缺乏通用性。

(4)编程是个人行为,是个体生产方式。

(5)程序只有清单,无文档说明和设计资料,程序的设计文档不是必需的。

以上这些特点的核心就是:只有程序概念,没有软件概念。

2.程序系统时代(1956—1968年)

从20世纪50年代末到70年代初,计算机硬件技术有了较大发展,其特点是:

(1)出现了通道技术和中断技术,计算机速度有了很大提高。

(2)外存设备和人机交互设备得到了较大改进,计算机开始普及。

(3)计算机应用从科学计算扩展到了数据处理和实时控制。

(4)出现了各种应用软件和系统软件,如编译软件、操作系统等。

(5)软件规模增大,通用性增强,其表现为:程序的生产由个体生产方式变成了多人分工,协作编制完成,也就是说程序的生产已基本完成了从个体方式向作坊方式的转变。软件的维护由多人承担。软件维护是指软件在使用之后,为了改正错误或满足新的需求而修改软件的过程,除了改正性维护和预防性维护外,一个重要的维护工作就是适应性维护。也就是说,大约每 36 个月就有新一代的软件出现,时常会增加或修改外部设备或其他系统部件,所以操作系统和其他系统需要更新版本,同样部分应用软件也需修改部分软件和参数,所以维护量较大。软件不再是计算机硬件的附属成分,而成为计算机系统中与硬件相互依存的不可缺少的部分,而且这时软件在计算机成本中的比例超过硬件。

(6)软件技术有了较大的发展,出现了多道程序技术、多用户的人机交互系统和文件管理系统。

以上这些表明,这时的程序如果没有说明,别人将无法应用,因而出现了软件工程师和软件产业,而且在当时形成了这样的状况:大型软件不断出现,大型软件的需求不断增加,而软件的生产却是作坊式的;软件的大型化和作坊式生产之间的矛盾,导致了程序错误的增多。各类软件及 OS 的更新,需要修改部分程序和程序参数,软件维护费用急剧增加;开发大型软件需几十、几百甚至几千人合作,作坊式的生产方式不仅满足不了软件的需要,而且使程序变得不可维护,于是就出现了软件危机。

最为典型的例子是 IBM 公司于 1963—1966 年开发的 IBM360 系列机的操作系统。IBM 是世界上著名的计算机大公司,IBM360 是计算机发展史上的一个里程碑,当人们谈论计算机发展时,都会提到 IBM 公司 IBM360 计算机系统。就是这样一个著名的 IBM360 计算机的操作系统,虽然花费了数千人 3 年的时间,历尽了艰辛,其研制也令人失望。该项目的负责人 Fred Brooks 在总结该项目时生动地描述了研制过程的困难和混乱,他说:“就像巨兽在泥潭中作垂死挣扎,挣扎得越猛,就陷得越深,最后没有一个野兽能逃脱被淹没的命运。程序设计就像这样一个泥潭,一批批程序员被迫在泥潭中挣扎,谁也没有料到问题竟会变得这样棘手。”

这个例子形象地形容了当时的“软件危机”现象。

3. 软件工程时期(20 世纪 70 年代至今)

为了摆脱软件危机的困境,北大西洋公约组织成员国于 1968 年和 1969 年连续召开软件工程研讨会,研究摆脱软件危机的对策,提出了“如何以规范化、工程化的方法、手段和技术来开发软件”的问题,进而提出了软件工程的概念。后来便出现了软件工程学这样一个软件方面的学科分支。

几十年来,软件工程已取得重大进展,各种软件工程技术得到了较为广泛的应用,对于推进软件技术的进步和软件产业的发展起到了十分积极的作用。但从总体上讲,软件的供需矛盾仍然很突出。关于软件工程时期软件的一些功能和特点,将在下文中作详细的介绍。

1.1.2 软件危机

所谓软件危机,简单地说,就是指在软件开发和软件维护过程中所存在的一系列严重问题。具体地说，软件危机具有下述一些表现。

(1)软件开发没有真正的计划性，对软件开发进度和软件开发成本的估计常常很不准确，计划的制定带有很大的盲目性，因此工期超出、成本失控的现象经常困扰着软件开发者。

(2)对于软件需求信息的获取常常不充分，软件产品往往不能真正地满足用户的实际需求。

(3)缺乏良好的软件质量评测手段，从而导致软件产品的质量常常得不到保证。

(4)对于软件的可理解性、可维护性认识不够，软件的可复用性、可维护性不如人意。有些软件因为过于“个性化”，甚至是难以理解的，更谈不上进行维护。缺乏可复用性引起的大量重复性工作极大地降低了软件的开发效率。

(5)软件开发过程没有实现“规范化”，缺乏必要的文档资料或者文档资料不合格、不准确，难以进行专业维护。

(6)软件开发的人力成本持续上升，如美国在 1995 年的软件开发成本已经占到了计算机系统成本的 90%，如图 1-1 所示。

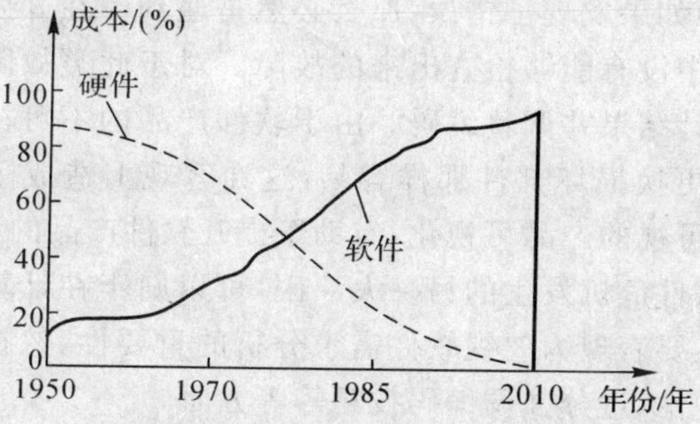

图 1-1　计算机系统硬件、软件成本比例变化

(7)缺乏自动化的软件开发技术，软件开发的生产率依然低下，远远满足不了急剧增长的软件需求，如图 1-2 所示。

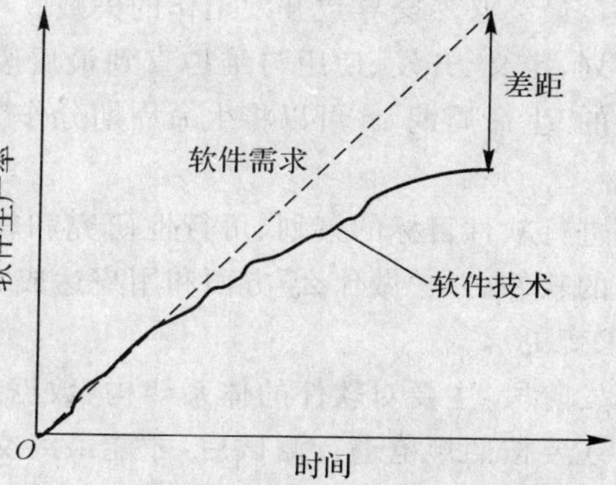

图 1-2　软件技术发展的滞后性

软件危机曾经是历史上的阴影，目前软件工程界也仍然在一定程度上受到它的影响。软件工程概念的提出，正是为了克服软件危机。自 1968 年以来，随着软件工程学的不断发展，软

件危机得到了一定程度的遏制，但还远远没有被彻底解决。《The Standish Group. Chaos. 1995》一文报告了20世纪90年代中期美国商用软件产业的情况：1995年美国公司取消了810亿美元的软件项目；在所考察的软件项目中，完成前就取消了其中的31%；53%的软件项目进度拖延，通常拖延的时间超过预定工期50%以上；只有9%的大型软件项目能够及时交付且费用不超支（对中型和小型软件公司来说这一数据为16%）。从上面的统计数据不难看出，在软件开发过程中，危机的影响依然存在。再回顾一下世纪之交时，为防治软件"千年虫"问题所投入的巨大人力与物力，也反映了软件维护工作的艰巨与困难。

软件危机的存在是不争的事实，产生软件危机的原因可以归纳为主、客观两个方面。

从客观上来看，软件不同于硬件，它的生产过程和产品都具有明显的"不可视"特征，这就导致在完成编码并且上机运行之前，对软件开发过程的进展情况较难衡量，软件产品的质量也较难进行先期评价，因此，对开发软件的过程进行管理和控制比较困难。在软件工程的早期，制定详细的开发计划并且进行全程跟踪调控，对于所有的阶段产品和阶段工作进展进行技术审查和管理复审，可望在一定程度上克服"开发过程不可视"造成的消极影响。

此外，软件运行过程中如果发现了错误，那么必然是遇到了在开发时期（分析、设计、编码过程）引入的，在检测过程中没有能够检查出来的故障。对于此类故障的维护，通常意味着要修改早期的分析结果和设计结果并调整编码。由于软件产品的不可视特征，维护过程不像硬件产品维护时只要简单地更换损坏部件那样容易，这在客观上造成了软件难以维护的结果。利用足够的文档资料使不可视的产品可视化，有助于提升软件产品的可理解性和可维护性。

从主观上分析，导致软件危机发生的另一大原因，可以归于在计算机系统发展的早期，软件开发的"个体化"特点，主要表现为忽视软件需求分析的重要性、忽视软件的可理解性、文档不完备、轻视软件的可维护性、过分强调编码技巧等等方面。

只有软件的用户才真正了解他们自己的需求。而且应当承认，用户一开始并不见得能够清晰、准确地表达自己的需求。软件开发人员需要做大量的、深入细致的调研工作，引导用户逐步准确、具体地描述对软件的需求，才能够得到对问题、目标的正确认识，从而获得解决问题的恰当出发点，有望开发出真正能够满足用户需求的软件产品。在对用户的需求没有清楚的认识时就仓促地进行程序编写，最终必然会导致开发工作的失败。

一般来说，软件产品从策划、定义、开发、使用与维护直到最后废弃，要经过一个漫长的时期，通常把这个时期称为软件的"生命周期"。可以将生命周期分作"软件定义"、"软件开发"和"运行与维护"3个阶段。

在软件定义阶段中，主要进行软件目标的策划、可行性研究和软件的需求分析工作，通过和用户多次交流，在所要开发的软件必须"做什么"方面和用户达成一致（当然在开发过程中也允许在严格的控制下进行需求变更）。

软件被定义之后，进入开发阶段，主要对软件的体系架构、数据结构和主要算法进行设计和编码实现。对于编码结果，还要按照规范进行测试后，才能最终交付使用。如前所述，在开发阶段也可能对于此前不够准确的软件定义结果进行调整。统计数据表明，在典型的软件工程过程中，编码工作量大约只占软件开发全部工作量的15%～20%。

软件的运行与维护阶段在软件生命周期中占据的时间最长。在软件运行过程中，分析和设计阶段的一些遗留缺陷可能会逐步暴露；运行环境的变化也会对运行中的软件提出变更要求；用户新需求的提出则常常要求扩充现有软件的功能或者改进其性能，所有这些要求与问题都必须通过“软件维护”工作去解决。在维护过程中，必须注意保持所有软件产品之间的一致性。针对不同的需求，维护工作一般可以分为纠错性维护、适应性维护、扩充性维护和预防性维护等不同类型。

作为软件，应当有一个完整的配置。美国著名的软件工程专家，加州州立大学教授 Boehm 指出，软件是程序以及开发、使用、维护程序所需要的所有文档。所以，软件产品除包括程序之外，还应当包括完整、准确、翔实的文档资料。主要的文档应当包括“需求规格说明书”、“体系结构设计说明书”、“详细设计说明书”、“安装手册”、“操作手册”、“系统管理员手册”等。缺乏必要的配置文档，将严重影响软件的可理解性，从而给软件的维护造成严重障碍。

做好包括项目策划、可行性研究、需求分析三项内容的软件定义工作，是提高软件质量、降低软件成本、保证开发进度的关键环节。值得注意的是，在软件开发的不同阶段进行修改所付出的代价是极其不同的。在早期引入变动，涉及的面比较小，因而代价也比较低；在开发的中期，因为许多配置项已经完成，所以引入一个变动，就要对它所涉及的所有已经完成的配置项进行变更，不仅工作量大，而且逻辑上也更复杂，因此付出的代价剧增；如果在软件“已经完成”时再引入变更，更是要付出高得多的代价。根据美国一些软件公司的统计资料，软件开发后期引入一个变动比在早期引入相同变动所需付出的代价高 2～3 个数量级。图 1－3 所示定性地描绘了在不同时期引入一个变动需要付出的代价的变动趋势。图 1－4 所示是美国贝尔实验室统计得出的定量结果。

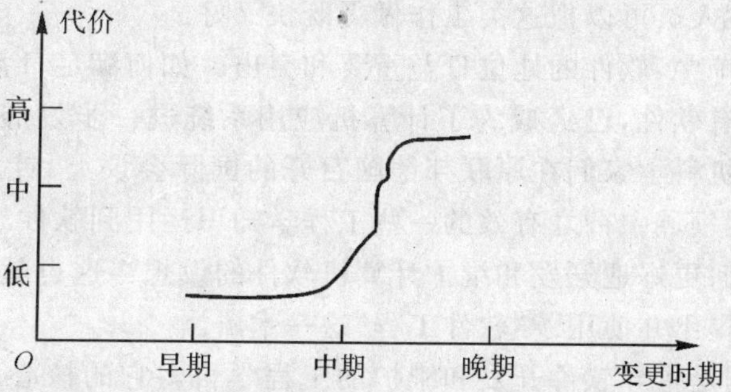

图 1－3　变更代价随时间变化的趋势示意图

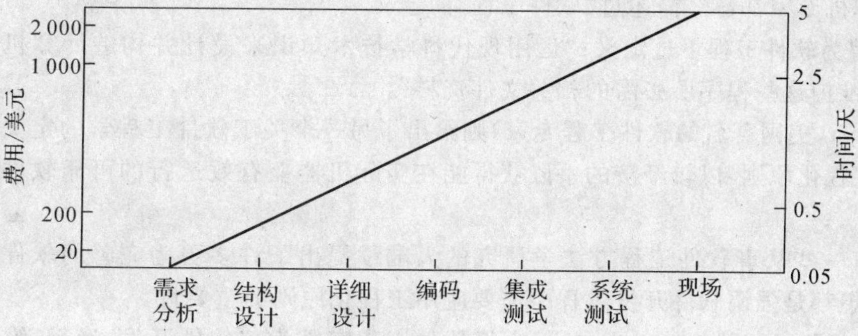

图 1－4　更正一个问题需要付出的代价

1.1.3 软件工程的产生

如何解决软件危机呢？可以借鉴其他工程领域的成功经验，基于软件危机产生的主、客观原因，从软件工程技术和软件工程管理两方面来采取措施，防范软件危机的发生。

软件开发不是某种个体劳动的神秘技巧，而应当是一种组织良好、管理严密，分析、设计、编码、测试、质量保证等各类人员协同配合，共同完成的工程项目。在软件开发过程中，必须充分吸收和借鉴人类长期以来从事各种工程项目所积累的行之有效的原理、概念、技术和方法，特别要注意吸收几十年来在计算机硬件研究和开发中积累的经验和教训。

从管理层面上考虑，应当注意使用和推广在实践中总结出来的成功的技术和方法，并且探索更好的、更有效的技术和方法，注意积累软件开发过程中的经验数据财富，逐步消除在计算机系统早期发展阶段形成的一些错误概念和做法。建立适合于本组织的软件工程规范，制定软件开发中各个工作环节的流程文件、工作指南和阶段工作产品模板，实施针对软件开发全过程的计划跟踪和品质管理活动，为每一项工程开发活动建立配置管理库，实施严格的产品基线管理并建立组织的软件过程数据库和软件财富库，为各类员工及时提供必要的培训等都是加强软件开发活动管理工作的有效手段。

从技术角度考虑，应当开发和使用更好的软件开发工具，提高软件开发效率和开发工作过程的规范化程度。在计算机软件开发的各个阶段，都有大量的烦琐重复的工作要做，在适当的软件工具的辅助下，开发人员可以把这类工作做得既快又好。

现代计算机应用系统中，软件的地位日益重要和突出。如何满足日益增长的软件需求，如何维护应用中的大量已有软件，已经成为了计算机应用系统进一步发展的瓶颈。1968 年，北大西洋公约组织的计算机科学家们在原联邦德国召开的国际会议上，针对软件危机的严峻形势，提出了把在其他工程领域中行之有效的一些工程学知识运用到软件开发过程中来，从管理和技术两个方面研究如何更好地开发和维护计算机软件的设想。这也就是软件工程的基本思路。在这次会议上首次提出并使用了“软件工程”这一术语。

简单地说，软件工程是指导软件开发和维护的工程学科。它的核心思想是采用工程的概念、原理、技术和方法来开发和维护软件，把经过实践考验证明是正确的管理技术和当前能够得到的最好的技术方法结合起来，从而大大提高软件开发的生产率和成功率。

许多计算机专家都曾经描述过“软件工程”的定义。

Boehm 曾为软件工程下过定义：“运用现代科学技术知识来设计并构造计算机程序及为开发、运行和维护这些程序所必需的相关文件资料”。

Fritz Bauer(美国著名的软件工程专家)则给出了另一个关于软件工程学的定义：“建立并使用完善的工程化原则，以较经济的手段获得能在实际机器上有效运行的可靠软件的一系列方法”。

后来又有一些从事软件工程方法学研究的人陆续提出了许多更为完善的软件工程的定义，但主要思想都是强调软件开发过程中需要应用工程化原则的重要性。

GB/T 11457—1995《软件工程术语》中将软件工程定义为：“软件开发、运行、维护和引退的系统方法”，目的就是为软件全生存周期活动提供工程化手段，从而提高软件质量、降低软件成本和缩短开发周期等。

相比之下，IEEE 给出了关于软件工程的一个更加综合的定义：

(1)将系统化的、规范的、可度量的方法应用于软件的开发、运行和维护过程,即将工程化方法应用于软件开发与维护过程中。

(2)对上述方法的研究。

就内容来看,软件工程应当包括3个要素:方法、工具和过程。

软件工程方法为软件开发提供了"如何做某项工作"的技术指南。它包括了多方面的任务,例如项目策划和估算方法、软件需求分析方法、体系结构的设计方法、详细设计方法、软件测试方法等等,使得整个开发过程的每一种阶段任务都能够"有章可循"。

软件工程工具为软件工程方法提供了自动的或半自动的软件支撑环境。目前这样的工具已经有许多种,而且已经有人把诸多软件工程工具集成起来,使得一种工具产生的信息可以为其他工具所使用,形成了一种称之为计算机辅助软件工程(CASE)的软件开发支撑环境。CASE把各种软件工具、开发机器和一个存放开发过程信息的工程数据库组合起来,形成了一个完整的软件工程环境。

软件工程中的"过程"是将软件工程的方法和工具综合起来以达到合理、及时地进行计算机软件开发的目的。可以将软件工程过程理解为软件工程的工艺路线。过程定义了各种方法使用的顺序、各阶段要求交付的文档资料、为保证质量和控制软件变更所需要的管理环节和在软件开发各个阶段完成的里程碑。

针对软件工程的基本要件,有许多计算机科学家进行了诠释,先后提出了100多条有关软件工程的相关原则。著名软件工程专家B. W. Boehm集众家所长,并总结了TRW公司多年开发软件的经验,在1983年提出了软件工程的7项基本原则,作为保证软件产品质量和开发效率的最小集合。具体包括:

(1)用分阶段的生命周期计划严格管理软件工程过程。

(2)坚持在软件工程过程中进行阶段评审。

(3)实行严格的产品控制。

(4)采用现代的开发技术进行软件的设计与开发。

(5)工作结果应当是能够清楚地审查的。

(6)开发小组的人员应该"少而精"。

(7)承认不断改进软件工程实践的必要性。

这7条原则是互相独立的、缺一不可的最小集合,同时又是相当完备的。可以证明,其他已经提出的100多条软件工程原理都可以由这7条原则的任意组合蕴含或派生。

从首次提出"软件工程"的概念开始,迄今已经经过了近半个世纪,在此期间,计算机硬件、软件技术领域都有了长足的发展,各种新产品、新技术、新方法、新工具不断问世。伴随着计算机科学与技术的进步,软件工程作为一门新兴学科也同样有了很大的发展。从传统的软件工程到面向对象的软件工程,从一般的软件工程到净室软件工程,从软件工程到软件再工程,从人工软件工程到计算机辅助软件工程,整个软件工程学正在日趋走向成熟,并在计算机应用领域中发挥着越来越大的作用。

1.2 军用软件及军用软件工程

1.2.1 军用软件的概念

军用软件是现代武器装备的灵魂，军用软件建设是军队实现信息化的关键。随着军队机械化、信息化水平的逐步提高，多种类型的、形形色色的军用软件将用于从单兵到全军的各个层次的指挥作战系统，用于以计算机作信息处理和系统控制的武器装备系统。

军用软件通常指用于军事目的的软件，一般可分为两大类：一类是武器系统软件，另一类是非武器系统软件（称为自动化信息系统软件）。武器系统软件包括为武器系统专门设计或专用的并成为整个系统不可缺少的一部分的嵌入式软件，指挥、控制和通信软件，对武器系统及其完成任务起保障作用的其他武器系统软件，如任务规划软件、战斗管理软件、后勤保障软件、演习分析软件、训练软件、飞行计划软件、应用测试软件、程序管理软件、模拟器软件等。非武器系统软件主要指执行与武器系统无关的系统使用和保障功能的软件，例如科学计算软件、人员管理软件、资源控制软件、地图管理软件、设备维修软件、仿真软件和人工智能软件等。

随着军队信息化程度的不断提高，军用软件已经渗透到军事应用的各个方面，成为武器装备体系中不可或缺的组成部分。现代武器系统称为“智能”武器，是因为软件为其提供了大脑。软件通过专用硬件的运行，可以完成许多的功能，如作战飞机的每一次使用基本上都依赖于软件，包括战略和战术行动，监视、探测、评估和预警等。在不少情况下，光有硬件是不行的，软件的功能甚至超出其他部件，如软件控制飞机的航向稳定度，使飞机的隐身技术成为可能。软件的重要性已在高科技的战争中得到证明，主要体现在下述几个方面。

（1）软件是高新武器装备的灵魂。在高新武器装备中，由软件实现的功能越来越多，有些装备由软件实现的功能甚至大大超过了硬件。软件不但能执行以前由硬件执行的许多功能，还能执行光靠硬件几乎无法执行的功能，例如，为减少雷达截面积，B-2 轰炸机没有航向稳定面，飞机的垂直稳定度全靠软件来控制，从而满足了 B-2 轰炸机隐身的要求。软件的应用不仅极大地提高了武器装备系统原有的许多性能，而且已成为整个军事系统的控制中枢和威力倍增器，成为高新武器装备的灵魂。

（2）软件是构筑信息化装备体系的关键。现代战争是体系和体系的对抗，单一武器、单一系统的决胜作用已经逐渐弱化，由大量嵌入芯片和软件构成的各种武器装备形成的信息化装备体系已成为战争制胜的基础。构筑信息化装备体系绝不是各种装备的简单堆积，也不只是各种武器装备和系统之间的物理连通，而是通过软件的控制，使各种作战信息按照作战要求有序流动，满足体系内各部分之间互连互通互操作的要求，实现不同武器系统的功能互补、协同行动和互相支援。因此，软件已成为构筑信息化装备体系的关键。

（3）软件可有效提升武器装备的整体作战效能。由于软件能极大提高武器系统的信息获取、传输、处理、存储、管理、分发及其数字化、智能化、网络化水平，利用软件技术对已有武器装备进行改造已成为部分武器装备升级换代所依靠的主要模式之一。利用软件技术进行改造不仅能大大提高武器装备作战效能，而且还具有成本低、周期短和效果好的优点。例如，伊拉克战争前夕，美国海军 F-14 战斗机主要通过软件升级的方式具备了投放精确制导武器的能力，使改造周期从以往的几个月甚至几年缩短至 3 个星期。另外，美军的全球指挥控制系统近几次的改进也主要是通过软件升级实现的。

(4)软件是信息战中攻防对抗装备发展的焦点。信息战已成为现代战争的主要模式。一方面,作为一类特殊软件的计算机病毒已成为信息战进攻的重要手段,其作用主要是通过破坏敌方信息系统和计算机网络中的软件,达到使其瘫痪的目的。在海湾战争中,美军利用开发的计算机病毒"预埋"技术,在芯片中置入计算机病毒,给伊方造成了重大的损失。另一方面,信息安全软件、网络防护软件成为信息战防御的关键工具。为对抗计算机病毒和其他针对信息系统及网络中软件的攻击,保证其正常运行,各国都在开发以软件为主要形式的对抗措施。

1.2.2　军用软件的特点

软件本身的复杂性、抽象性和易变性使软件难以研制,质量难以保证。军用软件的特殊应用又使其开发和质量保证难度增大,主要体现在以下几个方面。

(1)军用软件要面临复杂、不确定和恶劣的作战环境,必须具有抗毁和容错能力。因此,军用软件应具有高可靠性、高安全性和高生存性。

(2)在信息对抗环境下,要求军用软件具有较高的安全防护能力。因此,军用软件应具有高保密性。

(3)作战使命任务对军用软件的信息传输处理速度、对外部事件的快速响应能力提出了更高的要求。因此,军用软件应具有高的实时性要求。

(4)军用软件不少是嵌入式的,受到严格的硬件和软件条件的约束,被硬件及软件体系结构、操作系统特性、应用需求和编程语言的变化所制约。

(5)军用软件的开发还要纳入武器装备研制过程,这决定了军用软件开发方法要与硬件研制中采用的自下而上的方法相一致。

(6)军用软件规模巨大,如一架现代战斗机所包含的软件已经超过 2 500 万行源代码,一艘现代化战舰或潜艇所包含的软件有 5 000 万行源代码。软件规模越大,就越复杂,这不仅带来了技术问题,而且为软件的管理带来了很大的困难。

(7)现代化战争是一体化的联合作战,需要进行数据交换、信息共享、应用协同,这些均对军用软件提出了高互操作性要求。

上述军用软件的特点对军用软件研制管理的方法和技术都有特殊要求,同时还要求开发人员具备相关应用领域的知识,另外,军用软件对开发过程、工具和安全保密等方面都有较高的要求。

1.2.3　军用软件工程

以信息技术为核心的现代高技术局部战争中,无论在作战指挥、武器装备还是在后勤保障等方面,军用软件都将发挥越来越重要的作用。随着我军信息化建设步伐的加快,军用软件开发的高峰正在到来,但是目前我军军用软件开发在很多方面还不规范、不科学,从而导致了军用软件的质量不高、性能不强、适应性差。鉴于此,采用工程化的方法对军用软件进行开发和管理,即军用软件工程技术在军用软件的开发管理中逐渐形成。

军用软件工程定义为军用软件开发、运行、维护和引退的系统方法,是软件工程理论和方法在军事领域中的应用。针对军用软件的特殊应用和特点,军用软件工程包括军用软件的开发方法与技术、工具与环境、管理以及军用软件工程标准 4 个要素。

1.3 军用软件工程标准

1.3.1 军用软件工程标准的发展

我国软件工程标准化工作20世纪80年代初才开始起步，经过20多年的努力，颁布了多项国标和国军标，另如航空、航天、电子、机械等部门也基于行业软件管理的需要分别制定了若干行业标准，国内大型工程项目也制定了自己的软件工程标准规范。

1983年军用标准化工作实行统一管理以后，软件工程标准化工作受到各有关方面的重视，取得了可喜的成绩，迄今已颁布的近50项国军标中的大多数标准已被军内外广泛应用，对一些大型信息系统工程及重点武器型号的研制、生产及使用起到了积极的促进作用。按照“积极采用国际标准及国外先进标准”的技术政策，我国军用软件工程标准绝大多数都是参考美国军用标准，并结合我国具体情况制定的，但由于共知的原因，我国军用软件工程标准整体水平还是落后于国外先进国家，整体上我国同类标准的出台，一般落后美国军标近10年左右。然而相对于目前我国软件工程化水平而言，这些标准仍具有先进性和指导性，至少在今后的相当时期内仍将会发挥重要的作用。

军用软件的开发与维护都应该在GJB的指导下进行，现将重要的国家军用标准列举见表1-1。

表1-1 军用软件工程标准举例

标准号	标准名称	发布部门
GJB 5000A—2008	军用软件研制能力成熟度模型	总装电子信息基础部
GJB 438B—2009	军用软件开发文档通用要求	总装电子信息基础部
GJB 2786A—2009	军用软件开发通用要求	总装电子信息基础部
GJB/Z 115—1998	GJB 2786《武器系统软件开发》剪裁指南	原国防科工委司令部
GJB 2694—1996	军用软件支持环境	原国防科工委司令部
GJB/Z 102—1997	软件可靠性和安全性设计准则	原国防科工委司令部
GJB 2434A—2004	军用软件产品评价	原国防科工委司令部
GJB 439—1988	军用软件质量保证规范	原国防科工委司令部
GJB 3181—1998	军用软件支持环境选用要求	原国防科工委司令部
GJB/Z 142—2004	军用软件安全性分析指南	总装电子信息基础部
GJB 1091—1991	军用软件需求分析	原国防科工委司令部
GJB 1267—1991	军用软件维护	原国防科工委司令部
GJB 2115—1994	军用软件项目管理规程	原国防科工委司令部
GJB 2255—1994	军用软件产品	原国防科工委司令部
GJB 5234—2004	军用软件验证和确认	总装电子信息基础部
GJB 5235—2004	军用软件配置管理	总装电子信息基础部

续 表

标准号	标准名称	发布部门
GJB 5236—2004	军用软件度量	总装电子信息基础部
GJB 2434A—2004	军用软件产品评价	总装电子信息基础部
GJB 1268A—2004	军用软件验收要求	总装电子信息基础部
GJB/Z 141—2004	军用软件测试指南	总装电子信息基础部
GJB 6143—2008	军用软件评审和审核	总装电子信息基础部

1.3.2 重点标准分析

本小节介绍了几个常见的军用软件工程标准，有些标准虽然已进行重新修订，但鉴于其在军用软件工程发展历史上的重要作用，这里也一并作介绍。

1. GJB 437《军用软件开发规范》

《军用软件开发规范》是第一个软件工程国军标，它规定了软件生命周期中软件需求分析、软件设计、软件实现和软件测试的基本要求，同时它还涉及这些阶段中的软件质量保证、软件配置管理、软件开发管理和软件文档编制等方面的内容。GJB 437 为军用软件开发规定了统一的最低要求，而 GJB 438，GJB 439，GJB 1090，GJB 1267 和 GJB 1268 则是对 GJB 437 要求的补充和细化，在 GJB 437 的实施过程中，常常需要与这些标准配套使用。GJB 437，GJB 438 和 GJB 439 等标准在我国军用软件的开发中曾起到十分重要的作用，然而随着软件工程技术的迅速发展以及计算机在军事领域中更广泛深入的应用，GJB 437 已难以满足当前软件开发等各方面的需要。首先，现代武器装备特别是大型武器系统的软件往往嵌入到系统中，与设备或其他分系统密不可分，因此在系统研制一开始就必须考虑软件问题。然而 GJB 437 则是将软件系统作为单纯软件来考虑，淡化了软件与整个武器系统的关系，因此导致系统的要求较难向下分解，软件与设备或其他分系统的接口较难定义，系统集成和测试也较难实现。其次，采用 GJB 437 意味着按照瀑布式开发模型进行软件开发，限制了软件开发人员对目前较先进的开发模型、开发方法的使用，因此也给军用软件的开发工作带来了很大不便。另外，GJB 437 的内容也不够完善，对开发过程中涉及的风险管理、安全性等问题都未做出规定。

2. GJB 2786—1996《武器系统软件开发》

该标准规定了武器系统软件开发和保障的基本要求，适用于软件生存周期的全过程，为软件的订购方(使用方)了解承制方的软件开发、测试和评价工作提供了依据。GJB 2786 克服了 GJB 437 的不足，充分体现了系统工程和软件工程的思想，具有鲜明的特点。特点之一就是提供了承制方在满足合同或任务书要求前提下的灵活性。在标准中，它定义了软件开发的 8 项主要活动，并特别说明这些活动可以重叠，也可以交叉或循环进行，因此 GJB 2786 对许多软件开发模型来说都是可接受的，即其本身可接受多种不同的软件开发方法。标准中唯一带有约束性的是承制方应使用有充分的文件证明的、系统化的软件开发方法，且该方法应支持合同要求的正式审查和审核。

GJB 2786 规定了软件开发的 8 项主要活动。

(1)系统要求分析和设计。

(2)软件需求分析。

(3)概要设计。

(4)详细设计。

(5)编码和计算机软件单元测试。

(6)计算机软件部件集成和测试。

(7)计算机软件配置项测试。

(8)系统集成和测试。

同时 GJB 2786 又从软件开发管理、软件工程、正式合格性测试、软件产品评价、软件配置管理、向软件保障阶段转移等 6 个方面对上述 8 项活动提出了具体要求。

GJB 2786 中每项要求都是唯一的,不存在冗余,一般要求与详细要求具有严格的对应关系,可以很方便地对标准进行一致的剪裁;而且标准只包含要求,没有其他指导或辅助性信息。便于剪裁是 GJB 2786 的另一大特点。

GJB 2786 对软件的工程阶段也提供了明确的规定。

(1)软件开发方法。

1)使用有充分文件证明的、系统化的软件开发方法进行软件的需求分析、设计、编码、集成和测试。

2)所采用的方法应支持合同要求的正式评审和审核。

(2)软件工程环境。应建立软件工程环境。该环境应符合合同的安全保密要求。应为该环境中每个项目安装、配置控制和维护工作编制和实施工作计划。

(3)安全性分析。

1)进行必要的分析,以确保软件需求、设计和操作规程能把执行任务时的潜在危险情况减少到最小。

2)任何潜在危险的情况和操作规程均应标明标识,并制定相应文档。

(4)非开发软件。

1)考虑将非开发软件结合到交付软件中,并制定使用非开发软件的计划。

2)仅当非开发软件完全按照本标准的要求编制时,才能不经签约机构批准就应用该非开发软件。

3)非开发软件的结合应用应遵守合同中的数据权限要求。

(5)计算机软件组成。

1)根据软件开发计划规定的开发方法,将计算机软件配置项分解成计算机软件部件和计算机软件单元。

2)确保计算机软件配置项的需求已完全分配,并进一步细化,以便更好地实施每个计算机软件部件和计算机软件单元的设计和测试。

(6)从需求到设计的可追踪性。应编制从系统规范到计算机软件配置项、计算机软件部件和计算机软件单元,以及从计算机软件单元级到软件需求规格说明的需求分配的可追踪性文档。

(7)高级语言。应使用合同中的高级语言编码可交互的软件,使用其他语言时应经签约机构批准。

(8)设计和编码标准。编制和实施用于开发可交付软件的设计标准和编码标准。

(9)软件开发文件。

1)应在软件开发文件中记载计算机软件单元、计算机软件部件和计算机软件配置项的开发过程。

2)对各计算机软件单元或逻辑相关的一组计算机软件单元,各计算机软件部件或逻辑相关的一组计算机软件部件和各计算机软件配置项,建立独立的开发文档。

3)制定和实施这些文件的建立和维护规程。

4)在合同期内保存软件开发文档,并使它用于签约机构所要求的评审。

5)应包括或应用的信息包括:设计考虑和约束条件,设计文档和资料,进度和状态信息,测试要求和责任,测试用例、规程和结果。

(10)处理用资源和预留量。

1)分析合同规定的要求,如时间、存储器、I/O通道资源的利用。

2)将合同中标识的这些资源分配到计算机软件配置项中。

3)在计算机软件配置项中的评审规则说明中记载分配给它的资源。

4)在合同期内监测对这些资源的利用,必要时重新分配,以满足预留量要求。

5)交付时被测的资源利用情况应记载在各计算机软件配置项的软件产品规格说明中。

GJB 2786的参考标准DOD—STD—2167A《防务系统软件开发》是美国国防部于20世纪80年代末期组织强有力的技术队伍,包括各种不同意见的专家,政府部门、学术界及应用领域中的人才共同研究制定的,是这一时期美国标准化工作的一项重要成果。美国国防部规定,凡国防部关键任务计算机资源项目一律要遵守该标准,足见其位置之重要。但随着技术的发展,DOD—STD—2167A于1994年11月被美军标MIL—STD—498《软件开发和文档》所代替,究其原因,主要有以下两方面:一方面是受当时业已开始的美国军用标准改革的冲击;另一方面是进入90年代以后,软件工程技术日益普及,软件工具、平台环境开始广泛进展。MIL—STD—498与DOD—STD—2167A相比,不论在指导思想上还是标准的内容上,都有较大改变,不仅增强了与不同开发模型的兼容性,而且还增强了与非层次结构设计方法以及与CASE工具的兼容性,对文档的编制要求也更具灵活性,并对软件重用提出了明确要求。另外还引进了软件管理标准,更加强调了软件的可支持性及与系统的联系。

3. GJB/Z115《GJB 2786〈武器系统软件开发〉剪裁指南》

在软件开发过程中,如果机械地套用GJB 2786,就可能带来一系列问题。例如进行大量不必要的开发活动,提出不必要的文档和要求,就会造成时间上的延滞和经费上的不必要投入等等。为了合理应用GJB 2786,该标准的编制者又编制了与GJB 2786相配套的GJB/Z115,以便指导软件开发者根据软件系统的具体情况对GJB 2786进行适当的剪裁。

GJB/Z115主要参考美军标MIL—HDBK—287《DOD—STD—2167剪裁指南》,规定了对GJB 2786《武器系统软件开发》实行剪裁的原则和方法,它在编制软件研制任务书或签订合同时以及软件开发期间使用。

在标准的第四章"一般要求"中,规定了剪裁时间、剪裁对象、剪裁实施人员、剪裁风险等剪裁考虑的因素。剪裁时需要考虑的因素有下述8方面。

(1)软件开发所处的武器系统研制阶段。

(2)军队的政策和条例,如使用程序设计语言的要求和安全性的要求等。

(3)采办策略。

(4)软件保障,指承制方要保障软件正常运行多长时间,软件运行一段时间后是否希望进行更改,由谁来进行更改等。

(5)系统特性,指系统分配给软件的功能以及这些功能对系统运行所起的关键作用。

(6)软件目标,现阶段的软件目标是剪裁的基础。

(7)软件类型。

(8)软件其他特性,如关键性、技术风险、开发组的规模等等。

标准第五章“详细要求”规定了剪裁过程的10个步骤:

第一步:确定软件项目开发环境,并标识项目中用到的软件类型。

第二步:搜集汇总有关单位或个人对GJB 2786进行剪裁的意见和建议。

第三步:确定承制方应完成哪些活动,开发哪些产品以及遵守哪些条例。

第四步:确定对GJB 2786中各章条的剪裁。

第五步:检查对GJB 2786剪裁的一致性。

第六步:检查相关标准剪裁的一致性。

第七步:将GJB 2786的剪裁结果纳入工作说明。

第八步:确定对所需文档内容的剪裁。

第九步:检查文档的剪裁。

第十步:将文档内容的剪裁结果纳入合同或任务。

在上述10个步骤中,前7个步骤用于剪裁GJB 2786对活动的要求,后3步用于剪裁GJB 2786对文档的要求。

4. GJB 438A—1997《*武器系统软件开发文档*》

GJB 438《军用软件文档编制规范》发布以后,为指导军用软件文档编制起到了重要作用,收到了一定的效果。随着软件工程技术的迅速发展,GJB 438已难以满足软件文档编制的需要,因此对其进行了修订,1997年发布了GJB 438A《武器系统软件开发文档》。

GJB 438A规定了武器系统软件开发文档的格式、内容和要求,适用于软件开发过程中的文档编制,尤其适用于按照GJB 2786进行软件开发的系统。

按照GJB 2786的要求,GJB 438A规定了软件开发过程中应产生16种文档,即:系统和段设计文件、软件开发计划、软件需求规格说明、接口需求规格说明、接口设计文档、软件设计文档、软件产品规格说明、版本说明文档、软件测试计划、软件测试说明、软件测试报告、计算机系统操作员手册、软件用户手册、软件程序员手册、固件保障手册、计算机资源综合保障文件。

该标准规定软件文档由封面、目录、正文、注释和附录构成,并且详细规定了封面的内容、各种文档目录的格式、正文的格式及具体内容、注释部分包括的信息、附录部分应提供文档维护的详细信息。

5. GJB 2786A—2009《*军用软件开发通用要求*》

该标准是GJB 2786—1996《武器系统软件开发》的替代标准,是针对软件开发项目的标准,而不是针对软件生存周期整个过程的。该标准是以MIL—STD—498《软件开发与文档编制》为依据制定的。

GJB 2786A—2009规定了军用软件开发的通用要求,包括软件开发过程中的开发、支持和管理等方面的要求,适用于需方和开发方获取、开发和维护军用软件。本标准适用于硬件一软件系统中的软件部分和软件系统的整个开发工作。

GJB 2786A—2009 标准的基本内容分为 5 章，分别是：范围，引用文件，术语、定义和缩略语，一般要求，详细要求。另外还有 8 个附录。

6. GJB 438B—2009《武器系统软件开发文档》

该标准是 GJB 438A—1997《武器系统软件开发文档》的替代标准，是针对软件开发项目的标准，而不是针对软件生存周期整个过程的。该标准是以 MIL—STD—498《软件开发与文档编制》中关于软件开发文档的有关规定为依据制定的。

GJB 438B—2009 规定了军用软件开发文档编制的种类、结构、格式和内容等要求。本标准规定了执行 GJB 2786A 所产生的军用软件开发文档，适用于军用软件开发过程中文档的编制。

GJB 438B—2009 标准的基本内容分为 5 章，分别是：范围，引用文件，术语、定义和缩略语，一般要求，详细要求。另外还有 28 个附录。

7. GJB 5000A—2008《军用软件能力成熟度模型》

该标准规定了用于评估组织的软件能力成熟度模型，并规定了软件整个生存周期内的主要软件管理过程和工程过程。本标准适用于第二方或第三方对组织的软件能力进行评估，也适用于组织本身对软件过程进行评估和改进。

GJB 5000A 是面向软件开发组织的标准，并不是针对具体项目的标准，虽然 GJB 5000A—2008 与 GJB 2786A—2009 在内容上相互交叉，但并不能相互覆盖。假若软件开发组织都能对软件项目按照 GJB 2786A—2009 要求建立基本的软件工程过程，就为向 GJB 5000A—2008 的 2 级前进打下了较好的基础。

1.3.3 军用软件工程标准的改进途径

1. 军用软件工程标准有待整顿和完善

军用软件工程标准体系应是一个动态的体系，以适应不断变化的环境需求。对于一些不适用的标准应及时作废或修订，对于新的需求应制定新的标准及时给予反映。从目前情况来看，这方面我们虽然做了不少工作，但还有不少地方有待进一步改进完善。从前面的分析中可以看出，GJB 437 和 GJB 439 已到了作废的时候，GJB 437 的内容完全可由 GJB 2786 取代；GJB 439 的要求也在 GJB/Z 90000 系列中基本都得到反映。GJB 1091，GJB 1267 和 GJB 1268 也应及时修订以保证与 GJB 2786 的协调一致。对于不断涌现的新的软件工程技术如软件过程评估、软件安全性分析、软件风险管理及软件重用等也应积极开展标准化研究工作，加强有关标准的制定，以补充完善军用软件工程标准体系。

2. 加强软件工程标准宣传工作，促进标准的贯彻实施

计算机软件已成为现代化武器装备中不可缺少的组成部分，武器装备的性能和功能越来越依赖于软件来实现。然而，我们有些项目管理人员对此重要性没有足够的认识，他们知之甚少，对软件开发缺乏足够的重视，因而监督管理不力，致使软件开发常常成为拖延武器装备研制进度、费用增加的一个主要问题。对此，我们应通过各种方式加强软件工程重要性及其标准内容的宣传，提高广大科研人员、管理人员的标准化意识，促进其对软件工程的了解，从而使软件工程标准在武器装备研制、生产和使用中真正得到贯彻实施。

3. 积极跟踪和研究国际、国外软件工程标准发展动向

国际标准反映了世界工业发达国家当代的先进技术水平。通过积极研究和采用国际、国外软件工程标准是一条加速标准制定、提高软件工程化水平的捷径。目前我们虽然拥有丰富的美国军用标准资料，有能查询各种标准最新信息的 Internet 站点，然而由于这方面工作缺乏统一规划和具体安排，加之标准化研究队伍松散，致使新的标准技术跟踪很不及时。因此，加强国际、国外软件标准化发展动向的跟踪，深入开展 ISO 9000—3 和 ISO 15504 及 CMM 等研究，对加速有关标准的制定及修订，提高软件质量是十分重要的，应当有组织、有计划地开展好此项工作。

1.3.4 军用软件工程标准的实施程序

一般来说，军用软件标准的实施应采取以下步骤：

(1)订购方提出软件采办需求。

(2)根据需求，初步选用和剪裁适用的软件军用标准。

(3)订购方提出招标书，含软件标准要求。

(4)承制方编制投标方案及标准实施的方案。

(5)确定承制方，订购方和承制方可商讨并修改标准实施的方案。

(6)签订合同。

(7)承制方纳入产品研制规范及图样中。

(8)传递各类文件。

(9)执行并监督。

军用软件标准在制定的过程当中，考虑到广泛适用性和普遍性，往往制定得比较详细和严格，因此软件国军标并不是必须百分之百执行，在使用时可根据实际情况对软件国军标进行剪裁。当然，标准的剪裁必须在软件研制合同中进行商定，以免后期产生不必要的争议。军用软件的剪裁是指对选用标准中的每一项要求进行分析、评估和权衡，确定其对特定产品的适用程度，必要时对其进行修改、删减或补充，并通过有关文件提出适合特定产品最低要求的过程。通过对标准的剪裁，允许执行标准时有一定的灵活性，这也为订购方和承制方协商签订合同提供了基础，也使标准的普通性要求转变为特定型号或产品必须执行的强制要求，打破过去贯彻实施标准中存在的不考虑时间、场合和条件要求百分之百无条件执行的做法。

1. GJB 剪裁的原则

对软件军用标准剪裁的重要原则是权衡考虑近期效益与长远影响，例如：

(1)对用户所需支持文档的剪裁，近期可以省时省力，但如不适当，在长期使用和支持软件的费用上可能会产生严重的相反效果。

(2)对软件产品评价的剪裁，能够节省时间和费用，但如不适当，可能导致软件产品质量的下降而造成返工。

(3)对软件配置管的剪裁，在短期内能够省时省力，但是如果承制方失去了对软件版本及其文档的跟踪，要重新建立它们将需要更大的时间和费用的投入。

(4)对审查与审核的剪裁，可以节省时间和费用，但如不适当，会由此降低对软件开发过程的控制及对订购方的透明度。

2. GJB 剪裁的时机

标准剪裁时机的选择也是非常重要的。例如，GJB 2786 的剪裁通常是一个渐进的活动。在合同谈判之前，订购方和承制方应针对项目的具体情况进行初步剪裁，在初步剪裁的基础上，洽谈合同，进行详细具体的剪裁，并正式签订合同。在开发期间，根据实际需要，可对 GJB 2786 再进行剪裁，但该期间的剪裁内容须得到订购方项目主管部门的认可。

3. 标准剪裁时考虑的主要因素

标准剪裁时要考虑的主要因素如下：

(1)软件开发所对应的武器系统研制阶段。一般包括论证阶段、方案阶段、工程研制阶段、定型阶段和生产运行阶段 5 个主要阶段。

(2)订购方的政策。对使用程序设计语言的要求，安全性分析的要求，软件质量方面的要求等。

(3)软件开发的策略。

1)是由一个承制方完成所有的软件开发工作，还是把工作分配给几个承制方？

2)是否把正式评审和审查作为项目的里程碑？

3)是否进行独立的验证与确认？

(4)软件保障方案。软件保障方案规定软件将被支持多久，是否希望软件在一段时间后更改，如何批准执行这些更改。软件保障方案引出了对剪裁要作如下考虑：

1)谁负责软件保障？

2)软件开发承制方是否提供培训？

3)软件开发承制方是否计划进行责任转移？

以 GJB 2786 为例，它将软件的研制作为系统研制的一部分，支持系统基于自顶向下的设计思想，即军用软件的的研制以确定系统级的要求为开端，通过系统分析和设计将产生系统功能要求，并建立功能基线。功能基线则将要求分配给软硬件技术状态项目，而一旦功能基线确定了，便可以开始软件配置项的开发。

(5)影响剪裁的特性。

1)软件是否用来实现用户接口？

2)系统对软件的规模时间是否有限制？

3)软件的错误是否会导致系统安全性的破坏或危及人员安全？

4)系统对软件的规模及完成时间是否有限制？

5)部分或全部软件是否实现固化？

(6)软件类型。标准剪裁时也要考虑软件的类型，如对于新开发软件、修改的软件或者非开发软件，其适用的软件标准的剪裁是不一样的。

(7)标准剪裁时要考虑的其他因素。

1)软件的关键性。

2)软件的技术风险。

3)软件的项目规模。

1.4 军用软件工程方法

军用软件工程在国家军用标准的规范下迅速地发展，GJB 437 规定了军用软件按照瀑布式开发模型进行软件开发，限制了软件开发人员对目前较先进的开发模型、开发方法的使用。逐渐取代 GJB 437 的 GJB 2786 取消了这种限制，它对多种软件开发模型来说都是可接受的，即其本身可接受多种不同的软件开发方法。下面就军用软件工程的传统方法和现阶段应用较广、软件设计灵活的面向对象方法分别作简单介绍。

1.4.1 军用软件工程的传统途径

军用软件工程的传统途径是“生命周期法”，强调“结构化分析、结构化设计”。所谓“生命周期”方法学，就是从时间角度，对软件定义、开发、使用和维护的复杂问题进行分解，把软件生存的漫长周期依次划分为若干阶段，每个阶段有相对独立的任务。

1.“生命周期法”的起源

人类解决复杂问题时普遍采用的一个策略是“各个击破”，也就是对问题进行分解，然后再分别解决各个子问题的策略。软件工程采用的“生命周期法”，就是从时间角度对软件开发和维护的复杂问题进行分解，把软件生存的漫长周期依次划分为若干个阶段，每个阶段有相对独立的任务，然后再逐步完成每个阶段的任务。

2.生命周期划分的原则

生命周期法为了将复杂的软件工程过程分解为简单的、易于实现的细小阶段，一般遵循以下原则：

(1)各阶段任务相对独立，与其他阶段的联系尽可能地少。

(2)各阶段任务的性质尽可能相同。

(3)阶段的划分便于组织管理与验收。

3.生命周期的划分

软件生命周期方法学把软件从定义、开发、使用和维护的全过程划分成 3 个时期，9 个阶段。

(1)软件定义期，包括问题定义和可行性研究两个阶段。

问题定义阶段的关键任务是确切地定义用户需要解决的问题是什么，就是通过和用户的反复交谈或认真阅读用户提出的书面形式的材料，弄清楚用户提出开发该系统的背景和目的是什么。在这些工作的基础上，分析人员应以书面形式提出关于问题的性质和工程规模的报告。这一阶段的工作时间一般很短，但却是必不可少的一个阶段。

可行性研究阶段的任务就是分析并确定开发的软件在技术和经济上的可行性。具体来讲，是在第一阶段工作的基础上，在较高抽象层次上进行分析和设计，界定问题的研究范围，探索问题的可行解决办法，预测开发该软件系统所需的人力物力资源并进行成本估计，给出该问题是否值得研究的结论。可行性研究是软件定义期的关键工作，准确的可行性研究报告有助于软件设计阶段顺利有效地展开工作。

(2)软件开发期，包括需求分析、总体设计、详细设计、编码与单元测试五个阶段。

需求分析阶段的任务是确定“做什么”，就是在前一阶段工作的基础上，通过与用户和使用部门的交互及调查研究，确定系统必须具备的功能，收集实现所需的原始素材和基本数据，构造系统的数据流，导出系统的逻辑模型等。需求分析开始了软件开发阶段的工作。

总体设计阶段的基本任务就是确定“应该如何解决这个问题”。具体来说就是要从系统性能的高低和功能的强弱出发，设计出低成本、中等成本和高成本的几套方案，并从中选择性价比最优的一套方案；其次就是设计系统的软件结构，确定程序由哪些模块组成，各模块之间的调用和接口关系；再下来就是确定系统的软件环境等。

详细设计阶段的任务是解决“如何实现”的问题，就是用各种描述语言和图形图表描述并设计出各程序模块的详细规格说明，通常用 HIPO（层次图＋输入/处理/输出图）和过程设计语言（PPL）描述。

编码与单元测试阶段主要完成编写程序及模块测试的工作。

（3）软件维护期，包括综合测试及软件维护两个阶段。

综合测试即系统联调、总体测试及软件试用等。

软件维护主要指通过各种必要的维护活动使系统持久地满足用户的需要。通常包括4类维护活动：改正性维护，诊断和改正正在使用过程中发现的错误；适应性维护，修改软件以适应环境的变化；完善性维护，根据用户的要求改进或扩充软件使它更完善；预防性维护，修改软件为将来的维护活动预先做准备。

4.“生命周期法”的特点

（1）阶段间具有顺序性和依赖性。即前一阶段的工作完成之后，才能进行后一阶段的工作，并且前一阶段的输出文档是后一阶段的输入的基础。

（2）推迟实现的观点。即在编码之前先进行分析和系统设计，只考虑目标系统的逻辑模型，不涉及软件的物理实现。

（3）质量保证的观点。要求每个阶段必须完成规定的文档，每个阶段的结束都要对文档进行评审，以尽早发现问题，改正错误。

1.4.2 面向对象方法学

采用“生命周期法”的分析与设计技术，其本质是功能分解，即把一个复杂的目标系统自顶向下分解为子处理，如果分解后得到的功能过大，那么再对这些功能进行分解，直到这些子处理完成单一功能、容易实现时为止，并写出各个最低层处理的描述。处理描述可以用静态的描述工具如 IPO 图、PDL 语言、判定树等来表示。

因此，结构分析与设计技术是围绕实现处理功能的“过程”来构造系统的。而用户需求的改动大部分是针对功能的，因此，这种变化对“面向过程”的设计来说是灾难性的，设计出的系统结构常常是不稳定的，即用户需求的变化往往会引起软件结构的变化，而改变软件结构将花费很大的代价。

“生命周期法”分析与设计技术清楚地定义了目标系统的边界，软件通过界面与客观世界通信。由于用结构分析与设计技术开发出的软件结构依赖于对系统边界的定义，因此，很难把这样的系统扩展到新的边界。也就是说，这样的系统较难修改和扩充。

并且，“生命周期法”分析与设计技术，把处理分解成子处理的过程多少有些任意性，也就是说，不同的开发人员开发相同的系统时，可能经分解而得出不同的软件结构。此外，“生命周期法”分析技术把数据和操作作为分离的实体，以致在实现阶段，一些具有潜在可重用价值的软件部件(也称为软构件)已和具体应用环境密不可分,因此开发出的软件复用性较差,或不能实现真正意义上的软件复用。

基于上述种种因素,一种新的软件开发方法——面向对象方法(Object-Oriented, OO)——应运而生。与传统的结构化软件开发方法相比,面向对象软件开发方法在描述和理解问题域时采用截然不同的方法。其基本思想是,对问题域进行自然分割,以更接近人类思维的方式建立问题域模型,从而使设计出的软件尽可能直接地描述现实世界,具有更好的可维护性,能适应用户需求的变化。它最主要的特征之一是整个生命周期使用相同的概念、表示法和策略,即每一件事都围绕对象进行。

面向对象技术的优点是非常明显的。首先,用OO技术开发的系统比较稳定,较小的需求变化不会导致大的系统结构的改变。其次,用OO技术开发的系统易于理解。结构化方法和面向对象方法对现实世界采用了不同的映射方法。在结构化方法中,现实世界被映射为功能的集合;在面向对象方法中,现实世界中的实体及其相互关系被映射为对象及对象间的关系,实体之间的相互作用被映射为对象间的消息发送,以及其他类似的各种映射关系。也就是说,面向对象的模型对现实世界的映射更直观、更有对应关系。第三,采用OO技术开发的系统具有更好的适应性,能更好地适应用户需求的变化,有助于构造大型软件系统。第四,用OO技术开发的系统具有更高的可靠性。在面向对象方法中,分析和设计阶段采用一致的概念和表示法,面向对象的分析和面向对象的设计之间不存在鸿沟,这是与结构化分析和设计方法的一个很大区别。一般认为,面向对象分析和设计是以对象的观点看待问题域,其解决问题的思维过程和结构化分析及设计方法在本质上是有区别的,但早期提出的适用于结构化分析和设计的一些概念,如高内聚、低耦合、有意识地推迟设计决策等,同样可适用于面向对象分析和设计。也就是说,面向对象方法和结构化方法还是存在一定的联系。目前学术界关于面向对象方法对结构化方法来说究竟是"革命性"的还是"演化性"的,不同的人有不同的观点。一般来说,认为是"演化性"的人多一些。

面向对象方法主要由面向对象分析(Object-Oriented Analysis, OOA)、面向对象设计(Object-Oriented Design, OOD)和面向对象程序设计(Object-Oriented Programming, OOP)组成。

OOA是软件开发过程中的问题定义阶段。它从对问题的初始陈述开始,运用应用领域知识来识别该领域中的物理实体和概念,提取出对象,分析对象之间存在的相互关系,最后从3个不同的方面建立系统模型,即对象模型、动态模型和功能模型。系统模型描述了系统的对象结构,是对问题领域精确、清晰的定义。对象模型描述了系统的对象结构,动态模型表示系统中的对象与时间和运算次序有关的行为。动态模型对交互系统十分重要。功能模型表示数据如何被处理,可用传统的数据流图等表示系统的功能。

OOD决定如何将系统组织成子系统,每个子系统分成更小的子系统。较低层的子系统称为模块。一个遵循对话独立性原则的交互软件系统常分成用户界面和应用功能核心两个子系统。面向对象系统的控制结构方式可以是过程驱动、事件驱动或共行方式的。

OOP是将OOD的结果用一种程序设计语言实现。通常总是选择一种面向对象的程序设计语言。

OO技术充分体现了分解、抽象、模块化、信息隐蔽等思想,可以有效地提高软件生产率、缩短软件开发时间、提高软件质量,是控制软件复杂性的有效途径。

在第2章将详细介绍面向对象的描述语言——统一建模语言，在那里将了解掌握更多的面向对象方法学的知识。

1.4.3 军用软件工程的最新发展动向

军用软件工程的研究是随着软件工程技术的发展而不断变化的。最初，由于“生命周期法”的软件开发方法和瀑布模型统治天下，所以制定的GJB 437规定了采用面向过程的软件开发方法。采用“瀑布模型”，其隐含的基本假设之一是项目目标固定不变，因此强调一定要把需求彻底弄明白，并且上一阶段的工作没有彻底做好之前决不开始下一阶段的工作。然而对于军用软件来说，武器性能固定不变这一假设通常不现实，许多大型武器项目的开发周期比较长，当项目进行到后期时，往往发现前面规定的武器性能已经落后了。为了克服“瀑布模型”的这种弊端，软件工作者学习民用软件工程，采用面向对象的设计方法，对软件的设计起到了较大的促进作用。然而，近年来，随着武器系统功能需求的不断增长，软件规模的迅速扩大，软件工作人员正探索新的军用软件工程方法。下面就军用软件工程的最新研究方向作简要介绍。

1. 软件形式语言的研究

在当前阶段，除了程序之外，大部分软件文档都是用自然语言书写的。由于自然语言本身具有模糊性，而且武器使用者和武器开发人员在知识背景和能力水平方面均有很大差异，所以这种文本语言容易引起歧义。因此有一部分专家研究了“形式化描述语言的应用，以及不同形式化语言之间的转换”。这类研究工作难度较大，也不容易为一般人所接受。但是由于越来越多的大型软件的复杂程度与日俱增，这些软件一旦出错所引起的后果十分严重，所以形式化的研究工作就显得非常重要。

2. 构件技术

软件开发构件化是软件开发技术的一个发展趋势，也是军用软件工程界的一个热门话题。软件生产率提高缓慢的重要原因是不能像其他工业那样以合理而标准的方式清晰地将系统划分为各个部件，并重复使用已有的成果。近年来，软件技术的进步以及CORBA，DOOM，Java Bean等标准的出现已经使情况开始改变，这给软件危机的缓和带来了希望。各应用领域里的构件设计与生产将是一个十分广阔的市场。由于构件的使用可以渗透到符合构件标准规范的所有系统中，不必耗费巨资从头开发自己的系统，因此使软件的开发者与使用者双双受益。

3. 质量管理

武器系统在开发完成以后往往存在指标达不到的现象，这很大程度上是在软件开发过程中存在漏洞，比如软件设计时采用的算法落后等。所以软件开发过程的质量控制逐步得到重视。同时软件开发过程中精神活动的“不可见性”也大大增加了过程管理的难度。因此软件工程管理的指导思想就是千方百计地使这些过程变为“可见的”，以及事后可以检查的记录。只有从一开始就在软件开发过程中严格贯彻质量管理，软件产品的质量才有保证。否则，开发工作一旦进行到后期，无论怎样测试和补漏洞都无济于事。这也是近年来国际上十分重视的“软件生产过程质量管理”思想。

1.5 军用软件开发过程模型

软件工程过程是用以开发或维护软件及其相关产品的一系列活动，包括软件工程活动和软件管理活动。这些活动的执行可以是有序的、循环的、重复的、嵌套的，也可以是由条件引发的。

一个软件开发组织可以定义自己的软件工程过程；针对不同的软件产品，同一个软件开发组织也可以使用多个不同的软件工程过程。

一个软件开发组织遵循其软件过程所得到的实际结果称之为该过程的“过程性能”；一个特定软件过程被明确和有效地定义、管理、测量和控制的程度称为此过程的成熟度；软件开发组织通过执行其软件过程能够实现预期结果的程度称之为该组织的“软件过程能力”。

在美国软件工程研究所(SEI)提出的“能力成熟度模型”(Capability Maturity Module, CMM)中，设定了52个目标、18个关键活动域和316个关键活动，能够用来评价软件开发组织的过程能力。

1.5.1 软件开发过程

软件工程是一种层次化的技术，如图1-5所示。

正如其他工程方法一样，软件工程必须以有组织的软件质量保证为基础。因此说，对质量的关注构成了软件工程的根基。

软件工程过程是将技术层(包括工程技术与管理技术)结合在一起的凝聚力。过程层是软件工程的基层。软件工程过程定义了一组关键过程域(KPAs)，这对于软件工程技术的有效应用是必需的。这些关键过程域是对软件工程项目进行管理与控制的基础，并且确定了上、下各区域之间的关系。其中，对技术方法的采用、阶段产品的产生、工程里程碑的建立、质量监控与保证、变更控制等方面都进行了规定。

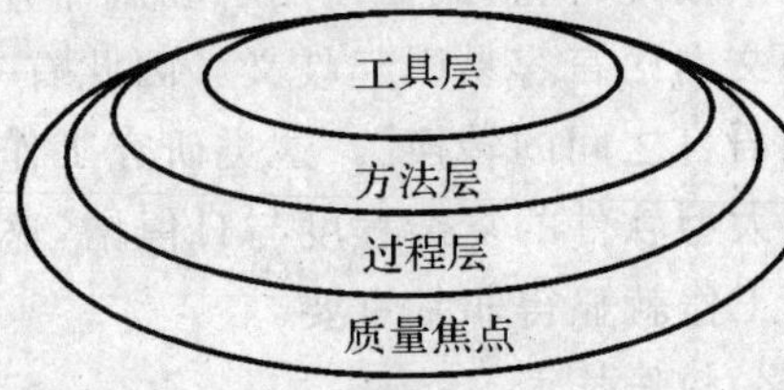

图1-5 软件工程过程层次图

除各个开发组织可以定义自己的软件工程过程之外，目前比较流行的软件工程过程包括RUP过程、极限(XP)过程、敏捷软件过程(Agile S. P)等。

软件工程方法涵盖了需求分析、设计、编程、测试、维护等各个环节，它给出了完成这些任务在技术上应当“如何做”的方法。它依赖于一组基本原则，这些原则控制了每一个技术区域，涉及建模活动和其他描述技术。

工具层对过程和方法提供支持，使得工程活动、管理活动得以自动、半自动地进行。例如，目前广为使用的数据库建模工具Erwin、面向对象的建模工具Rational Rose、配置管理工具等。如果把一系列的工具集成起来使用，使得一个工具产生的信息可以被另一个工具使用，就形成了一个支持软件开发的系统。这种集成了软件、硬件和一个软件工程数据库的软件工程环境，称为计算机辅助软件工程(CASE)。

如前所述，软件工程过程是开发或维护软件及其相关产品的一系列活动。

软件工程过程是过去10年中人们关注的焦点。软件工程和软件工程过程之间是强相关的。软件工程过程通常包括4种基本的过程活动。

(1)软件规格说明：规定软件的功能、性能及其运行限制。

(2)软件开发：产生满足规格说明的软件，包括设计与编码等工作。

(3)软件确认：确认软件能够满足委托单位提出的要求，对应于软件测试。

(4)软件演进:为满足委托单位的变更要求,软件必须在使用的过程中演进,以求尽量延长软件的生命周期。

在一个良好的软件过程中,还应当包括一些"保护性"的活动,包括软件项目的跟踪监控、正式的技术审核、软件配置管理活动、软件质量保证活动、文档的准备和产生、软件测试、风险管理等等。这些保护性活动贯穿于整个工程过程之中。

在具体的工程过程中,可以根据实际需要,采用不同的过程模型来实现上述的基本活动和保护活动。事实上,软件工程过程是一个软件开发组织针对某一类软件产品为自己规定的工作步骤,它应当是科学的、合理的,否则必将影响到软件产品的质量。一个良好的软件工程过程应当具备如下特点:易理解性;可见性,每个过程活动都以得到明确的结果而告终,保证过程的进展对外可见;可支持性,容易得到CASE工具的支持;可接受性,比较容易被软件工程师接受和使用;可靠性,不会出现过程错误,或者出现的过程错误能够在产品出错之前被发现;健壮性,不受意外发生问题的干扰;可维护性,过程可以根据开发组织的需求的改变而改进;高效率,从给出软件规格说明起,就能够较快地完成开发而交付使用。

一个软件过程可以表示成如图1-6所示的形式。其中,公共过程框架是通过定义若干适合于所有软件项目的框架活动而建立的;若干任务集合中,每一个集合都由软件工程工作任务、软件项目里程碑、软件工作产品和交付物以及质量保证点组成;保护性活动独立于任何一个框架,贯穿于整个过程。

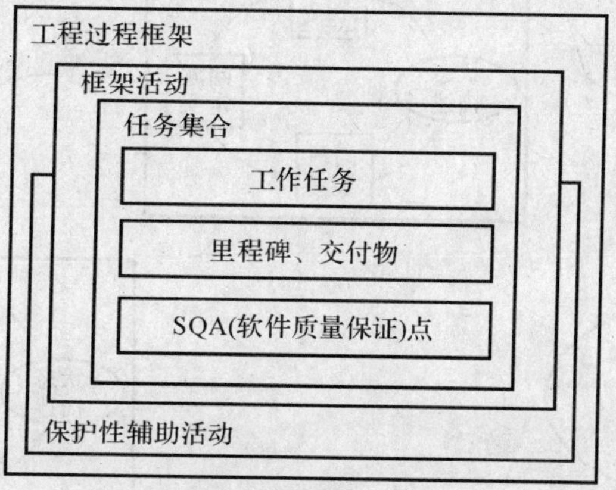

图1-6　软件工程过程

在一个具体的实际工程活动中,软件工程师必须设计、提炼出一个工程开发策略,用以覆盖软件过程中的基本阶段,确定所涉及的过程、方法、工具。这种策略常被称为"软件工程过程模型"。这一模型的选择应当是根据组织定义的标准软件过程,参考具体工程项目的特点和资源状况进行裁剪来进行的。

从宏观上来看,所有的软件开发过程都可以看成是一个循环解决问题的过程。其中包括4个截然不同的阶段:状态描述、问题定义、技术开发和方案综述,如图1-7所示。状态描述表示了事物的当前状态,问题定义标识了要解决的特定问题,技术开发通过应用某些技术来解决问题,方案综述提交解决结果(如文档、程序、数据、新的商业功能、新产品)给那些从一开始就需要方案的人。前面定义的软件工程的一般阶段和步骤很容易映射到这些阶段上。

上述的问题循环解决过程可以应用于软件工程的多个不同开发级别(阶段)上,包括考虑整个系统开发的宏观阶段，开发程序构件的中间阶段，甚至是代码编制阶段，因此可以采用分级集合表示。可以定义一个模式，然后在连续的、更小的规模上递归地应用它，这样来提供一个关于过程的理想化的视图。问题循环解决过程的每一个阶段又包含一个相同的问题循环解决过程，如图 1－7 所示。可以认为，软件开发是从用户到开发者再到技术的一个连续的过程。随着向一个完整系统的逐步进展，上述的阶段递归地应用于用户的需求和开发者的软件技术说明中。

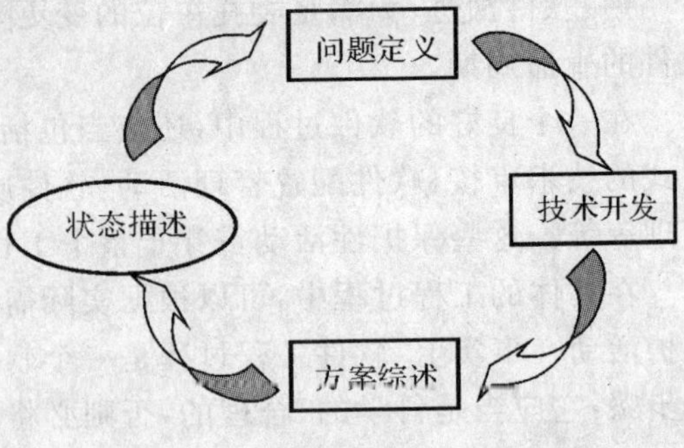

图 1－7　问题循环解决的各阶段

想要像图 1－7 那样清楚地划分阶段活动是很困难的，因为阶段内部和阶段之间的活动往往是交叉的。但是对于任何一个软件项目而言，不管选择了什么样的具体的软件工程过程模型，所有 4 个活动阶段在某个细节的级别上都是同时存在的。图 1－8 描述了实际过程的递归性质。在后文讨论中，将会看到，每一种具体的软件工程过程模型实际上都代表了一种将本质上无序的活动有序化的企图。每一种模型都具有能够帮助实际软件项目的控制及协调的特征，但在它们的核心中，这些模型又表现了无序模型的特点。

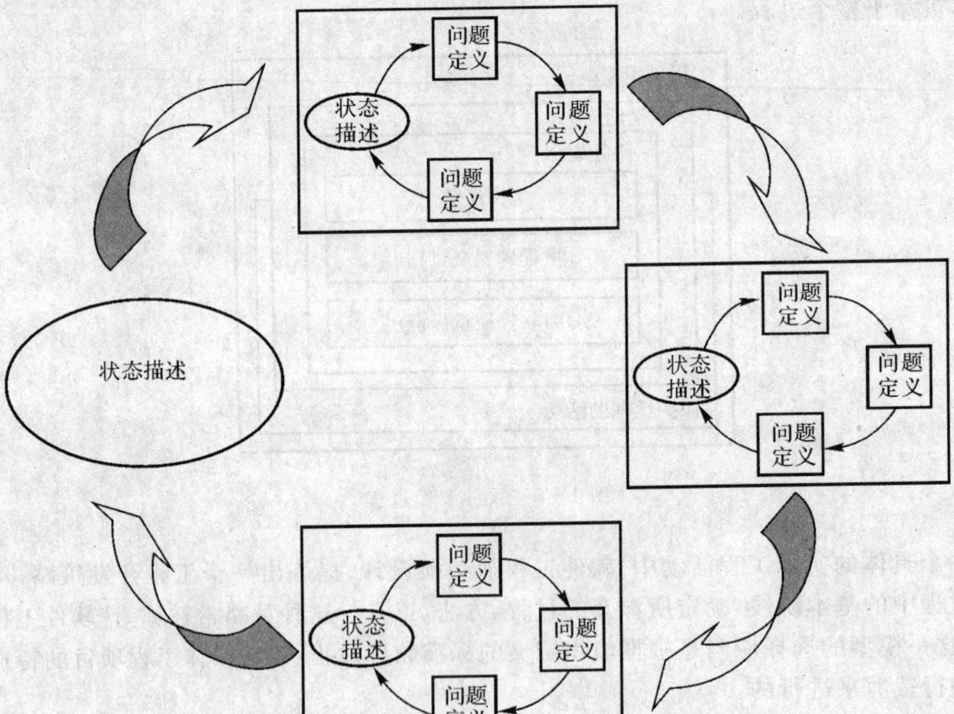

图 1－8　问题循环解决中的阶段

在软件工程实践中，有许多专家致力于过程模型的研究，像瀑布模型、原型模型、快速应用开发模型、增量模型、螺旋模型、形式化方法模型、RUP 模型、敏捷过程模型、构件组装模型、并发开发模型等都先后得到了有效的应用。目前，关于软件工程过程模型的研究仍然在积极地进行之中，将不断取得新的进展与成就。

1.5.2　瀑布模型

军用软件工程最初采用的软件设计模型就是根据 GJB 437 规定反映生命周期法的瀑布模型。瀑布模型真实地反映了软件的生命周期，是早期军用软件设计的常用模型。

1. 瀑布模型的基本思想

生命周期开发过程实质上是通过有限的步骤，把用户需求从抽象的逻辑概念逐步转化为具体的物理实现。各阶段的工作均是自顶向下，从抽象到具体，好像奔流不息的瀑布，所以称这种软件设计模型为瀑布模型。

2. 瀑布模型的构造过程

瀑布模型严格按照软件的生存周期进行构造，首先由开发人员和用户对软件系统的可行性研究开始，逐步进行阶段性变换，直至通过确认测试并得到用户确认的软件为止。瀑布模型的上一阶段的变换结果是下一阶段变换的输入，相邻两个阶段具有因果联系，紧密相连。其构造示意图如图 1－9 所示。

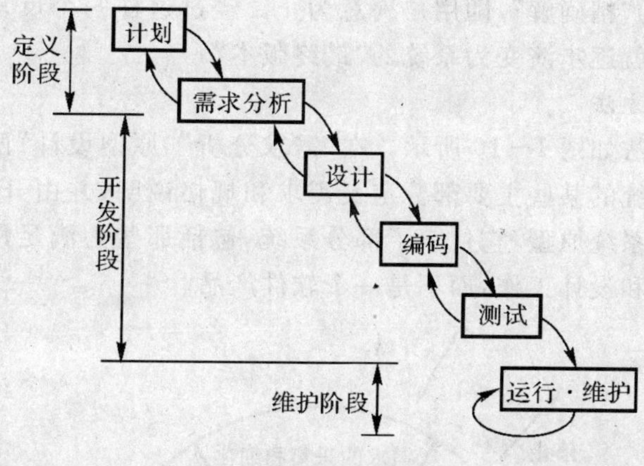

图 1－9　瀑布模型示意图

3. 瀑布模型的特点

(1)各阶段开发的独立性，就是每一个阶段有其独立的开发时间和过程，不能在软件的某个开发阶段同时进行其他阶段的工作。当然如果发现前一阶段存在错误，可以停下来进行修正。

(2)软件各开发阶段间具有顺序性，必须在前一阶段的工作完成之后，才能展开后一阶段的工作。

(3)软件开发的后一阶段对前一阶段具有依赖性，后一阶段必须在前一阶段的开发成果上进行，前一阶段的研究结果是后一阶段的基础。

(4)保证每个阶段的正确性。要求每个阶段必须完成规定的文档，每个阶段的结束都要对文档进行评审，以尽早发现问题，改正错误。

4. 瀑布模型的评价

(1)优点。它提供了一个模板，使得分析、设计、编码、测试与维护工作可以在该模板的指导下有序地展开，避免了软件开发、维护过程中的随意状态；它有利于大型软件开发过程中人员的组织管理，有利于软件开发方法的研究和使用，为其他软件开发方法提供模板和原型。

(2)缺点。针对瀑布模型的批评主要可以归纳为以下几点：

1)复杂系统的用户需求不完全性、不精确性导致软件设计质量低下。

2)需求分析和软件实现的不可分割性导致了采用瀑布模型进行软件实现时的不准确。

3)用户在和开发人员进行需求分析以后就无法干预重要的设计决策，也不能在设计和编码过程中及时纠正设计文档中的错误。

4)采用瀑布模型进行设计的软件适应力不强，很难适应新的环境、新的用户的需求。

5.瀑布模型适用范围

对于需求确定、变更相对较少的项目，线性顺序模型是一种不错的过程模型。

1.5.3 原型模型

1.原型模型的基本思想

在获取一组基本的需求定义后，利用高级软件工具的可开发环境，快速地建立一个目标系统的最初版本即原型，并把它交给用户试用、补充和修改，再进行新的版本开发。反复进行这个过程，直到得出系统的“精确解”，即用户满意为止。经过这样一个反复补充和修改的过程，应用系统的“最初版本”就逐步演变为系统的“最终版本”。

2.原型模型的构造方法

原型模型的构造方法如图1-10所示。在“需求分析”“原型设计”两个阶段中，开发者和用户一起为想象中的系统的某些主要部分定义需求和规格说明，并由开发者在规格说明级用原型描述语言构造一个系统原型，它代表了部分系统，包括那些为满足用户需求的必要属性。该原型可用来帮助分析和设计工作，而不是一个软件产品。

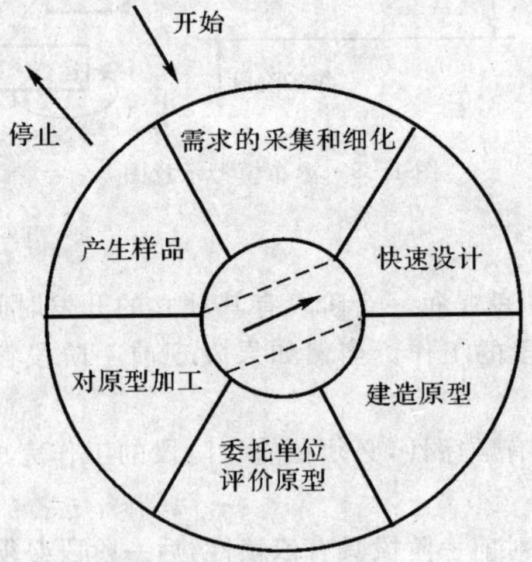

图1-10　建造原型

在演示原型期间，用户可以根据他所期望的系统行为来评价原型的实际行为。如果原型不能满意地运行，用户能立刻找出问题和不可接受的地方，并与开发者重新定义需求。该过程一直持续到用户认为该原型能成功地体现想象中的系统的主要部分功能为止。在这期间，用户和开发者都不要为程序算法或设计技巧等细节问题分心，而是要确定开发者是否理解了用户的意思，同时试验实现它们的若干方法。

有了满意的系统原型，同时也积累了使用原型的经验，用户常会提出新目标，从而进一步重新开始原型周期。新目标的范围要比修改或补充不满意的原型大。

3.原型特征

软件原型是软件的最初版本，以最少的费用、最短的时间开发出的、以反映最后软件的主要特征的系统。它具有以下特征：

(1)它是一个可实际运行的系统。

(2)它没有固定的生存期。一种极端是扔掉原型(以最简便方式大量借用已有软件，做出最后产品的模型，证实产品设想是成功的，但产品中并不使用)；另一种极端是最终产品的一部分即增量原型(先做出最终产品的核心部分，逐步增加补充模块)，演进原型居于其中(每一版本扔掉一点，增加一点，逐步完善至最终产品)。

(3)从需求分析到最终产品都可建立原型，即可为不同目标建立原型。

(4)它必须快速、廉价。

(5)它是迭代过程的集成部分，即每次经用户评价后修改、运行，不断重复双方认可。

4.原型法的评价

(1)优点。

1)原型法在得到良好的需求定义上比传统生存周期法好得多，可处理模糊需求，开发者和用户可充分通信。

2)原型系统可作为培训环境，有利于用户培训和开发同步，开发过程也是学习过程。

3)原型给用户以机会更改心中原先设想的、不尽合理的最终系统。

4)原型可低风险开发柔性较大的计算机系统。

5)原型增加使系统更易维护、对用户更友好的机会。

6)原型使总的开发费用降低，时间缩短。

(2)缺点。

1)“模型效应”或“管中窥豹”。对于开发者不熟悉的领域把次要部分当作主要框架，建造出不切题的原型。

2)原型迭代不收敛于开发者预先的目标。即每次更改，为了消除错误，次要部分越来越大，“淹没”了主要部分。

3)原型过快收敛于需求集合，而忽略了一些基本点。

4)资源规划和管理较为困难，随时更新文档也带来麻烦。

5)长期在原型环境上开发，只注意得到满意的原型，容易“遗忘”用户环境和原型环境的差异。

5.适用范围

原型开发可以应用于软件生存周期的不同阶段，也可以替代生存期的部分或全部阶段，可以辅助分析和确定用户需求的任务；作为软件设计的一种工具(例如研究系统设计的可行性和适应性)；作为一种解决不确定性的工具(例如研究一种新技术的效果，逐步使其适应预定的环境)；作为一种实验工具和充作同步培训工具；也可以作为“一次性”的应用(例如写一个能运行的程序，一旦得到答案，该程序将不再使用)；等等。原型法不适用于嵌入式软件、实时控制软件和科技数值计算软件的开发。

1.5.4 螺旋模型

1. 螺旋模型的基本思想

螺旋模型是一种风险驱动的模型。在软件开发中，有各种各样的风险。对于不同的软件项目，其开发风险有大有小。在制定项目开发计划时，分析员要明确项目的需求是什么，需要多少资源，如何安排开发进度等一系列问题。但是，要给出准确无误的回答是不容易的。分析员通常凭借经验的估计而给出初步的设想，这难免会带来一定的风险。同样，在设计阶段给出的设计方案是否能实现用户的功能，也会具有一定风险。实践表明，项目越复杂，设计方案、资源、成本和进度等因素的不确定性就越大，项目开发的风险也越大。因此，应该对风险进行识别、分析并采取对策，从而消除或减少风险的危害。

在原型基础上，进行多次原型反复并增加风险评估，形成螺旋模型。它将原型的迭代特征与线性顺序模型中控制的和系统化的方面结合起来，使得能够快速开发软件的增量版本。在螺旋模型中，软件开发是一系列的增量发布。在早期的迭代中，发布的增量可以是一个纸上的模型或原型；在以后的迭代中产生更加完善的版本。螺旋模型被划分为若干个框架活动，如图1-11所示。活动也称为任务区域，一般包括：

(1)用户通信。建立开发者和用户之间有效通信所需要的任务。

(2)计划。定义资源、进度和其他项目相关信息所需要的任务。

(3)风险分析。评估技术的及管理的风险所需要的任务。

(4)工程。建立应用的一个或多个表示所需要的任务。

(5)建造及发布。建造、测试、安装和提供用户支持所需要的任务。

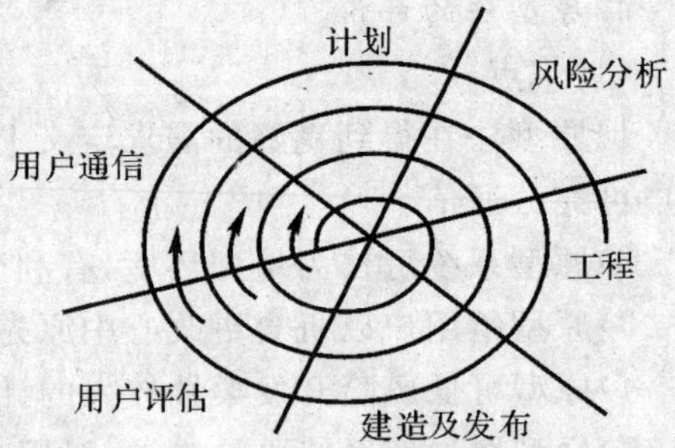

图1-11 一个典型的螺旋模型

(6)用户评估。基于在工程阶段产生的或在安装阶段实现的软件表示的评估，是获得用户反馈所必需的任务。

螺旋模型的每一圈都会对计划进行调整，它基于用户的反馈，调整进度和费用以及版本的内容。项目管理者可以根据项目的具体情况调整所需要的迭代次数。与传统的过程模型不同，螺旋模型能够适应于计算机软件产品的整个生命周期，而不是当软件交付后就结束过程。对于大型系统及软件的开发工作来说，螺旋模型是一种很好的模型方法。

采用这种模型，随着过程的发展演化，开发者和用户能够更好地理解和对待每一个演化级别上的风险。它使开发者在产品演化的任何阶段上都能够使用原型方法，保持了传统生命周期模型中的阶段化的工作方式，但同时又引入了迭代的框架，更加真实地反映了现实世界。同时也有利于防范技术风险。螺旋模型的应用同样有赖于用户的充分理解和积极参与。同时，它需要使用专门的风险评估技术以便识别风险、防范风险。

2. 螺旋模型分析

在螺旋模型结构中，维护只是螺旋模型的另一个周期，在维护和开发之间本质上并没有区别，从而解决了做太多测试或未做足够测试所带来的风险。

3. 适用条件

(1)内部的大规模软件的开发,不太适合合同软件。

(2)一般只适用于大规模软件的开发。

1.5.5 喷泉模型

1. 喷泉模型的基本思想

喷泉模型是一种以用户需求为动力,以对象为驱动的模型,主要用于描述面向对象的软件开发过程。该模型认为软件开发过程自下而上周期的各阶段是相互重叠和多次反复的,就像水喷上去又可以落下来,类似一个喷泉。各个开发阶段没有特定的次序要求,并且可以交互进行,可以在某个开发阶段中随时补充其他任何开发阶段中的遗漏。

2. 喷泉模型的实现方式

喷泉模型不像瀑布模型那样,需要分析活动结束后才开始设计活动,设计活动结束后才开始编码活动。该模型的各个阶段没有明显的界限,开发人员可以同步进行开发。其模型也是将各个阶段的开发同步建模,每个阶段的设计都可以和其他阶段的模型设计相结合,甚至在一个阶段设计时可以停下来进行以前工作的补充、改进。

3. 喷泉模型的主要特点

喷泉模型以面向对象的软件开发方法学为基础,以用户需求作为喷泉模型的源泉。其特点如下:

(1)喷泉模型规定软件开发过程有 4 个阶段,即系统分析、系统设计、软件设计和实现。

(2)喷泉模型的各阶段相互重叠,它反映了软件过程并行性的特点。

(3)喷泉模型以分析为基础,资源消耗呈塔型,在分析阶段消耗的资源最多。

(4)喷泉模型反映了软件过程迭代的自然特性,从高层返回低层无资源消耗。

(5)喷泉模型强调增量开发,它依据分析一点,设计一点的原则,并不要求一个阶段的彻底完成,整个过程是一个迭代的逐步提炼的过程。

(6)喷泉模型是对象驱动的过程,对象是所有活动作用的实体,也是项目管理的基本内容。

采用喷泉模型的软件过程如图 1-12 所示。

4. 喷泉模型的评价

喷泉模型主要用于面向对象的软件项目,软件的某个部分通常被重复多次,相关对象在每次迭代中随之加入渐进的软件成分。各活动之间无明显边界,例如设计和实现之间没有明显的边界,这也称为“喷泉模型的无间隙性”。由于对象概念的引入,表达分析、设计及实现等活动只用对象类和关系,从而可以较容易地实现活动的迭代和无间隙。

(1)优点。可以提高软件项目开发效率,节省开发时间;软件开发过程中从高层返回低层无资源消耗,避免了浪费。

(2)缺点。由于喷泉模型在各个开发阶段是重叠的,因此在开发过程中需要大量的开发人员,因此不利于项目的管理。此外这种模型要求严格管理文档,使得审核的难度加大,尤其是面对可能随时加入各种信息、需求与资料的情况。

5. 喷泉模型的适用范围

本模型适应于面向对象的软件开发过程,尤其是当开发项目比较庞杂和需求不是很确定时最能凸现优势。

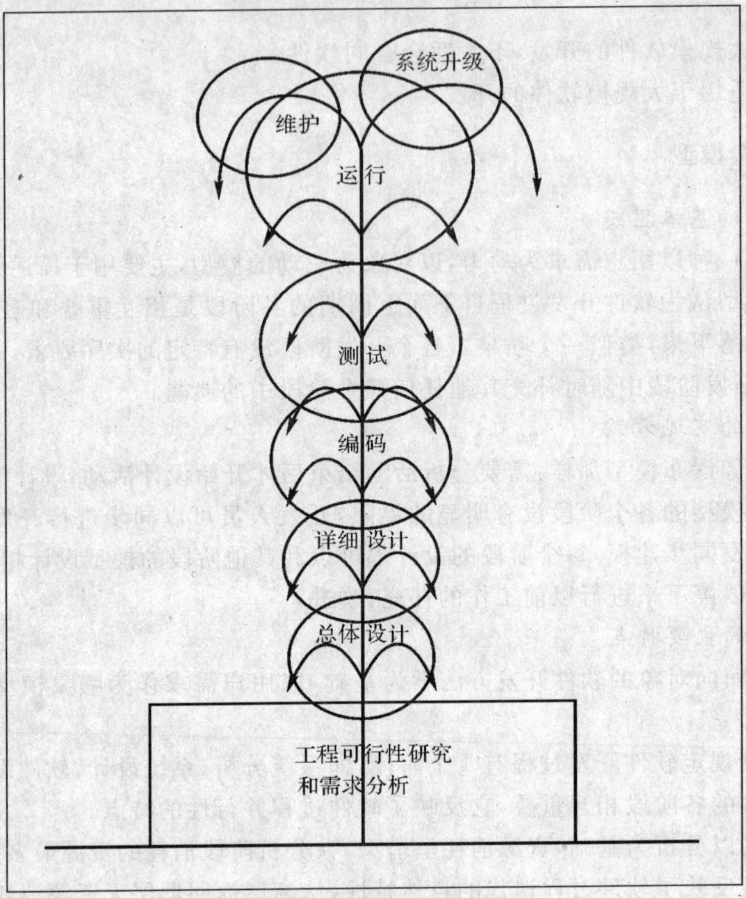

图 1-12　采用喷泉模型的软件过程

1.6　小　　结

本章主要介绍了军用软件工程的相关基本概念。首先讲述软件的发展历程，软件危机的特点，自然引出软件工程的产生，并对软件工程的原则做出了简要介绍。接着着重介绍了军用软件及军用软件工程的基本概念，简要介绍了军用软件开发的标准及常用的方法模型。

军用软件的发展是在民用软件发展的基础之上的，但它又有自己鲜明的特点，存在特殊性能需求和较高的保密要求，所以需要进行规范。于是根据我军的需要，在借鉴发达军事强国的软件设计标准的基础上，颁布了适用于我国军事实力的软件开发标准。本章对常用的军标做了概括性介绍，本书的第 6 章将会对主要军用标准进行详细描述。

军用软件的开发方法重点参考了软件工程发展过程中所流行的方法。面向过程的软件开发方法在软件工程的发展前期十分流行，所以与“生命周期法”相对应的“瀑布模型”在武器系统软件开发中应用广泛，但是随着武器性能的不断提升，武器系统软件的功能要求不断增加，按部就班的“生命周期法”和“瀑布模型”在复杂的军用软件开发中显得不适应了。所以新的方法被引入，新的软件开发模型也随之应用于武器系统软件的开发中。本章在介绍了面向对象的软件开发方法后，又简要讨论了目前军用软件工程的新方法，方便日后做软件设计时选用。

习　题　1

一、选择题

1. 下列选项不属于瀑布型的优点的是＿＿＿＿＿＿。

A. 可迫使开发人员采用规范的方法

B. 严格地规定了每个阶段必须提交的文档

C. 要求每个阶段交出的所有产品都必须经过质量保证小组的仔细验证

D. 支持后期的变动

2. 以下＿＿＿＿＿＿不是软件产品所具有的特性。

A. 软件是逻辑产品

B. 软件产品不会用坏，不存在磨损、消耗问题

C. 随着技术的提高，软件开发的费用不断降低

D. 软件产品的成本主要体现在软件的开发与研制上

二、填空题

1. 瀑布模型是以文档为驱动、适合于＿＿＿＿＿＿的软件项目的模型。

2. ＿＿＿＿＿＿是一种以需求分析为动力，以对象为驱动的模型。

三、简答题

1. 什么是软件危机？其产生的原因是什么？

2. 计算机软件是什么？

3. 计算机软件的发展大体上经历了 3 个不同时期。简要叙述这 3 个时期计算机软件的异同。

4. 列出两种以上的软件开发过程模型，并说明各自的特点。

5. 软件危机的特点有哪些？试作简要叙述。

6. 什么是软件危机？其产生的原因是什么？

7. 什么是软件工程？

8. 试说明软件工程是如何克服软件危机的。

9. 你觉得军用软件工程标准的作用是什么？对其进一步发展有什么建议？

10. 军用软件工程的传统设计方法的主要特点和存在的问题是什么？

11. 简述你对面向对象软件设计方法的理解。

12. 本章介绍的几种军用软件设计模型，各自的优缺点是什么？你认为假设让你设计一个系统，比如“军需物资管理系统”，你会选择哪一种设计模型？为什么？

13. 简述软件工程目标和面临的主要问题。

第 2 章　面向对象的软件开发方法

第 1 章中，我们指出军用软件工程在现阶段主要采用了较为灵活的面向对象设计方法。本章主要讲述面向对象技术的基本知识，并对支持面向对象软件开发的统一建模语言 UML，及其建模工具 Rational Rose 作简单介绍，为后续章节的实例分析及设计做必要的知识储备。

2.1　面向对象技术

面向对象(Object Oriented，OO)的思想最早出现于挪威奥斯陆大学和挪威计算机中心共同研制的 Simula 67 语言中。其后，在美国 Xerox 研究中心推出的 Smalltalk－76 和 80 语言中，面向对象的程序设计方法得到比较完善的实现。到了 20 世纪 90 年代，面向对象已经成为软件开发方法的主流。目前，面向对象的概念和应用已超越了程序设计和软件开发，扩展到很宽的范围，如数据库系统、交互式界面、应用结构、应用平台、分布式系统、网络管理结构、CAD 技术、人工智能等领域。

传统的系统设计过程中，一直存在着这样一个不合理现象：我们认识一个系统的过程和方法同我们用于分析、设计和实现一个系统的过程和方法不一致，由于这种不一致性导致了系统设计的灵活性差，难以维护、修改和扩充。为了消灭这种不合理现象，人们提出了面向对象的方法学。面向对象技术的基本出发点就是尽可能地按照人类认识世界的方法和思维方式来分析和解决问题。客观世界是由许多具体的事物和概念组成的，可以将任何感兴趣的事物和概念称为对象。面向对象方法正是以对象作为最基本的元素，它是分析问题、解决问题的核心。面向对象方法符合人类的认识规律，计算机实现的对象与真实世界有一一对应关系，不必作任何转换，因此面向对象的程序设计方法更易于人类接受。

2.1.1　面向对象的基本概念

1. 对象(Object)

我们把客观世界的实体称之为问题空间(问题域)的对象。例如，一个人可以是一个对象，一条信息可以是一个对象，一本书可以是一个对象，一家图书馆也可以是一个对象。可见，对象是以初始的对象为基本元素，经过层层组合而成的。因此，整个客观世界可认为是一个最复杂的对象。

在面向对象的程序设计中，“对象”是系统中的基本运行实体。对象是一个由信息及有关对它进行处理的描述所组成的包，也就是说，“对象”是具有特殊属性(数据)和行为方式(方法)的实体。对象的特殊属性就确定了给定时刻对象的状态，用数据值来描述它的状态，例如，用人员编码、姓名、性别、年龄、单位、入伍时间和服装型号等数据值描述一个军需物资管理系统中的领装人员对象的状态。与每一个对象相关的方法定义了该对象上的操作，例如，领装人员

图 2-1　对象

信息登记、领装人员服装信息查询等方法定义了领装人员对象的操作。因此，对象是数据和操作的封装体，如图 2-1 所示。

2. 类(Class)

(1)类的概念。类是对一个或几个相似对象的描述。类是具有相同(或相似)属性和操作的对象的集合，类是对象的抽象，而对象是类的具体化。换句话说，类是对象的模板，而对象是类的实例。也可以说，类是实体的对象。

类是一个抽象数据类型的实现，它定义的是一种对象类型，它描述了属于该类型的所有对象的性质。例如，“领装人员”是一个类，它描述了领装人员的性质(包括领装人员信息登记、领装人员服装信息查询等)，“张三”“李四”和“王五”等这些具体领装人员都是“领装人员”这个类的对象，都具备领装人员信息登记、领装人员服装信息查询能力。所以说，类具有属性，它是对象的状态的抽象，用数据结构来描述类的属性；类具有操作，它是对象的行为的抽象，用操作名和实现该操作的方法来描述类的操作。

对象是在执行过程中由其所属的类动态创建的，一个类可以创建多个不同的对象。类中的所有数据是私有的，该数据必须通过类的公共接口(成员函数)来访问。

(2)类的层次。一个类的上层可以有超类(Super class)，下层可以有子类(Sub class)，形成一种层次结构。超类也称基类，子类也称派生类。这种类之间的结构关系主要有两种：一般与特殊结构关系、整体与部分结构关系。

一般与特殊结构关系又称为分类结构关系，也就是“is a”关系。例如，飞机和交通工具都是类，它们之间的关系是“is a”关系，飞机是一种特殊的交通工具。通常，越上层的类越具有一般性和共性，越下层的类越特殊、越具体。现实世界中的一般化的抽象关系用类的这种结构关系来描述。

整体与部分结构关系称为组装结构关系，也就是“has a”关系。例如，飞机和发动机都是类，它们之间的关系是“has a”关系，发动机是飞机的一部分。通常，上层的类具有整体性，下层的类具有部分性、成员性。现实世界中的组成的抽象关系用类的这种结构关系来描述。

3. 消息和方法

消息用来请求对象执行某一处理或回答某些信息的要求。对象间的通信是通过消息传递来实现的。消息传递是对象间的一种通信机制。某一对象在执行相应的处理时，如果需要，它可以通过传递消息请求其他对象完成某些处理工作或回答某些信息；其他对象在执行所要求的处理活动时，同样可以通过消息传递与别的对象通信。因此，在面向对象程序设计中，程序的执行是靠在对象间传递消息来完成的，如图 2-2 所示。

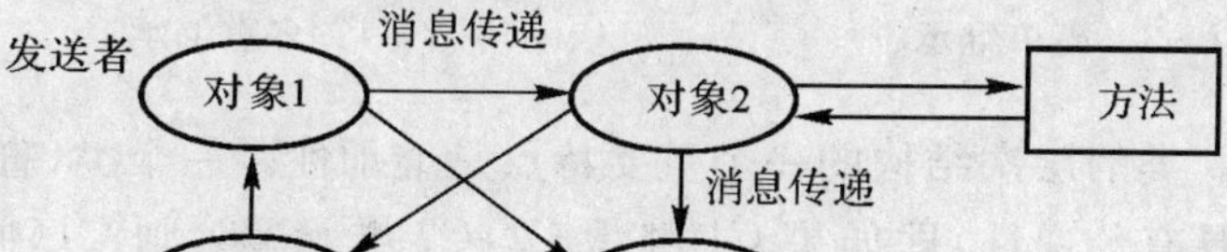

图 2-2　消息传递

发送消息的对象称为发送者，接收消息的对象称为接收者。消息中只包含发送者的要求，它告诉接收者需要完成哪些处理，但并不指示接收者应该怎样完成这些处理。消息完全由接收者解释，接收者独立决定采用什么方式完成所需的处理。发送一条消息必须包含接收者的对象名、发送给该对象的消息名(即对象名.方法名)以及传递消息的参数说明等。参数可以是接收者的局部变量或所有对象都使用的全局变量。

方法是类中操作的实现过程。一个方法包含方法名、参数和方法体。当一个对象接收到一条消息后，它所包含的方法决定对象该做怎样的处理。对象的内部信息是隐蔽的(私有的)，对象间只能通过消息来连接，而对象私有的数据是用它的方法访问的。

2.1.2 面向对象的特征

1. 对象唯一性

每个对象都有自身唯一的标识，通过这种标识，可找到相应的对象。在对象的整个生命期中，它的标识都不改变，不同的对象不能有相同的标识。

2. 抽象性

分类性是指将具有一致的数据结构(属性)和行为(操作)的对象抽象成类。一个类就是这样一种抽象，它反映了与应用有关的重要性质，而忽略其他一些无关内容。任何类的划分都是主观的，但必须与具体的应用有关。

3. 继承性(Inheritance)

继承性是共享类、子类和对象中的方法和数据的机制。当类A不但具有类B的属性，而且还具有自己的独特属性时，这时称类A继承了类B，继承关系常称“即是”(is a)关系。当类A继承类B时，如图2-3所示，就表明类A是类B的子类，而类B是类A的超类。子类A由两部分组成：继承部分和增加部分。继承部分是从B继承来的，增加部分是专为A编写的新代码。

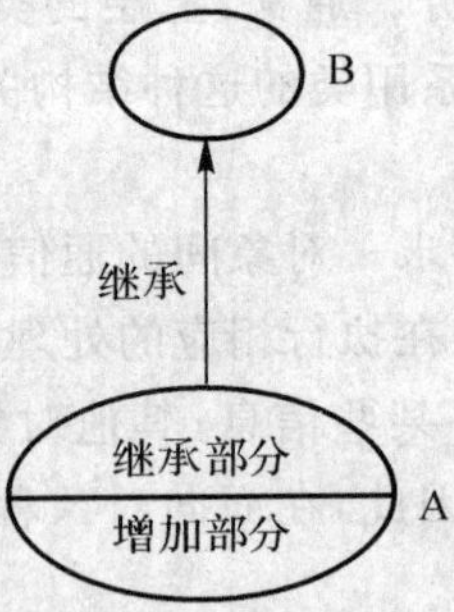

图2-3 简单继承

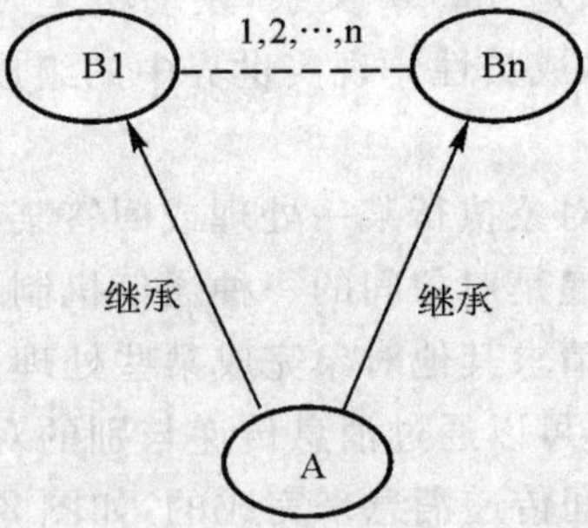

图2-4 多重继承

继承具有传递性。类的层次结构的一个重要特点是继承性。一个类(直接)继承其超类的全部描述。这种继承具有传递性，即如果C1继承C2，C2继承C3，则C1(间接)继承C3。所以，一个类实际上继承了层次结构中在其上面的所有类的全部描述。因此，属于某个类的对象除具有该类所描述的特性外，还具有层次结构中该类上面所有类描述的全部特性。

继承分为单重继承和多重继承两类。在类的层次结构中，一个类可以有多个子类，也可以有多个超类。如果一个类至多只能有一个超类，则一个类至多只能直接继承一个类，这种继承方式称为单重或简单继承(Single Inheritance),如图2-3所示。简单继承是树型结构。如果一个类可以直接继承多个类,那么这种继承方式称为多重继承(Multiple Inheritance),如图2-4所示。多重继承是网状结构。

4. 封装性(Encapsulation)

封装是面向对象的一个重要概念。封装是一种信息隐藏技术,用户只能见到对象封装界面上的信息,对象内部对用户是隐蔽的。也就是说,用户只知道某对象是"做什么"的,不知道"怎么做"。封装将外部接口与内部实现分离开来,用户不必知道行为实现的细节,只须用消息来访问该对象。

封装体现了良好的模块性,它将定义模块和实现模块分开。封装使对象的内部软件的范围有清楚的边界,有一个描述该对象和其他的对象之间通信的接口,使得模块内部的数据受到很好的保护,避免外部的干扰。封装大大增强了软件的维护性、修改性,这也是软件技术追求的目标。

5. 多态性(Polymorphism)

当同样的消息可以被送到一个父类的对象和它的子类的对象上时,被称作多态性。也就是说,在类等级的不同层次中可以共享(公用)一个行为(方法)的名字,然而,不同层次中的每个类却各自按自己的需要来实现这个行为,并得到不同的结果。同一个操作(方法)、函数或过程可以用不同类型的参数调用实现不同的结果。多态即一个名字可具有多种语义。在面向对象的语言中,都有实现多态性的机制,可允许每个对象以自己的解释方式来响应共同的消息。多态性机制不但增加了面向对象软件系统的灵活性、可理解性和可维护性,进一步减少了信息冗余,而且显著提高了软件的可重用性和可扩充性。

在面向对象系统中,对象封装了方法,恰好要利用如重名、重定义让各对象以自己的解释方式去执行,而且这种多义性绝不会带来混乱,这就是对象的多态性。因为,这些工作不需要涉及具体的数据结构和类型,只是着重于揭示系统的逻辑合理性。这对于需求分析、模型设计极为有利。

2.1.3 经典面向对象方法

1. Coad 方法和 Yourdon 方法

Coad 方法和 Yourdon 方法经常被视为最容易学习的面向对象分析方法之一。建模符号相当简单且开发分析模型的指引是直接明了的。Coad 方法和 Yourdon 方法的面向对象分析过程概述如下:

(1)使用"寻找什么(what to look for)"标准来标识对象。

(2)定义一般-特殊结构。

(3)定义整体-部分结构。

(4)标识主题(子系统构件的表示)。

(5)定义属性。

(6)定义服务。

2. Jacobson 方法

Jacobson 方法也称为面向对象软件工程,Jacobson 方法是 Jacobson 开发的专有的 Objector 方法的一个简化版本。该方法和其他方法的不同点是特别强调使用实例——用以描述用户和产品或系统间如何交互的场景。Jacobson 的 OOA 过程如下：

(1)标识系统的用户和他们的整体责任。

(2)建造需求模型。定义参与者和他们的责任，为每个参与者标识使用实例，准备系统对象和关系的初步视图，使用实例作为场景去复审模型以确定合法性。

3. Rum Baugh 方法

Rum Baugh 及其同事开发了用于分析、系统设计和对象级设计的对象建模技术。其分析活动创建 3 个模型，即对象模型(对象、类、层次和关系的表示)、动态模型(对象和系统行为的表示)和功能模型(系统信息流的表示)。Rum Baugh 的面向对象分析过程概述如下：

(1)开发对问题的范围陈述。

(2)建立对象模型。标识和问题相关的类，定义属性和关联，定义对象链接，用继承来组织对象类。

(3)开发动态模型。准备场景，定义事件并为每个场景开发一个事件轨迹，构造事件流图解，开发状态图解，复审行为的一致性和完整性。

(4)构造系统的功能模型。标识输入和输出，使用数据流图表示流变换，给出每个处理框的功能描述，规定约束和优化标准。

4. Booch 方法

Booch 方法包含“微开发过程”和“宏开发过程”两个过程，微级别定义了一组在宏过程中的每一步反复应用的分析任务，因此，演进途径得以维持。Booch 方法得到了一系列自动工具的支持。Booch 的 OOA(Object-Oriented Analysis)宏观开发过程概述如下：

(1)标识类和对象。首先提出候选对象，然后进行行为分析，接着标识相关场景，最后为每个类定义属性和操作。

(2)标识类和对象的语义。首先选择场景并进行相应的分析；其次赋予责任以完成期望的行为，并且划分责任以平衡行为；再次选择一个对象，枚举其角色和责任，并且定义操作以满足责任；最后定义对象间的协作关系。

(3)标识类和对象间的关系。定义对象间存在的依赖，描述每个参与对象的角色，最后通过浏览场景进行确认。

(4)进行精化处理。对上面的工作进行适当的图解，定义适合的类层次以完成基于类共性的聚合操作。

(5)实现类和对象。在面向对象分析的语境中，这意味着分析模型已经完成，实际上这部分工作应该是面向设计。

5. UML 语言

软件工程领域在 1995—1997 年取得了前所未有的进展，其成果超过软件工程领域过去 15 年的成就总和，其中最重要的成果之一就是统一建模语言(Unified Mode ling Language, UML)的出现。UML 将是面向对象技术领域内占主导地位的标准建模语言。

UML 不仅统一了 Booch 方法、OMT 方法、OOSE 方法的表示方法，而且对其作了进一步的发展，最终统一为大众接受的标准建模语言。UML 是一种定义良好、易于表达、功能强大且普遍适用的建模语言。它融入了软件工程领域的新思想、新方法和新技术。它的作用域不仅支持面向对象的分析与设计，还支持从需求分析开始的软件开发全过程。

2.1.4　面向对象的模型

用面向对象方法开发软件，通常需要建立对象模型、动态模型和功能模型 3 种模型。对象模型是描述系统数据结构的，它始终都是目标系统中最关键、最基本、最核心的；动态模型是描述系统控制结构的；功能模型是描述系统功能的。数据、控制和操作是这 3 种模型都涉及的共同概念，只不过是各自描述的侧重点不同罢了。

一个典型的软件系统应包含数据结构（对象模型）、执行操作（动态模型）和完成数据值的变化（功能模型）。这 3 种模型从不同但又密切相关的角度模拟目标系统，它们各自从不同侧面反映了系统的实质性内容，综合起来则全面地反映了对目标系统的要求。功能模型定义了系统应该“做什么”，动态模型明确定义了“何时做”（即在何种状态下接受了什么事件的触发），对象模型则定义了“对谁做”。

1. 对象模型

对象模型表示了静态的、结构化的系统数据性质，描述了系统的静态结构，它是从客观世界实体的对象关系角度来描述，表现了对象的相互关系。该模型主要关心系统中对象的结构、属性和操作，它是分析阶段 3 个模型的核心，是其他两个模型的框架。

在建立对象模型时，我们的目标是从问题域中提炼出对目标系统有价值的概念。

目前还没有统一的表示对象模型的图形符号法，规定组织这些符号的语义规则也不统一。面向对象方法学的著名专家，如 Grady Booch，Peter Coad&Ed Yourhon，James Rurnbaugh，Sally Shlaer 等人，都提出了自己的表示方法。这些表示方法虽然形式各异，但是它们有一个共同的特点，那就是独立于具体的开发模式。本书使用 Peter Coad&Ed Yourhon 的表示方法。

（1）类 & 对象的表示符号。

1）类 & 对象。“类 & 对象”是一个专用术语，它代表一个类和该类的对象。表示类 & 对象的图形符号见图 2-5(a)，类是类 & 对象符号的变种符号，表示类的图形符号见图 2-5(b)。

类符号用一个矩形框表示，由 3 部分组成，上部分是类的名字，中间部分是该类内定义的属性，下面部分是该类提供的服务，即方法。类 & 对象符号用类符号外面再加一个虚线框表示，虚线框代表属于该类的对象。

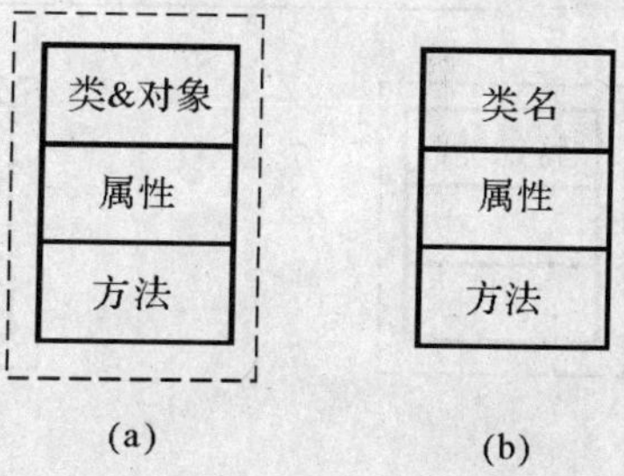

图 2-5　类 & 对象和类的图形符号

一般情况下，类内定义的属性和服务不需写出来，只需在一个矩形框内写上类名代表该类。

2）类的命名。类名是一类对象的名字。命名是否恰当直接影响系统的可理解性。应该使用名词或名词短语命名，例如，图书、课程、公司职员等；尽可能使用专业术语，例如，外部设备、服务台、信号灯等。一般地，应该使用在应用领域中人们习惯的专业术语作为类名，而且含义明确。不要太随便，或刻意创造；名字应该是无歧义性的、简洁的，而且具有描述性的。

3）属性和方法。属性是指类中对象所具有的数据值，如军人的属性有姓名、性别、军龄和部队番号等。对于每个对象来说，其中每一属性都具有一个值，不同对象的统一属性可以具有相同的或不同的属性值。类中的各属性名是唯一的。

方法是类中对象所使用的一种功能和变换，每个方法都有一个目标对象作为隐含参数。

(2)结构的表示符号。结构是一种思维组织的方式，但在面向对象分析与面向对象设计中，结构是问题域复杂关系的表示，它与系统的任务直接相关，目标系统的任务决定了系统的结构。通常，结构分为一般-特殊结构和整体-部分结构两类。这两种类型的结构均是面向对象分析与面向对象设计方法的重要组成部分。

1)一般-特殊结构。一般-特殊结构也称分类结构(或归纳结构)，它是一个类与它的子类之间的分类关系。高层类(即基类)说明一般性的属性，低层类(即派生类)说明特殊属性。低层类对象是高层类对象的某种特殊情况，它继承了在高层类中定义的属性和服务。换句话说，一般-特殊关系具有继承性，一般类和对象的属性和方法被定义后，即可在特殊类和对象中使用。

一般-特殊关系表示法为：顶部是一个一般类，下部是若干个特殊类，它们之间用线和半圆形标记连接；半圆形的标记表明图形是一般-特殊关系，这种表示法是有向的，从半圆中心画一条线所指到的是特殊类。一般来说，一般类总是放在上部，而特殊类放在下部，这种表示法便于理解模型。一般类与特殊类之间的连线端点应连接到类(而不是对象)，这个端点位置表明是类之间的关系，如图 2-6(a)所示。

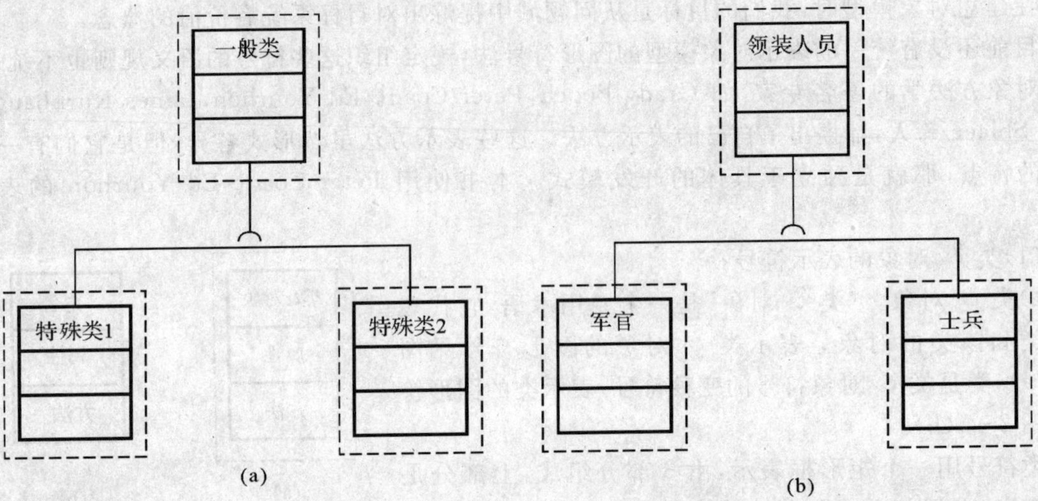

图 2-6　一般-特殊关系

(a)一般-特殊关系表示法；(b)一般-特殊关系的实例

图 2-6(b)所示是一般-特殊关系的例子。在军需物资管理系统里有关领装人员的管理系统中，可以将领装人员定义成一般类，将军官和士兵定义成领装人员的特殊类。它们之间构成一般-特殊关系，这种表示法构成了一般-特殊结构。

2)整体-部分结构。整体-部分结构也称组装结构(聚集结构)，它反映了对象之间的构成关系。整体-部分关系是人类思维的基本方法之一。在面向对象分析中，它还能将具有特殊的整体-部分关系的类＆对象组织到一起。它对于在问题域和系统任务的边界区域中识别类＆对象是非常有用的。

整体-部分关系表示法为：在顶部是一个整体对象(用类＆对象符号表示的对象)，下部是组成该整体的若干个部分对象(用类＆对象符号表示的对象)，它们之间用线与三角标记(结构线)连接。三角标记表明这是整体-部分关系,而且是有向的。通常,把整体对象画在图的上部而把部分对象放在下部,这样布置使模型容易理解。整体可有多个不同种类的部分。整体-部分关系线的终点位置是外框上,反映了对象之间(而不是类之间)的映射关系。整体-部分结构线的每一端都标有一个数量或数量的区域,它表示该整体可以拥有的部分数,反之,表示该部分可以拥有的整体数(当数量为 1 时可省略),详见图 2－7。

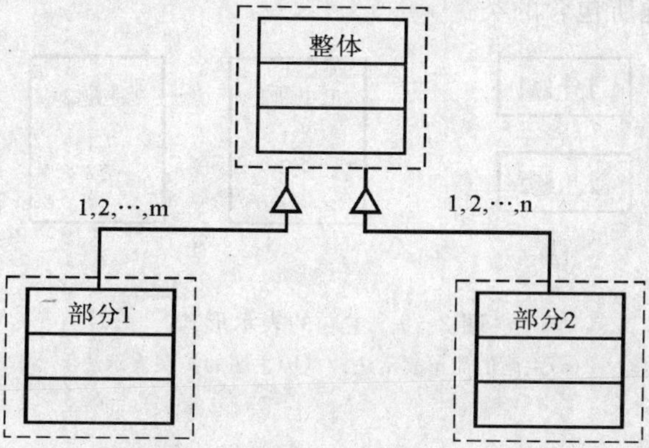

图 2－7　整体-部分关系表示法

3)约束。我们把反映对象之间映射关系中,相互拥有的数量叫约束,即约束是整体与部分相互拥有的数。整体约束部分叫多重性,部分约束整体叫参与性。

4)实例。图 2－8 所示是整体-部分关系的例子。某学校计算机系由 4 个专业和 4 个教研室组成,每个专业又由不同的班组成。该图描绘计算机系的聚集树,聚集树是多级整体-部分结构的一种简化表示形式。也就是说,如果 A 是 B 的一部分,B 是 C 的一部分,则 A 也是 C 的一部分,这种性质称传递性。传递性是整体-部分关系的一个最重要的性质。

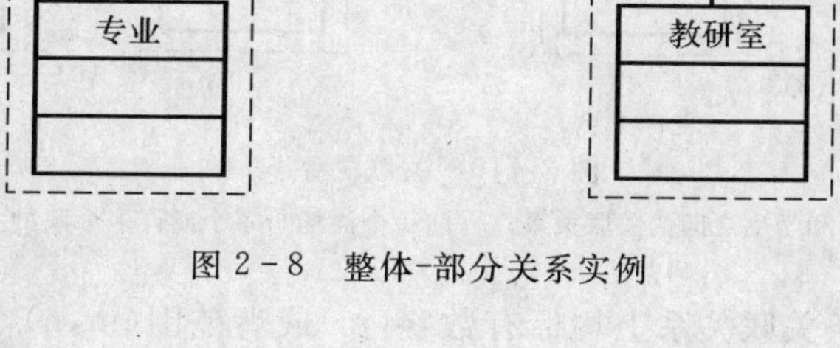

图 2－8　整体-部分关系实例

(3)主题。

1)主题的概念。主题是一种指导开发者或用户研究大型复杂模型的一种机制。主题又是一种手段,主题有助于分解大型项目以便分组承担任务。它还可以给出面向对象分析和设计的模型总体概貌。

主题所依据的原理是整体-部分关系的扩充。一个系统模型可以包含多个主题，也就是说，主题是整个问题域和系统任务的一部分，是用来同整个问题域和系统任务（总体）进行通信的部分。

2）主题的表示法。主题的表示形式有两种：简单表示形式和扩展表示形式。简单表示形式如图2-9(a)所示，只标出主题名和编号；扩展表示形式如图2-9(b)所示，除了标出主题名和编号外，还要标出主题所包含的类。

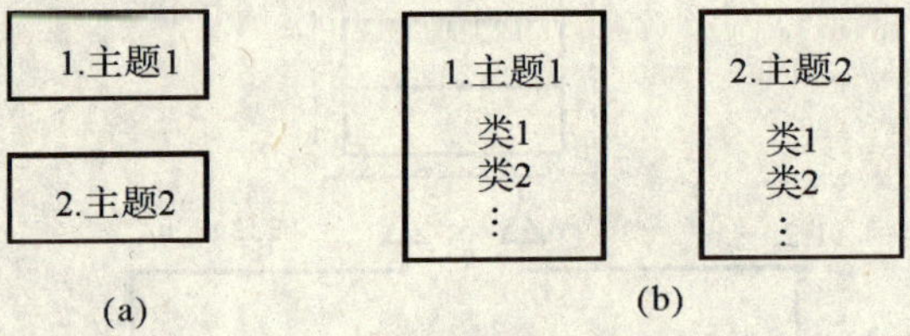

图2-9 主题的表示形式

(a)主题的简单表示法；(b)主题的扩展表示法

（4）关联与链属性。

1）属性。属性是用来描述类&对象的特性的。一个属性是一个数据项（状态信息），类中对象都有相应的值（状态）。每个类&对象都由属性描述，而属性则按照类&对象的规范来描述。属性放在类&对象表示符号的中间部位。

2）关联关系。关联关系反映对象之间相互依赖、相互作用的关系。一个关联关系就是一个问题域映射模型，该模型反映了某个对象对其他对象的需求。关联关系反映了对象之间的静态关系，是二元关系。

关联用两个对象之间的实线来表示。该线的端点位置表明该关联是对象而不是实例之间的映射关系。关联关系分为一对一(1∶1)、一对多(1∶m)和多对多(m∶n)3种基本类型，类型的划分主要依据参与关联的对象的数目。例如，一个学校有一个校长，学校与校长是一对一的关系；一个教师教许多学生，教师与学生是一对多的关系（关联的表示如图2-10(a)所示）；一个学生可选修多门课程，一门课程可被多个学生选修，学生与课程是多对多的关系。

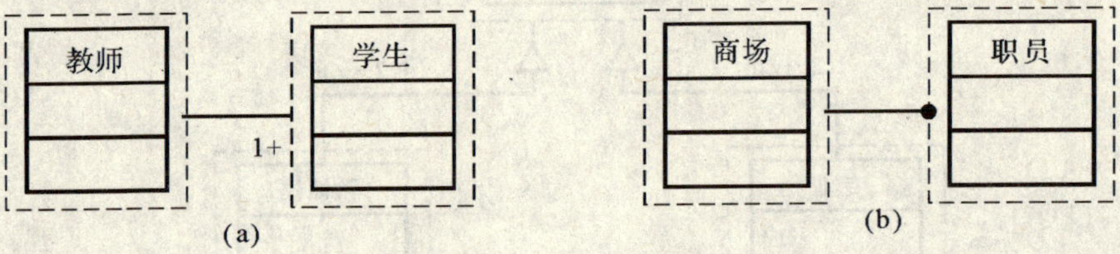

图2-10 关联关系

(a)教师和学生之间的关联关系；(b)一个商场与零个或许多个职员关联

3）阶数。对象的每条关联关系上均标有数字(m)或者范围(m,n)，它说明了该对象对其他对象的约束。该数字或范围表明可能发生的映射数目或范围。如："○"表示零个或一个，"●"表示零个或多个，"1+"表示一个或多个，"1,3"表示该范围的上下限。固定数目的连接可使用单个数字来表示，图2-10所示是两个实例。

4）链属性。链属性就是关联链的性质。例如，学生与课程之间存在着多对多的关系，但是，每个学生对不同课程拥有不同的选课方式，学生与课程之间的关联链的属性就是选课方式（链属性）。链属性的表示方法如图2-11所示。

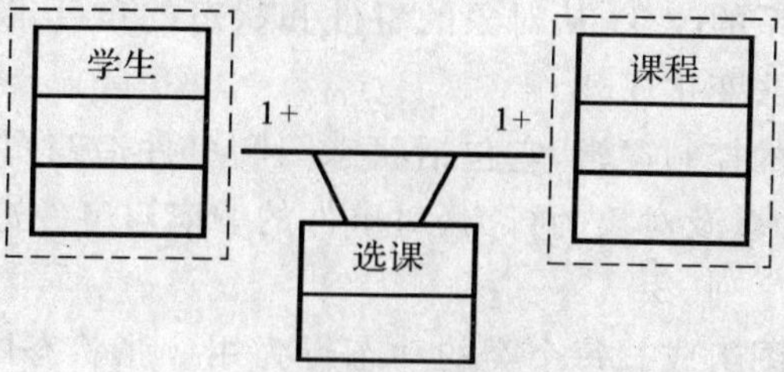

图2-11 链属性的表示方法

5)受限关联。两个对象加上一个限定词称为受限关联。限定词是一种特殊的链属性。利用限定词通常能有效地减少关联的阶数。

例如，某一个学校内的一个系(院)有许多教职工，一个教职工仅属于一个系(院)，在一个系(院)内，职工号确定唯一一个教职工。利用限定词“职工号”表示了系(院)与教职工之间的关系，可见，利用限定词可以把一对多关系简化成一对一关系，如图2-12所示。

由于系(院)加职工号可唯一地确定一个教职工，因此，限定词“职工号”应该放在靠近系(院)对象的那一端。限定提高了语义精确性，增强了查询能力。在图2-12中，限定的语法表明，职工号在其系(院)内是唯一的。因此，查找一个教职工的方法就是，首先查找所需系(院)，然后在该系(院)内查找指定的教职工。

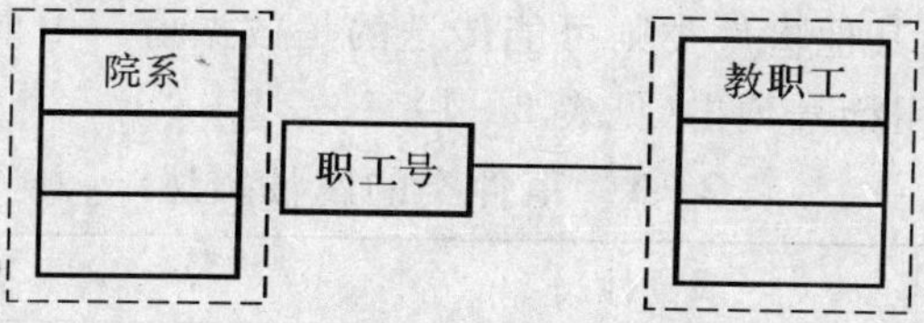

图2-12 受限的关联表示方法

(5)服务与消息连接。

1)服务。服务是指某个对象所具有的特定的行为，一个服务就是收到一条消息之后所执行的处理。服务放在类&对象表示符号的下部。

2)消息连接的概念。消息是对象之间传送的信息，消息连接是指一个对象到另一个对象的映射。消息的连接，反映了一个对象对另一个对象的处理依赖关系。该关系表明，一个对象为了完成自己的任务，需要借助于另一个对象提供的服务时，发送(发送者)一个消息给另一个对象(接收者)，接收者接收到消息，经过处理后，将结果反馈给发送者。消息连接反映了对象之间的动态关系。

3)消息连接的表示。消息连接可以用一个带有箭头的实线来表示。箭头从发送者指向接收者。箭头的每一端通常都连接到一个对象，以表明实际的参加者，如图2-13所示。

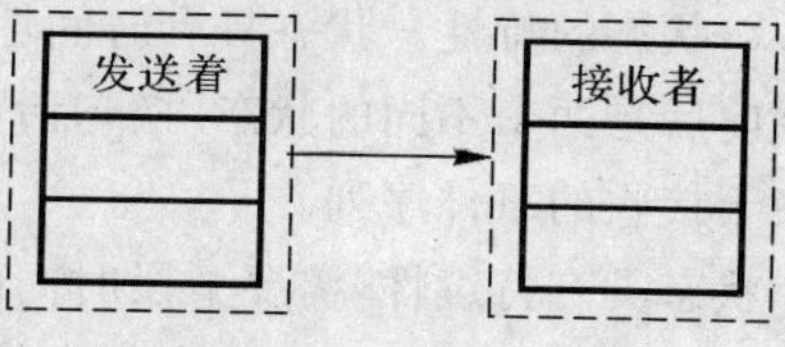

图2-13 消息的连接表示

2. 动态模型

动态模型表示瞬时的、行为化的系统的控制性质，它描述了系统的控制结构。动态模型考察在任何时刻对象及其联系的改变，从对象的事件和状态的角度出发，表现对象的相互行为，规定对象模型中对象的合法变化序列。

动态模型侧重于系统的控制逻辑，它包括状态图和事件追踪图。状态图用来描绘对象的状态、触发状态转换的事件以及对象的行为(对事件的响应)；事件追踪图侧重于说明发生于系统执行过程中的一个事件序列。

动态模型由多个状态图组成。每个类的动态行为用一张状态图来描绘，各个类的状态图通过共享事件组合起来，从而构成系统的动态模型。也就是说，动态模型是基于事件共享而互相关联的一组状态图的集合。

(1)事件。事件是某个特定时刻所发生的事情，是某事物发生的信息，它使对象从一种状态转换到另一种状态。事件没有持续时间，是瞬间完成的。事件就是引起对象状态转换的控制信息。模型中，各对象之间相互触发，一个触发行为称作一个事件。对象对事件的响应，取决于接收该触发的对象当时所处的状态，响应包括改变自己的状态或者又形成一个新的触发行为。

事件从一个对象向另一个对象传送信息。这种信息传送可视为单向传送。发送事件的对象可能期望对方答复，被此事件触发的对象，可以发送答复事件也可以不发送答复事件。如果发送答复事件，该答复事件也是受被触发对象所控制的一个独立事件。

事件类由各个独立事件的共同结构和行为抽象组成。有些事件类可能传送的是简单的"要发生某事件"的信息，而其他事件类则可能传送的是数据值。由事件传送的数据值叫属性。属性可以在事件类名之后用括号列出(见表2-1)。

表2-1 事件类的属性描述

事件类	属 性	描 述
列车出发	线路、班次、城市	列车出发(线路、班次、城市)
按下鼠标按钮	按钮、位置	按下鼠标按钮(按钮、位置)
数字拨号	数字	数字拨号(数字)

(2)状态。

1)状态的概念。状态是对对象属性值的一种抽象。也就是说，对象所具有的属性值称为对象的状态。状态是影响对象的重要行为的体现，状态表明了对象对输入事件的响应。各对象之间相互触发(即作用)，就形成了一系列的状态变化。

2)状态的特性。状态具有时间性。事件表示时刻，状态代表时间间隔。一个对象在接收事件前后是两个不同的状态，换句话说，同一个对象，在接收两个事件之间是一个状态。状态依赖于接收的事件序列。

状态具有持续性，需要一段时间间隔表示一个状态。状态与连续的活动有关，这些活动需要一定的时间才能完成。状态与事件相互依赖，一个事件可将两个状态分开，一个状态可将两个事件隔开。

(3)行为。行为是指被事件触发的对象达到某种状态时，所做的一系列处理操作。这些操作是需要耗费一定时间的。

(4)脚本。脚本也叫场景(Scenarios)。脚本是指系统在某一执行期间内出现的一系列事件。脚本通常起始于一个系统外部的输入事件,结束于一个系统外部的输出事件。脚本可以包括系统中所有事件,也可以只包括某些对象触发或产生的事件。

表 2-2 给出了使用电话的脚本,该脚本包括影响电话线的事件。

表 2-2　使用电话的脚本

编号	事件	编号	事件
1	呼叫者拿起电话	10	呼叫者拨号(4)
2	响拨号声	11	电话鸣响声
3	呼叫者拨电话号码(2)	12	接收者拿起电话
4	拨号声停	13	停鸣响声
5	呼叫者拨号(3)	14	电话接通
6	呼叫者拨号(3)	15	通电话
7	呼叫者拨号(6)	16	接收者挂断电话
8	呼叫者拨号(5)	17	电话中断
9	呼叫者拨号(5)	18	呼叫者挂断电话

(5)事件追踪图。事件追踪图侧重于描述发生于系统执行过程中的一个特定“场景”(脚本),是完成系统某个功能的一个事件序列。

写好脚本后,需要确定事件追踪,即确定在对象之间传送信息的各个事件。即首先标识每个事件的发送者对象和接收者对象,然后,用事件追踪图按事件序列顺序,来表示事件、事件的发送者对象和事件的接收者对象。

事件追踪图中,用竖线表示对象,带箭头的横线表示事件,箭头从发送者对象指向接收者对象。时间自上向下延续,与间隔的空间无关,没有精确的时序。

(6)状态图。状态图是一个状态与事件的网络,它侧重于描述每一类对象的动态行为。状态是某一时刻中属性特征的概括,而状态转换则表示这一类对象在何时,对系统内外发生的哪些事件做出何种响应。

用圆形框或椭圆框表示状态,框内可标上状态名也可以不给状态命名,行为在框内用关键字 do(后接冒号)标明。用箭头线表示从一个状态到另一个状态的转换,附加在箭头线上的短语标明触发此状态转换的事件名。有些事件是简单事件,而有些事件则是条件事件,条件事件必须在事件名后面加一个方括号,方括号内写上状态转换的条件。条件事件当条件满足时,该事件的发生才能引起状态的转换。用实心圆表示初始状态,用一对同心圆表示最终状态。

状态图描述一个对象的个体行为,而事件追踪图则描述多个对象所表现出来的集体行为。它们从不同的角度说明同一系统行为,因此,必然存在着密切的内在联系。

3. 功能模型

功能模型着重于系统内部数据的传送和处理。它定义了系统应该“做什么”,它更直接地、更明确地反映了用户对目标系统的需求。

功能模型由多个数据流图组成。它表明了从外部输入,通过操作和内部存储,直到外部输出的整个的数据流情况，它还包括了对象模型内部数据间的限制。但数据流图不指出控制或对象的结构信息，它们在动态模型和对象模型中已描述。在面向对象方法学中，数据流图不像在结构化方法中那样重要。但是，建立功能模型有助于软件开发人员更深入地理解问题域，改进和完善自己的设计。

2.1.5 面向对象开发方法

面向对象开发一般经历 3 个阶段：面向对象系统分析（OOA）、面向对象系统设计（OOD）和面向对象系统实现（编程）（OOP）。这与传统的生命周期法相似，但各阶段所解决的问题和采用的描述方法却有极大区别。图 2-14 表达了面向对象开发的内容和过程。

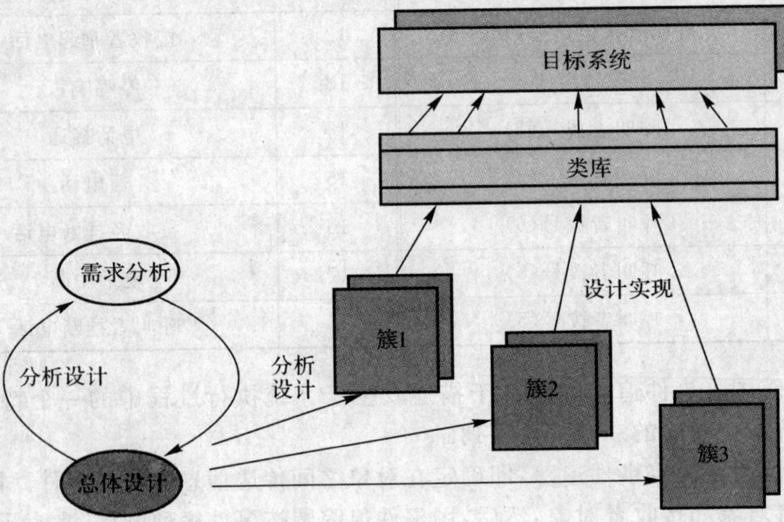

图 2-14　面向对象系统开发模型

系统人员通过需求调查，在反复的分析设计中不断地构建出“簇”。所谓“簇”就是一组对象，因为用单个对象很难映射出客观实体，所以我们用一组对象来为客观世界的复杂实体建模。一方面构建的簇经过设计实现被存入系统的类库备用；另一方面，构建簇的对象也可来源于已存在的类库。

OOA，OOD，OOP 这 3 个阶段的详细方法将在第 3 章中分别讲述。其实，如果从使用的角度来看，面向对象的开发方法可以简单描述为

开发方法＝建模语言＋开发过程

最佳软件开发方法＝UML＋RUP

2.2 统一建模语言

随着软件系统复杂程度的提高，对好的建模语言的需求也越来越迫切，面向对象建模语言就是应这样的需求而生。其实早在 20 世纪 70 年代就陆续出现了面向对象的建模方法，在 80 年代末到 90 年代中期，各种建模方法如雨后春笋般从不到 10 种增加到 50 多种。但方法种类的膨胀，使用户很难根据自身应用的特点选择合适的建模方法，极大地妨碍了用户的使用和

交流。

在如此众多的方法流派的竞争中，UML（Unified Modeling Language，统一建模语言）举起了统一的大旗。它融合了多种优秀的面向对象建模方法，以及多种得到认可的软件工程方法，消除了因方法林立且相互独立带来的种种不便。它通过统一的表示法，使不同知识背景的领域专家、系统分析和开发人员以及用户可以方便地交流。

Booch 在其经典的《The Unified Modeling Language User Guide》一书中对 UML 的定义是：UML 是对软件密集型系统中的制品进行可视化、详述、构造和文档化的语言。定义中所说的制品是指软件开发过程中产生的各种各样的产物，如模型、源代码、测试用例等。

2.2.1　UML 的发展及结构

UML 是在多种面向对象建模方法的基础上发展起来的建模语言，主要用于软件密集型系统的建模。它的演化，可以按其性质划分为几个阶段，如图 2－15 所示。

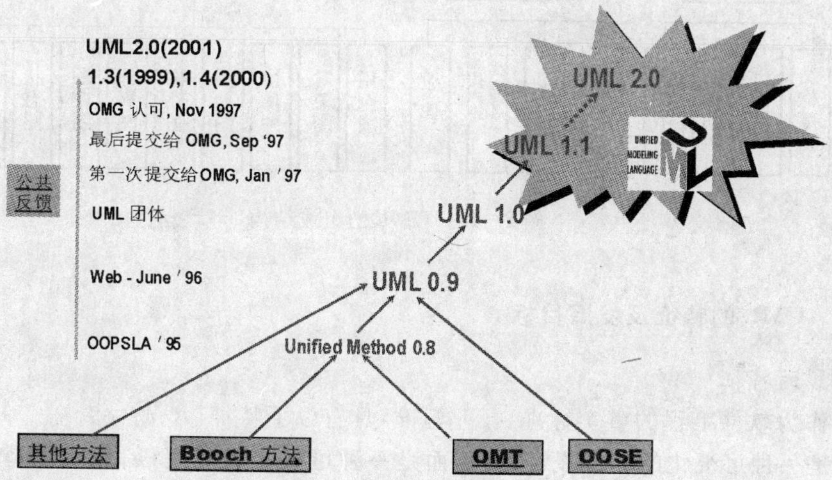

图 2－15　UML 的发展

在方法学大战阶段，即 20 世纪 80 年代末到 90 年代中期，伴随着 UML 的发展，各种建模方法层出不穷，但方法种类的急剧膨胀，使软件开发者很难了解各种建模语言的优缺点，然后根据自身应用的特点选择合适的建模方法，极大地限制和妨碍了用户对建模语言的使用。

在 1995 年，Gray Booch 和 Janes Rumbaugh 将他们的面向对象建模方法统一为 Unified Method V 0.8，步入了 UML 的统一阶段。一年之后 Ivar Jacobson 加入其中，共同将该方法统一为二义性较少的 UML 0.9。同时，这 3 位杰出的方法学家被称为“三友（Three Amigos）”。他们在着手进行统一工作时，制定了以下 4 个目标。

（1）使用面向对象的概念来构造系统的模型。

（2）建立设计框架与代码框架之间的明确的联系。

（3）解决复杂的、以任务为中心的系统内在的规模问题。

（4）开发人与机器通用的建模语言。

1996 年，统一建模语言的发展进入了标准化阶段。一个由建模专家组成的国际性队伍“UML 伙伴组织”开始同“三友”一起工作，计划将 UML 提议作为 OMG 的标准建模语言。

1997 年 1 月，伙伴组织向 OMG 提交了最初的提案 UML 1.0。经过了 9 个月的紧张修订，于 1997 年 9 月提出了最终提案 UML 1.1，这个提案在 1997 年 11 月被 OMG 正式采纳为对象建模标准。

随着 UML 的不断发展，现阶段 UML 已经全面占领市场，成为软件工程设计的标准语言，进入了工业化阶段。UML 的组成结构可用图 2-16 表示。

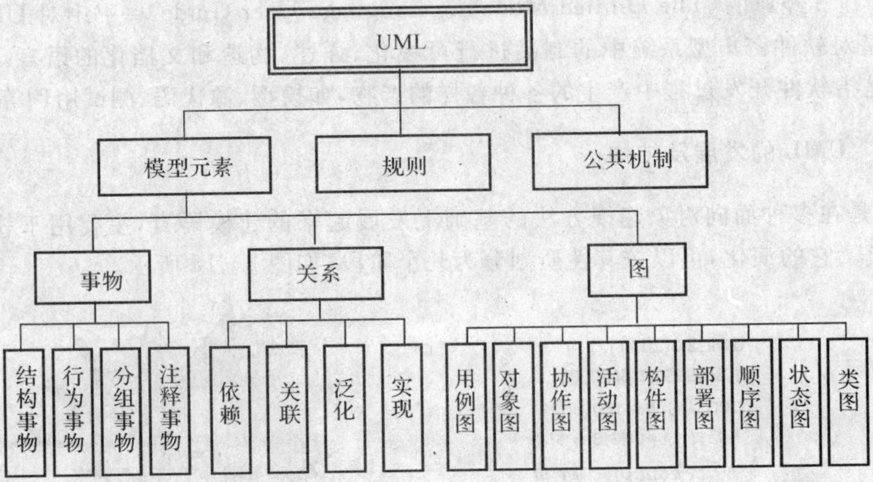

图 2-16　UML 的组成结构

2.2.2　UML 的特征及发展目标

1. UML 的特征

UML 作为软件工程的事实标准、行业标准，具有以下特征。

(1)不是一种可视化的程序设计语言，而是一种可视化的建模语言。UML 统一了各种方法对不同类型的系统、不同开发阶段以及不同内部概念的不同观点，从而有效地消除了各种建模语言之间许多不必要的差异。它实际上是一种通用的建模语言，可以为许多面向对象建模方法的用户广泛使用。

(2)是一种建模语言规格说明，是面向对象分析与设计的一种标准表示。1997 年 9 月提出的 UML 1.1 在 1997 年 11 月被 OMG 正式采纳为对象建模标准。UML 2.0 通过 ISO 标准化组织的验证成为软件工程的行业标准。

(3)不是过程，也不是方法，但允许任何一种过程和方法使用它。

2. UML 的发展目标

UML 在统一过程中就制定了 4 个发展目标，但在其发展中发现这 4 个目标只能是基本目标，为满足更多用户的需求，规定了新的发展目标。

(1)易于使用，表达能力强，能进行可视化建模。

(2)与具体的实现无关，可应用于任何语言平台和工具平台。

(3)与具体的过程无关，可应用于任何软件开发过程。

(4)简单并且可扩展，具有扩展和专有化机制，便于扩展，无须对核心概念进行修改。

(5)为面向对象的设计与开发中涌现出的高级概念（如协作、框架、模式和组件）提供支持，强调在软件开发中对架构、框架、模式和组件的重用。

(6)与最好的软件工程实践经验集成。

(7)可升级,具有广阔的适用性和可用性。

(8)有利于面向对象工具的市场增长。

建模方法由建模语言和建模过程两部分组成。其中,建模语言用来表述设计方法,建模过程是对设计中所对应的步骤的描述。UML 是一种建模语言,它很大程度上独立于建模过程。在实际建模过程中,建模人员最好把 UML 用于以用例驱动的、以体系结构为中心的、迭代和渐进式的开发过程之中。

UML 作为一种通用的建模语言,其表达能力相当强,不仅可以用于软件的建模,而且还可以用于业务建模和其他非软件系统的建模。UML 主要由视图、模型元素、图和公共机制构成。

2.2.3　UML 的视图

一般而言,软件系统的体系结构给出了软件系统的组织、组成系统的构造元素及其接口的选择、系统的行为和体系结构风格等信息。如图 2-17 所示,UML 利用用户模型视图、结构模型视图、行为模型视图、实现模型视图和环境模型视图这 5 种视图来描述软件系统的体系结构。

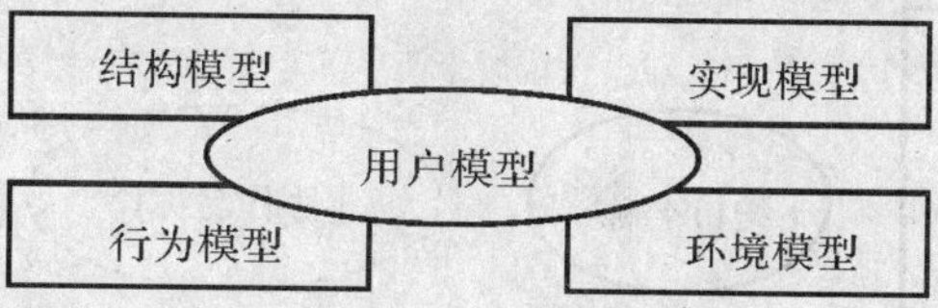

图 2-17　UML 视图

用户模型视图由专门描述可被最终用户、分析人员和测试人员看到的系统行为的用例组成,它实际上是从用户的角度来描述系统所具有的功能。用户模型视图所描述的系统功能依靠外部用户或者另一系统来激活,为用户或者另一系统提供服务,从而实现用户或另一系统与系统的交互。系统实现的最终目标是提供用户模型视图中所描述的功能。在 UML 中,用户模型视图由用例图组成。

结构模型视图描述组成系统的类、对象以及它们之间的关系等静态结构,用来支持系统的功能需求,即描述系统内部的功能是如何设计的。结构模型视图由类图和对象图组成,主要供设计人员和开发人员使用。

行为模型视图主要用来描述形成系统并发和同步机制的线程和进程,其关注的重点是系统的性能、易伸缩性和系统的吞吐量等非功能性需求。行为模型视图利用并发来描述资源的高效利用、并发执行和处理异步事件。除了将系统划分为并发执行的控制线程外,行为模型还必须处理通信和这些线程和进程之间的同步问题。行为模型视图主要供系统开发人员和系统集成人员使用,它由顺序图、协作图、状态图和活动图组成。

实现模型视图用来描述系统的实现模块、它们之间的依赖关系以及资源分配情况。这种视图主要用于系统的配置管理,它由一些独立的构件组成。构件是代码模块,不同类型的代码模块形成不同的构件。实现模型主要供开发人员使用。

环境模型视图用来描述物理系统的硬件拓扑结构。例如，系统中的计算机和设备的分布情况以及它们之间的联系方式，其中计算机和设备统称为节点。在 UML 中，环境模型视图由部署图来表示。布署图描述了系统中的构件在节点上的分布情况，即用来描述软件构件到物理节点的映射。布署图主要供开发人员、系统集成人员和测试人员使用。

2.2.4　UML 中的事物

事物是对模型中最具有代表性的成分的抽象，是 UML 中基本的面向对象的构造块，用它们可以写出结构良好的模型。

1. 结构事物

结构事物通常是模型的静态部分，用于描述概念或物理元素。共有 7 种结构事物。

(1)类(Class)。是对一组具有相同属性、相同操作、相同关系和相同语义的对象的描述。一个类实现了一个或多个接口。在图形上，把一个类画成一个矩形，通常矩形中写有类的名称、类的属性和类的操作(见图 2－18(a))。

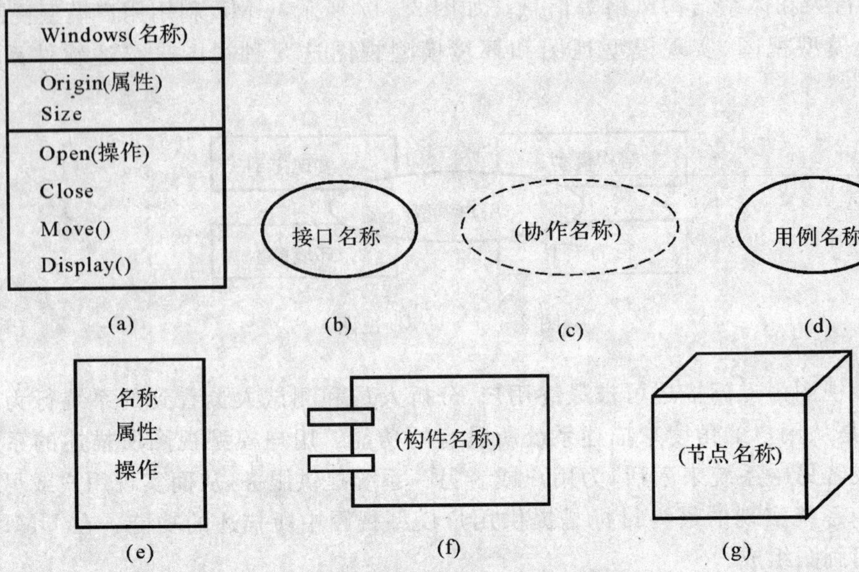

图 2－18　结构事物的图形表示

(2)接口(Interface)。是描述一个类或构件的一个服务的操作集。因此，接口描述元素的外部可见行为。一个接口可以描述一个类或构件的全部或部分行为。接口定义了一组操作的描述(即特征标记)，而不是操作的实现。在图形上，把一个接口画成一个带有名称的椭圆(见图 2－18(b))。接口很少单独存在，而是通常依附于实现接口的类或构件。

(3)协作(Collaboration)。定义了一个交互，它是由一组共同工作以提供某协作行为的角色和其他元素构成的一个群体，这些协作行为大于所有元素的各自行为的总和。因此，协作包括结构、行为和维度。一个给定的类可以参与几个协作，因而这些协作表现了系统构成模式的实现。在图形上，把一个协作画成一个通常仅包含名称的虚线椭圆(见图 2－18(c))。

(4)用例(Use Case)。是对一组动作序列的描述。系统执行这些动作将产生一个对特定的参与者有价值而且可观察的结果。用例用于对模型中的行为事物进行结构化。用例是通过协作实现的。在图形上，把一个用例画成一个实线椭圆，通常仅包含它的名称(见图2-18(d))。

(5)活动类(Active Class)。是这样的类，其对象至少拥有一个进程或线程，因此它能够启动控制活动。主动类的对象所描述的元素的行为与其他元素的行为并发，除了这一点之外，它和类是一样的。在图形上，主动类很像类，只是它的外框是粗线，通常它包含名称、属性和操作(见图2-18(e))。剩下的两种元素是构件和节点，它们也是不同的。它们描述的是物理事物，而前5种元素描述的是概念或逻辑事物。

(6)构件(Component)。是系统中物理的、可替代的部件，它遵循且提供一组接口的实现。在一个系统中，将遇到不同类型的部署构件，如COM+构件和Java Beans，以及在开发过程中所产生的制品构件，如源代码文件。通常构件是一个描述了一些逻辑元素(如类、接口和协作)的物理包。在图形上，把一个构件画成一个带有小方框的矩形，通常在矩形中只写该构件的名称(见图2-18(f))。

(7)节点(Node)。是运行时存在的物理元素，它表示了一种可计算的资源，它通常至少有一些记忆能力和处理能力。一个构件集可以驻留在一个节点内，也可以从一个节点迁移到另一个节点。在图形上，把一个节点画成一个立方体，通常在立方体中只写它的名称(见图2-18(g))。

这7种元素，即类、接口、协作、用例、主动类、构件和节点，是UML模型中可以包含的基本结构事物。它们也有变体，如参与者、信号、实用程序(一种类)、进程和线程(两种主动类)、应用、文档、库、页和表(一种构件)等。

2.行为事物

行为事物是UML模型的动态部分。它们是模型中的动词，描述了跨越时间和空间的行为。共有两类主要的行为事物。

(1)交互(Interaction)。是这样一种行为，它由在特定语境中共同完成一定任务的一组对象之间交换的消息组成。一个对象群体的行为或单个操作的行为可以用一个交互来描述。交互涉及一些其他元素，包括消息、动作序列(由一个消息所引起的行为)和链(对象间的连接)。在图形上，把一个消息画成一条有向直线，通常在表示消息的线段上总有操作名(见图2-19(a))。

图2-19　行为事物的图形表示

(2)状态机(State Machine)。是这样一种行为，它描述了一个对象或一个交互在生命期内响应事件所经历的状态序列。单个类或一组类之间协作的行为可以用状态机来描述。一个状态机涉及一些其他元素，包括状态、转换(从一个状态到另一个状态的流)、事件(触发转换的事物)和活动(对一个转换的响应)。在图形上，把一个状态画成一个圆角矩形，通常在圆角矩形中含有状态的名称及其子状态(见图2-19(b))。

交互和状态机这两种元素是可以包含在UML模型中的基本行为事物。在语义上，这些元素通常与各种结构元素(主要是类、协作和对象)相关。

3. 分组事物

分组事物是 UML 模型的组织部分，它们是一些由模型分解成的“盒子”。在所有的分组事物中，最主要的分组事物是包。包(Package)是把元素组织成组的机制，这种机制具有多种用途。结构事物、行为事物甚至其他的分组事物都可以放进包内。包不像构件(仅在运行时存在)，它纯粹是概念上的(即它仅在开发时存在)。在图形上。把一个包画成一个左上角带有一个小矩形的大矩形，在矩形中通常仅含有包的名称，有时还有内容(见图 2－20)。包是用来组织 UML 模型的基本分组事物。它也有变体，如框架、模型和子系统等(它们是包的不同种类)。

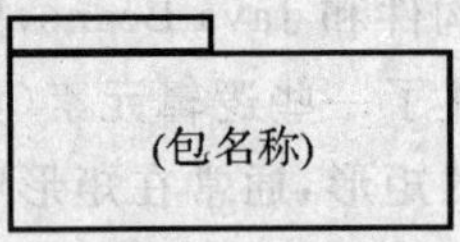

图 2－20　包

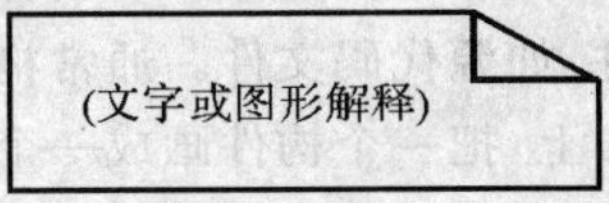

图 2－21　注解

4. 注释事物

注释事物是 UML 模型的解释部分。它们用来描述、说明和标注模型的任何元素。有一种主要的注释事物，称为注解。

注解(Node)是一个依附于一个元素或一组之上，对该元素或组进行约束或解释的简单符号。在图形上，把一个注解画成一个右上角是折角的矩形，其中带有文字或图形解释(见图 2－21)。元素是可以包含在 UML 模型中的基本的注释事物。通常可以用注解修饰带有约束或解释的图，当然最好是把注释表示成形式或非形式化的文本。像需求一样(从模型的外部来描述一些想得到的行为)，元素也有变体。

2.2.5　UML 中的关系

UML 中的关系包括：依赖关系、泛化关系、关联关系、实现关系 4 种，其符号表示如图 2－22 所示。

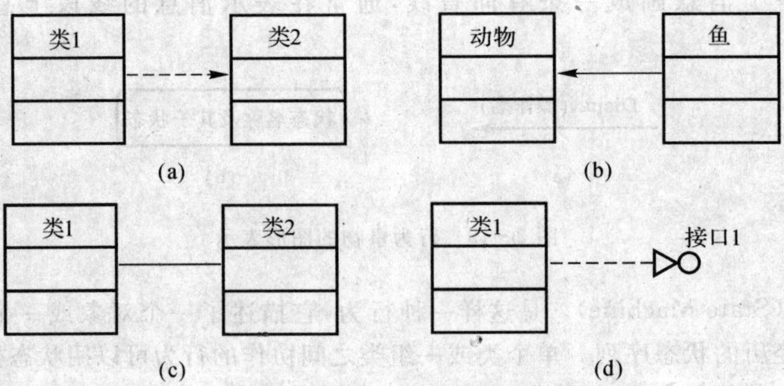

图 2－22　UML 关系的表示

(a)依赖关系；(b)泛化关系；(c)关联关系；(d)实现关系

2.2.6 UML 中的图

图是一组元素的图形表示，通常指由代表设施的顶点和代表关系的弧所构成的连通图。理论上，图可以包含任何设施及其关系的复合。一个典型的模型应该有多个各种类型的图。UML 包含有以下 9 种图。

(1)用例图。用于描述一组用例、参与者及其它们之间的连接关系。用例图仅仅是从参与者使用系统的角度来描述系统中的信息，即站在系统外部查看系统应该具有何种功能，而不是描述该功能在系统内部是怎么实现的。用例可以用于整个系统，也可以应用于系统的一部分，包括子系统、单个类甚至某一接口。主要用于对系统的前后关联建模，捕获需求，对系统需求建模。如图 2－23 所示为仓库管理员的用例图。

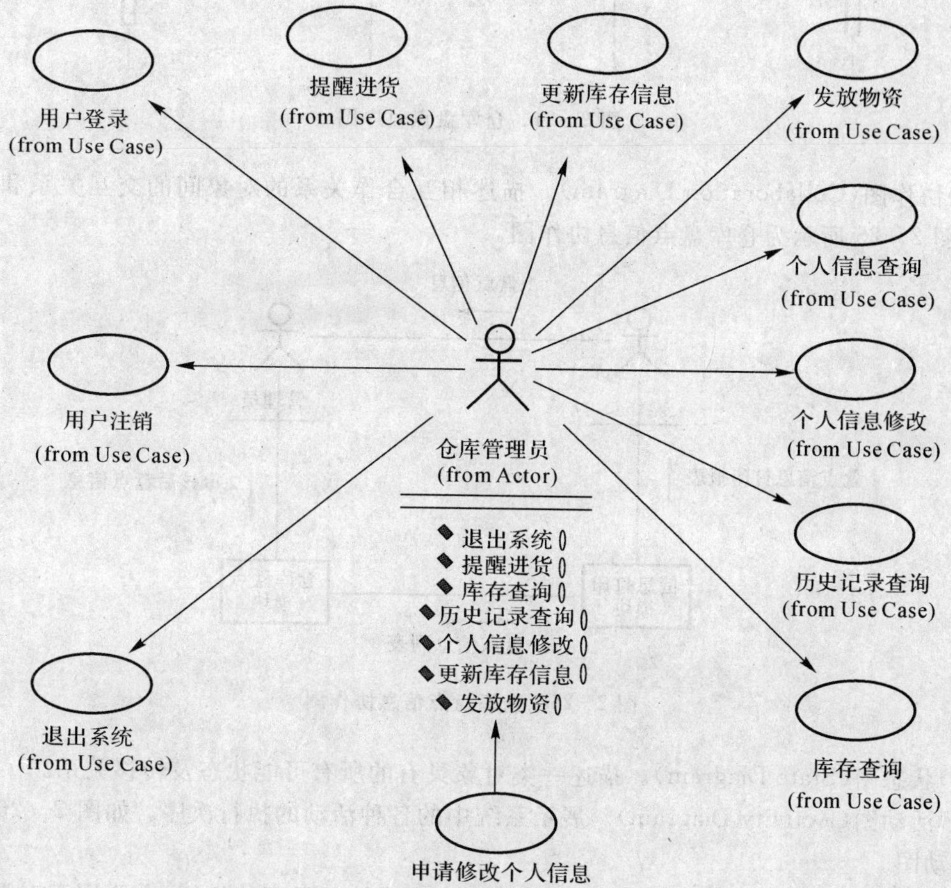

图 2－23　仓库管理员的用例图

(2)类图(Class Diagram)。展示系统中类的静态结构。

(3)对象图(Object Diagram)。是类图的一种实例化图。

(4)时序图(Sequence Diagram)。按时间顺序对控制流建模，展示对象之间的动态交互关系，着重体现对象间消息传递的时间顺序。如图 2－24 所示为仓库盘点时序图。

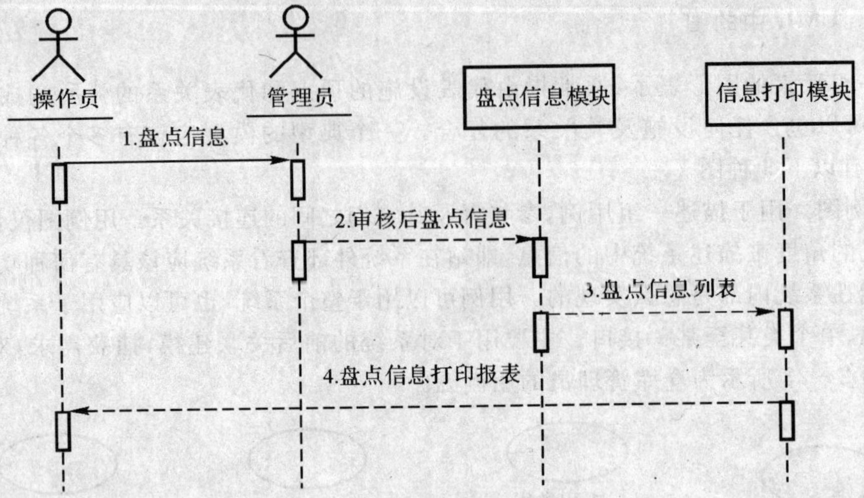

图 2-24　仓库盘点时序图

(5)协作图(Collaboration Diagram)。描述相互合作关系的对象间的交互关系和链接关系。如图 2-25 所示为仓库盘点信息协作图。

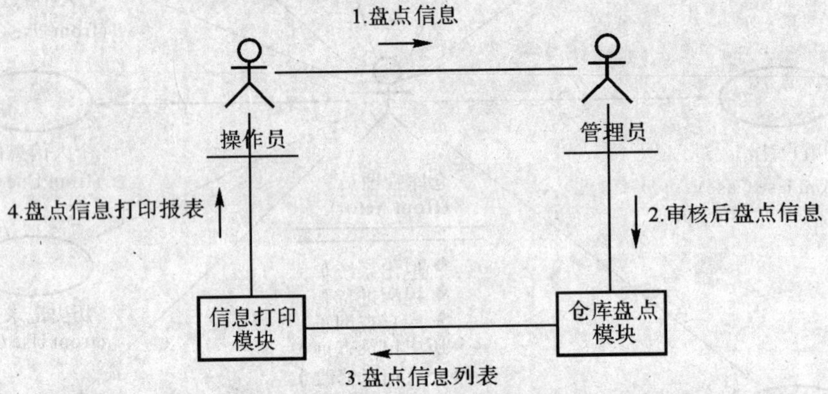

图 2-25　仓库盘点信息协作图

(6)状态图(State Diagram)。描述一类对象具有的所有可能状态及转移关系。

(7)活动图(Activity Diagram)。展示系统中的各种活动的执行次序。如图 2-26 所示为进货活动图。

(8)构件图(Component Diagram)。描述了实现系统的元素的组织，主要用于对源代码建模，对可执行体发布建模，对物理数据库建模，对可适应的系统建模。如图 2-27 所示即为一构件图。

(9)部署图(Deployment Diagram)。描述了环境元素的配置，并把实现系统的元素映射到配置上，对嵌入式系统建模，对客户/服务器系统建模，对完全分布式系统建模，如图 2-28 所示即为一部署图。

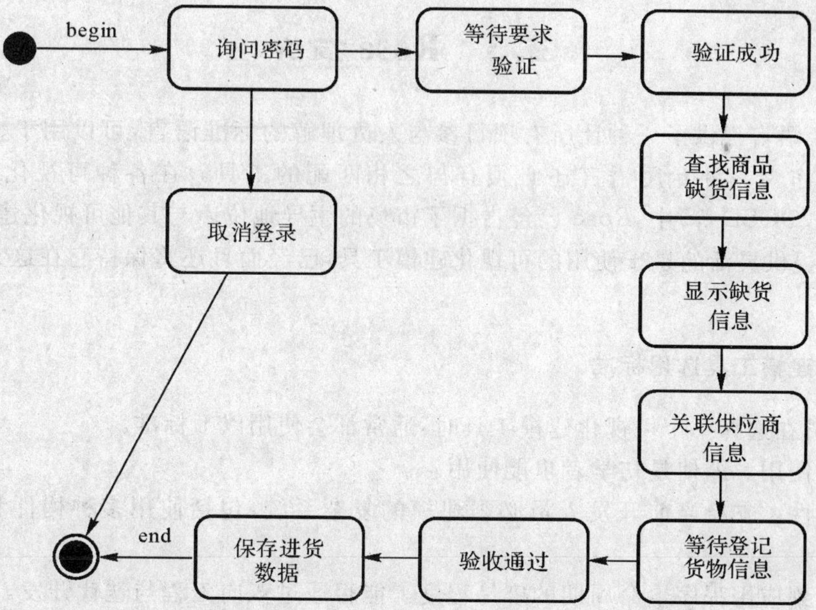

图 2-26　进货活动图

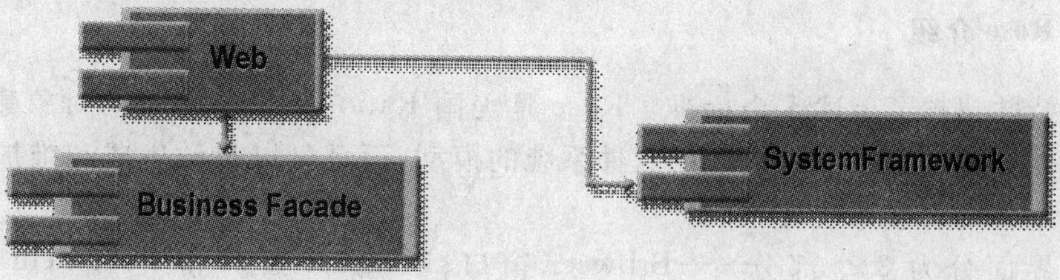

图 2-27　构件图示例

图 2-28　部署图示例

2.3 Rose 简介

统一建模语言提供了一种让所有项目参与人员理解的标准语言，可以用于整个项目周期的各个阶段，作为一种专用语言还必须有与之相匹配的工具。在各种可视化建模工具（如OMT，Booch，OOSE等）中，Rose已经占据了市场的主导地位。与其他可视化建模工具相比，Rose因为能提供灵活的易于使用的可视化建模工具，已经而且还将保持它在这方面的领先和主导地位。

2.3.1 建模工具选用标准

开发人员在选择一个可视化建模工具时，通常都会使用以下标准。

(1)易于使用。即使是初学者也能使用。

(2)灵活性。支持当前开发人员必须建模的复杂系统，包括使用多种构件和多种语言的系统。

(3)整合到应用程序生命周期的容易程度。能否通过双向工程与迭代开发。

(4)可伸缩性。支持大型、复杂的项目和大型而且通常队员分散在各个不同地方的开发团队。

(5)基于的标准。支持UML。

2.3.2 Rose 介绍

Rose支持并超越了上述5个标准。Rose是美国Rational公司的面向对象建模工具，利用这个工具，可以建立用UML描述的软件系统的模型，而且可以自动生成和维护C++，Java，VB，Oracle等语言和系统的代码。

Rose的界面分为3个部分——Browser窗口、Diagram窗口和Document窗口（见图2-29）。Browser窗口用来浏览、创建、删除和修改模型中的模型元素，Diagram窗口用来显示和创作模型的各种图，而Document窗口则是用来显示和书写各个模型元素的文档注释。

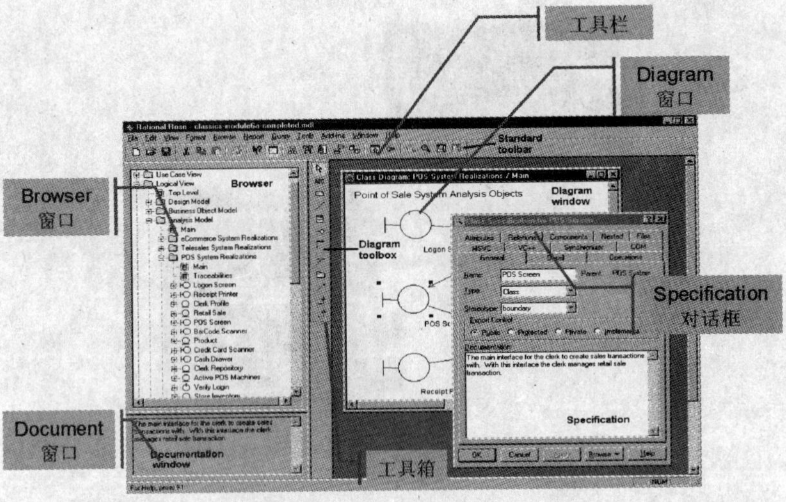

图2-29 Rose界面

Rose有4层视图，分别是：

(1)Use Case View。定义系统的边界：关注系统的外部功能的描述，包括用例图、顺序图、协作图、活动图。

(2)Logical View。定义系统的实现逻辑：为实现Use_Case图描述的功能，系统应做的处理的逻辑描述，此时的描述原则上与实现平台无关；描述系统的结构和接口关系，相当于逻辑电路图，包括类图和状态图。

(3)Component View。定义系统的物理实现，生成代码，相当于印刷电路板的布线图，包括组件图。

(4)Deployment View。描述系统的网络分布，包括配置图。

使用Rose进行建模，开发人员可以将重点放在建立映射商业数据和功能需求模型的对象上。然后，客户、项目经理、分析员、技术专家、软件工程师、部署人员、质量保证工程师及整个团队就可以运用这些Rose模型完成各种任务。客户和项目经理根据用例图就可以获取系统的高级视图和确定项目范围，项目经理根据用例图和文档就可以将大项目分解成多个可管理的小模块，分析人员和客户根据用例文档就可以了解系统具有的功能，技术专家使用用例文档就可以编写出用户手册和培训方案，分析人员和软件工程师应用顺序图和协作图就可以了解系统的逻辑流程、系统中的对象以及这些对象间流通的信息，质量保证工程师根据用例文档、顺序图和协作图就可以获取脚本测试的信息，部署人员根据构件图和部署图就可以知道所生成的执行文件、DLL文件和其他构件以及这些构件的部署位置，而根据整个Rose模型就可以确保编码过程遵循了要求。总之，Rose不仅是整个团队及其成员可使用的有力工具，而且也是整个项目开发过程的信息存储库。

软件开发通常是一个庞大的系统工程，从软件工程的角度可以把它分为分析、设计、编码、测试以及部署5个阶段。软件模型对软件开发的各个阶段都有用。模型是系统的蓝图，可以帮助开发小组规划所要建立的系统，保证系统质量良好，使用户的要求得到满足，方便用户与开发人员的交流沟通。早期的模型表示主要借助文档和流程图，但庞大而复杂的面向对象系统开发中，更多地采用标准的图形元素进行可视化建模。

如果单纯从时间角度进行考虑，则软件的开发过程可以划分为开始、细化、构造及交付4个阶段。开始阶段的主要工作是收集信息，包括确定项目开发的时间长度、经费预算以及论证项目的可行性，这一阶段的产品主要包括项目评估报告、文档、业务模型以及用例模型。细化阶段的主要工作是系统的分析和设计，根据用例模型对系统的结构和行为建模，形成需求文档以及系统结构和行为模型。构造阶段的主要工作是编程实现系统。开发人员利用前一阶段的模型框架代码进行大量编码，在编程之后进行逆向更新模型，确保代码和模型的一致性。交付阶段的主要工作是完成最后的软件测试、更新模型、建立用户文档以及培训用户。

可视化建模的目的在于方便用户、分析人员、设计人员、程序员、测试人员以及其他涉及项目的人员进行交流。Rose是一种可视化建模工具，可以为软件开发的各个阶段提供支持。Rose在各个阶段的使用情况见表2-3。

使用Rosc进行可视化建模可以使系统分析、设计和迭代构造过程更加容易，降低开发风险，提高软件构件的重用性、可扩展性和开发过程的灵活性并降低开发成本。

表 2-3　Rose在各个阶段的使用情况

软件开发阶段	Rose的使用情况	可能用到的Rose模型图及元素
开始阶段	建立业务模型	业务用例、业务参与者、业务工人
	确定用例模型	参与者、用例、关系
细化阶段	细化用例	参与者、用例、关系
	事件流程建模	顺序图、协作图、状态图
	对系统静态结构和动态行为建模	类图、交互图、状态机图
	确定系统构件	构件图、关系
构造阶段	正向工程产生框架代码	类图、交互图、状态机图、构件图
	逆向工程更新模型	构件图
	创建部署图	部署图
交付阶段	更新模型	构件图、部署图

2.3.3　RUP

RUP(Rational Unified Process)是一个通用的软件流程框架，它是一个以架构为中心、用例驱动的迭代化软件开发流程。RUP是从几千个软件项目的实践经验中总结出来的，对于实际的项目具有很强的指导意义，是软件开发行业事实上的行业标准。

它包括了软件开发中的六大经验：迭代式开发，管理需求，基于组件的体系结构，可视化建模，验证软件质量，控制软件变更。其发展历程可用图 2-30 表示。

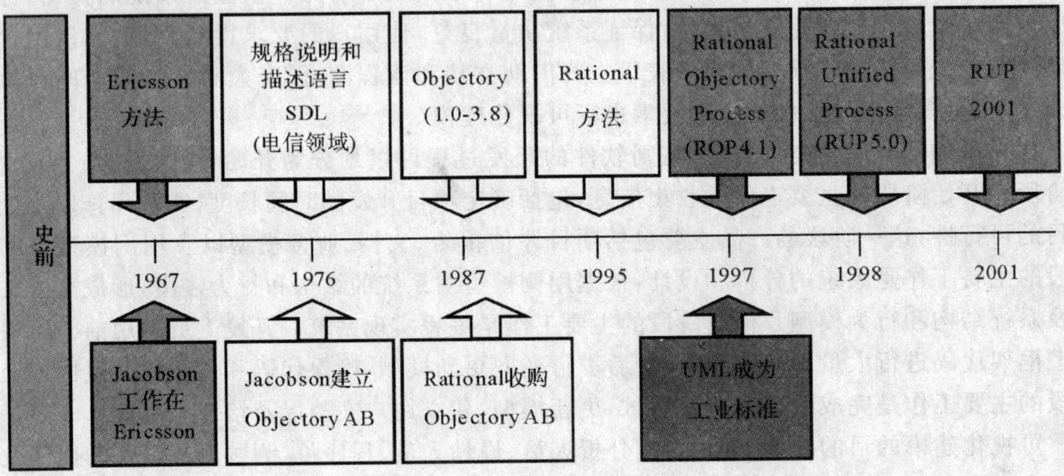

图 2-30　RUP的发展历程

1. 六大经验

(1)迭代式开发。在软件开发的早期阶段就想完全、准确地捕获用户的需求几乎是不可能的。实际上，我们经常遇到的问题是需求在整个软件开发工程中经常会改变。迭代式开发允许在每次迭代过程中需求可能有变化，通过不断细化来加深对问题的理解。迭代式开发不仅可以降低项目的风险，而且每个迭代过程可以执行整个软件，可以鼓舞开发人员。

(2)管理需求。确定系统的需求是一个连续的过程，开发人员在开发系统之前不可能完全详细地说明一个系统的真正需求。RUP 描述了如何提取、组织系统的功能和约束条件并将其文档化，用例和脚本的使用已被证明是捕获功能性需求的有效方法。

(3)基于组件的体系结构。组件使重用成为可能，系统可以由组件组成。基于独立的、可替换的、模块化组件的体系结构有助于管理复杂性，提高重用率。RUP 描述了如何设计一个有弹性的、能适应变化的、易于理解的、有助于重用的软件体系结构。

(4)可视化建模。RUP 往往和 UML 联系在一起，对软件系统建立可视化模型帮助人们提供管理软件复杂性的能力。RUP 告诉我们如何可视化地对软件系统建模，获取有关体系结构与组件的结构和行为信息。

(5)验证软件质量。在 RUP 中软件质量评估不再是事后进行或单独小组进行的分离活动，而是内建于过程中的所有活动，这样可以及早发现软件中的缺陷。

(6)控制软件变更。迭代式开发中如果没有严格的控制和协调，整个软件开发过程很快就陷入混乱之中，RUP 描述了如何控制、跟踪、监控、修改以确保成功地迭代开发。RUP 通过软件开发过程中的制品，隔离来自其他工作空间的变更，以此为每个开发人员建立安全的工作空间。

2. RUP 软件开发生命周期

RUP 软件开发生命周期是一个二维的软件开发模型，如图 2-31 所示。纵轴代表核心工作流是静态的一面，横轴代表时间显示过程动态的一面，用周期、阶段、迭代、里程碑等名词描述。

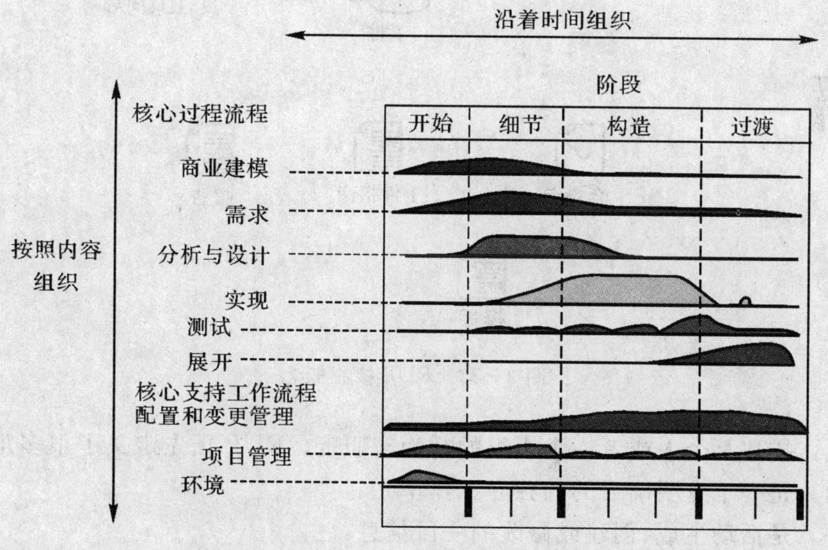

图 2-31　RUP 软件开发生命周期

从横轴来看，RUP 把软件开发生命周期划分为多个循环，每个循环生成产品的一个新版本，每个循环由 4 个连续阶段组成，这 4 个阶段是：初始阶段，定义最终产品视图和业务模型，确定系统范围；细化阶段，设计、确定系统的体系结构，制定工作计划即资源要求；构造阶段，构造产品并继续演进需求、体系结构、计划直至产品提交；移交阶段，把产品提交给用户使用。

RUP的9个核心工作流是：业务建模，理解待开发系统所在的机构及其商业运作，确保所有人员对它有共同的认识，评估待开发系统对结构的影响；需求，定义系统功能及用户界面，为项目预算及计划提供基础；分析与设计，把需求分析结果转换为分析与设计模型；实现，把设计模型转换为实现结果，并做单元测试，集成为可执行系统；测试，验证所有需求是否已经被正确实现，对软件质量提出改进意见；部署，打包、分发、安装软件，培训用户及销售人员；配置与变更管理，跟踪并维护系统开发过程中产生的所有制品的完整性和一致性；项目管理，为软件开发项目提供计划、人员分配、执行、监控等方面指导，为风险管理提供框架；环境，为软件开发机构提供软件开发环境。

3. RUP核心概念

RUP中定义了一些核心概念，如图2－32所示。

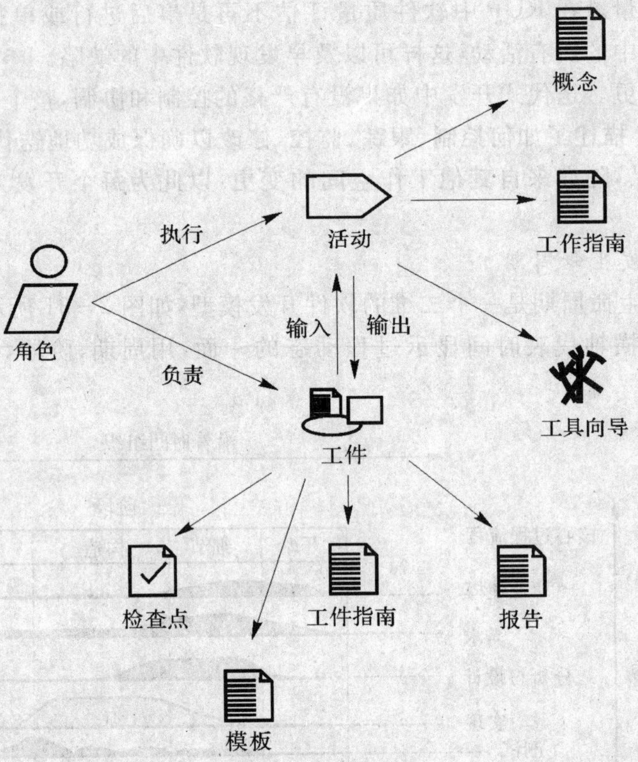

图2－32　RUP核心概念

(1)角色。描述某个人或者一个小组的行为与职责。RUP预先定义了很多角色。

(2)活动。是一个有明确目的的独立工作单元。

(3)工件。是活动生成、创建或修改的一段信息。

4. RUP裁剪

RUP是一个通用的过程模板，包含了很多开发指南、制品、开发过程所涉及的角色说明。由于它非常庞大，因而对具体的开发机构和项目，用RUP时还要裁剪，也就是要对RUP进行配置。RUP就像一个元过程，通过对RUP进行裁剪可以得到很多不同的开发过程，这些软件开发过程可以看作RUP的具体实例。RUP裁剪可以分为以下几步：

(1)确定本项目需要哪些工作流。RUP 的 9 个核心工作流并不总是需要的,可以取舍。

(2)确定每个工作流需要哪些制品。

(3)确定 4 个阶段之间如何演进。确定阶段间演进要以风险控制为原则,决定每个阶段要哪些工作流,每个工作流执行到什么程度,制品有哪些,每个制品完成到什么程度。

(4)确定每个阶段内的迭代计划。规划 RUP 的 4 个阶段中每次迭代开发的内容。

(5)规划工作流内部结构。工作流涉及角色、活动及制品,它的复杂程度与项目规模即角色多少有关。最后规划工作流的内部结构,通常用活动图的形式给出。

2.4　小　　结

本章对面向对象技术、统一建模语言及其建模工具 Rose 作了详细介绍。

面向对象技术的基本出发点就是尽可能地按照人类认识世界的方法和思维方式来分析和解决问题。面向对象方法正是以对象作为最基本的元素,它是分析问题、解决问题的核心。面向对象方法符合人类的认识规律,所以得到了广泛应用。

通过对面向对象技术的建模与模型、建模方法、面向对象模型及它们的关系的详细介绍,我们掌握了面向对象技术,知道了面向对象的基本知识。

介绍了面向对象技术的描述语言——统一建模语言。UML 是 Unified Modeling Language(统一建模语言)的简称。UML 是对软件密集型系统中的制品进行可视化、详述、构造和文档化的语言。作为一种全世界通用的建模语言,UML 有着其他建模语言所没有的特点和优势,为软件设计者提供了一个标准的建模模板。

在各种可视化建模工具(如 OMT,Booch,OOSE 等)中,Rose 已经占据了市场的主导地位。与其他可视化建模工具相比,Rose 因为能提供灵活的易于使用的可视化建模工具,已经而且还将保持它在这方面的领先和主导地位。

习　题　2

一、选择题

1. 下面关于面向对象方法中消息的叙述,不正确的是__________。

A. 键盘、鼠标、通信端口、网络等设备一有变化,就会产生消息

B. 操作系统不断向应用程序发送消息,但应用程序不能向操作系统发送消息

C. 应用程序之间可以相互发送消息

D. 发送与接收消息的通信机制与传统的子程序调用机制不同

2. 面向对象技术中,对象是类的实例。对象有 3 种成分:__________、属性和方法(或操作)。

A. 标识　　　　B. 规则　　　　C. 封装　　　　D. 消息

3. 面向对象方法学的出发点和基本原则是尽可能模拟人类习惯的思维方式,分析、设计和实现一个软件系统的方法和过程,尽可能接近于人类认识世界解决问题的方法和过程。因此面向对象方法有许多特征,如软件系统是由对象组成的,__________,对象彼此之间仅能通过

传递消息互相联系，层次结构的继承。

A. 开发过程基于功能分析和功能分解

B. 强调需求分析重要性

C. 把对象划分成类，每个对象类都定义一组数据和方法

D. 对既存类进行调整

4. 软件开发过程中，抽取和整理用户需求并建立问题域精确模型的过程叫__________。

A. 生存期　　B. 面向对象设计

C. 面向对象程序设计　　D. 面向对象分析

二、填空题

1. 在建立对象的功能模型时，使用的数据流图中包含有处理、数据流、动作对象和__________。

2. 在面向对象系统中，对象封装了方法，恰好要利用如重名、重定义让各对象以自己的解释方式去执行，而且这种多义性决不会带来混乱，这就是对象的__________。

三、简答题

1. 什么是对象？对象有哪几种形式？

2. 什么是类？类与对象间是什么关系？

3. 什么是面向对象技术？简要介绍面向对象技术的基本概念。

4. 面向对象技术的特征都有哪些？

5. 简要介绍面向对象的3种模型以及它们之间的关系。

6. 简述UML的发展历程。

7. UML的特征及发展目标是什么？

8. 简述Rose工具软件的概况。

第3章 军用软件研发过程

军用软件研发过程是指国家军用标准中定义的开发军用软件应遵循的规则或制度。相关标准主要有：GJB 2786—2009《军用软件开发通用要求》、GJB 438B—2009《军用软件开发文档通用要求》等。

本章首先介绍迭代式的研发过程，然后结合军用标准的要求，运用面向对象技术，按照迭代式的研发过程设计实现军队院校教务综合管理系统。

3.1 迭代式软件研发过程

一般的开发流程，直观上可以分为两个部分：业务阶段和系统阶段。其中业务阶段主要进行的工作是与计算机无关的，而系统阶段才是和计算机相关的。图3-1中“我们在这里”那道竖线所指的地方，就是业务阶段和系统阶段的分界点。

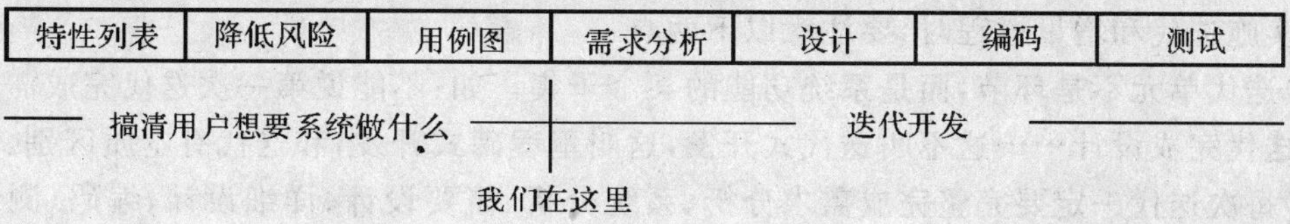

图3-1 一般软件开发流程

如果从建模角度分析，整个开发流程分为4个子流程：

(1)业务建模流程。业务分析、降低风险和给出系统总体概览模型。

(2)系统建模流程。需求分析。

(3)分析设计建模流程。概要设计和详细设计。

(4)部署实施建模流程。对系统的具体实施建立模型。

其中(1)属于业务阶段，而(2)(3)(4)均属于系统阶段。

3.1.1 迭代与增量

系统阶段是在业务阶段的基础上，在计算机领域内进行需求分析、概要设计、详细设计、编码、测试、部署实施等一系列环节。但是，如果你想仅实施一遍这个流程而完成整个系统，那几乎是不可能的。如果这个过程仅实施一遍，其实就成了瀑布模型。小系统也许可以，但是稍大点的系统，将会带来严重的后果。“软件开发中永远不变的就是变化”，如果采用瀑布模型，反馈将会非常靠后，一直要到部署实施阶段才能看到成果，如果客户要求更改需求或认为当前系统不是他们想要的，那么修改过程会异常惨烈，代价也是巨大的。

那么，应该如何实施系统阶段开发呢？答案就是迭代和增量。具体做法是：

将整个系统分为许多相对独立的"单元",每次只对一个或少数几个单元实施需求分析、系统分析、概要设计、详细设计、编码、测试、部署实施等一系列过程,一次这样的过程叫做一次迭代(如图 3-2 所示,本章后续小节主要论述一次迭代过程中各阶段的活动内容),而将一次迭代的成果加入现有成果的过程就叫做增量。

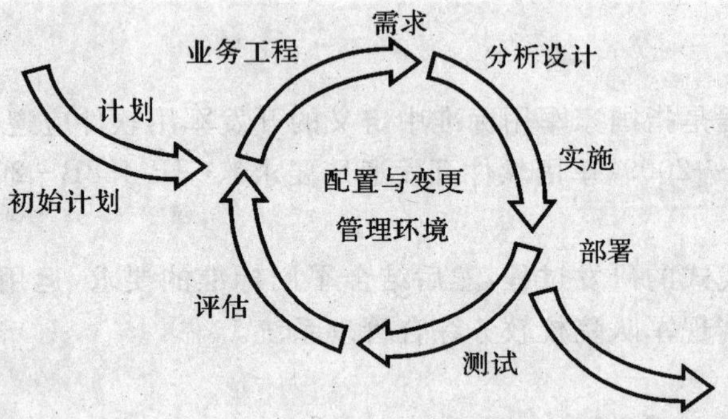

图 3-2　迭代过程

这种开发流程的优势是明显的:总是能在相对较短的时间内,完成整个系统功能的一个"子集",这个子集是可以运行的,可以看到效果,所以如果用户不满意,反馈是及时的,修改代价也较小。通过合理的过程控制,变更代价总可以控制在一个可以接受的范围内。

在实施迭代和增量过程时,要注意以下两点:

(1)迭代单元不是环节,而是系统功能的某个子集。如:不能说第一次迭代完成需求分析,第二次迭代完成设计……这不叫迭代式开发,这叫里程碑式开发,和迭代有本质区别。

(2)每次迭代一定要完整完成需求分析、系统分析、概要设计、详细设计、编码、测试、部署实施这一套环节,产生的成果必须是成品,是可运行、可交付的,是整个系统的一个子集,而不能是一个半成品。

3.1.2　用例驱动

上文中提到迭代时每次选取一个或少数几个"单元",那么这个"单元"是什么?理论上,什么都可以,只要是对系统合理的划分。但在实践中,人们发现,使用业务用例作为迭代单元是最合适的。为什么呢?

其一,业务用例大小适中,规模平均。

其二,业务用例大多相互独立性好,适合进行迭代。

其三,业务用例能很好反映系统的功能单元。

所以,所谓的用例驱动就是以业务用例作为迭代单元进行迭代开发的流程。也就是说业务用例成了我们进行系统迭代开发的单元和驱动者。

由此可见,软件开发过程不是割裂的,而是相互联系的,不会上一个阶段过去就过去了,和下一阶段毫无联系。一般,上一阶段的产品总会成为下一阶段的材料,如图 3-3 所示。

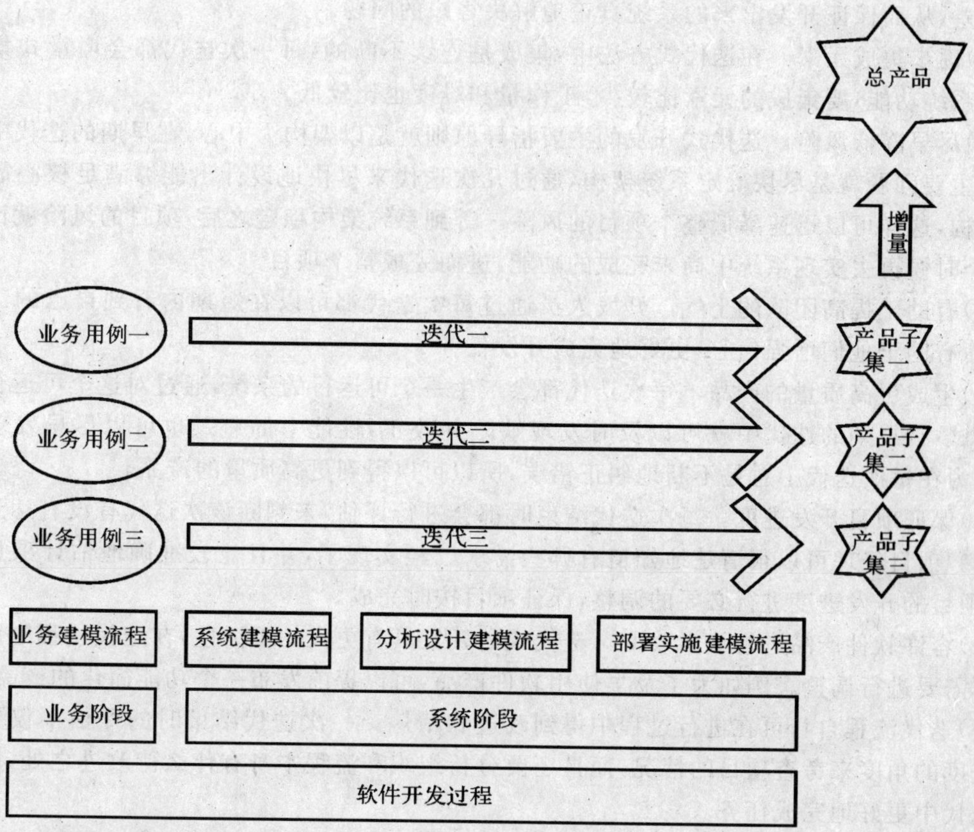

图 3-3　用例驱动的迭代式开发过程

3.1.3　迭代单元的选取

理论上，一轮迭代选取哪些业务用例，总共选取几个，没有明确的规定，但是，在选取特性方面，还是有一定经验可以遵循的，大致有下述原则。

(1)就选取个数来说，与迭代周期有关。一般的迭代开发中，一个迭代周期大多选在一周到两周之间，不宜多于两周，所以，每个周期选择的特性要估算能在这个周期内完成(在每个周期内，如果发现时间不够，做不完计划，应削减一些特性推入下个周期，切不可延长周期。另外，切不可在周期开始后添加任务)。

(2)就选取的特性来说，最好是比较内聚的几个特性。也就是说，每个周期选取的特性，要尽量关联紧密，而和其他周期的特性要尽量耦合度低。

(3)就选取顺序来说，因为要求每一个周期都要产生一个可运行的子集系统，所以，最好先选取平台性、基础性、对外依赖弱的特性，再选取功能性、对外依赖强的特性。

3.1.4　迭代式开发的特点

(1)允许变更需求。需求总是会变化，这是事实。给项目带来麻烦的常常主要是需求变化和需求“蠕变”，它们会导致延期交付、工期延误、客户不满意、开发人员受挫。通过向用户演示迭代所产生的部分系统功能，可以尽早地收集用户对于系统的反馈，及时改正对于用户需求的理解偏差，从而保证开发出来的系统真正地解决客户的问题。

(2)逐步集成元素。在迭代式方法中，集成是连续不断的，每一次迭代都会增量式集成一些新的系统功能，要集成的元素比较少，工作量和难度也比较低。

(3)尽早降低风险。迭代式开发的主要指导原则就是以架构为中心，在早期的迭代中所要解决的主要问题就是尽快确定系统架构，通过几次迭代来尽快地设计出能够满足核心需求的系统架构，这样可以迅速降低整个项目的风险。等到系统架构稳定之后，项目的风险就比较低了，这个时候再去实现系统中尚未完成的功能，进而完成整个项目。

(4)有助于提高团队的士气。开发人员通过每次迭代都可以在短期内看到自己的工作成果，从而有助于他们增强信心，更好地完成开发任务。

(5)生成更高质量的产品。每次迭代都会产生一个可运行的系统，通过对这个可运行系统进行测试，在早期的迭代中就可以及时发现缺陷并改正，性能上的瓶颈也可以尽早发现并处理。因为在每次迭代中总是不断地纠正错误，所以可以得到更高质量的产品。

(6)保证项目开发进度。每次迭代结束时都会进行评估，来判断该次迭代有没有达到预定的目标。项目经理可以很清楚地知道有哪些需求已经实现了，并且比较准确地估计项目的状态，对项目的开发进度进行必要的调整，保证项目按时完成。

(7)容许软件产品进行战术改变。迭代式的开发具有更大的灵活性，在迭代过程中可以随时根据需要进行调整。例如为了及早使用软件产品，可以提前发布一个功能简化的产品。

(8)迭代流程自身可在进行过程中得到改进和精炼。一次迭代结束时的评估不仅要从产品和进度的角度来考查项目的情况，而且还要分析组织和流程本身有什么待改进之处，以便在下次迭代中更好地完成任务。

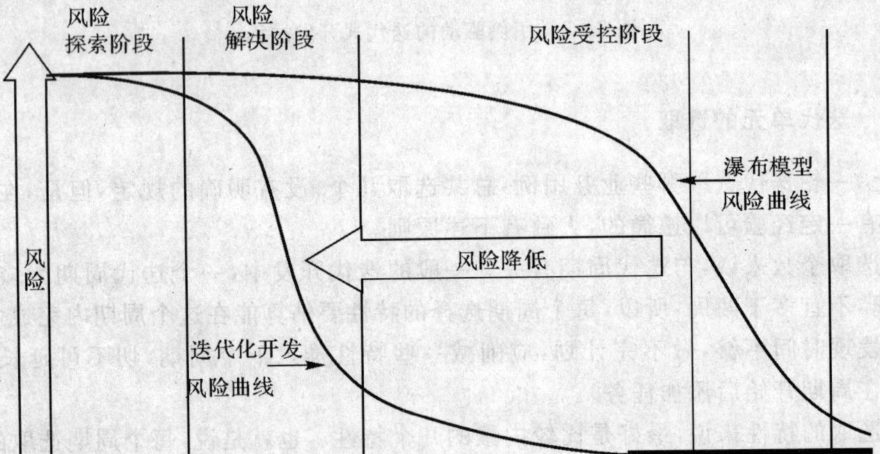

图 3-4　风险控制

迭代式方法解决的主要是对于风险的控制问题，从图 3-4 可以看出，传统的开发流程(瀑布模型)中系统的风险要到项目开发的后期(主要是测试阶段)才能够被真正降低。而迭代式开发中的风险，可以在项目开发的早期通过几次迭代来尽快地解决掉。在早期的迭代中一旦遇到问题，如某一个迭代没有完成预定的目标，还可以及时调整开发进度以保证项目按时完成。一般到了项目开发的后期(风险受控阶段),由于大部分高风险的因素(如需求、架构、性能等)都已经解决,这时候只需要投入更多的资源去实现剩余的需求即可。这个阶段的项目开发具有很强的可控性,从而保证按时交付一个高质量的软件系统。

3.2 需求分析

概括地说,需求分析过程是开发者对待开发软件项目的“理解、分解与表达”的过程,在这个过程中,需要准确理解用户的要求,将用户的要求分解,并转换成需求定义,然后由需求定义转换成形式化或非形式化的功能规约,而这些功能规约能够恰如其分地表述用户需求。需求定义描述的是“系统要做什么”,而不是“系统如何做”。

一个软件项目的开发处于启动阶段的时候,无论是用户还是项目开发者,都并没有一个清晰的、无二义性的需求定义,真正的“需求”实际上在人们的脑海中,毫无疑问,这个“人们”是用户,是系统将来的使用者。但是很遗憾,在大多数情况下,用户并不能完整地描述自己的需要,这就需要系统分析人员根据用户的业务流程和语言的描述,整理出相关的需求,用软件开发的规范术语和用户可以理解、接受的图形,勾画出软件系统的需求,与用户充分交流和进一步与用户核对之后,在系统需求与项目风险的“理解、分解与表达”上达成共识。

需求分析表达的最终形式是需求分析规格说明书。

3.2.1 需求分析基础

1. 需求分析的任务

需求分析的任务就是借助于当前系统(或手工)的逻辑模型推导出新系统的逻辑模型,解决新系统做什么的问题。这是一个“理解、分解与表达”的过程,即:分析当前系统的物理模型、逻辑模型,得到当前系统的“怎么做”“做什么”的抽象化描述;开发者理解这些描述;推导出新系统的逻辑结构,并且使用文档的形式表达新系统的逻辑结构。

具体地讲,需求分析要分析什么呢? 所谓“需求”指的是软件系统的功能需求、性能需求、数据需求、其他有效的需求,通过深入了解和分析,确定这些需求以及确定软件设计的限制和软件与其他系统元素的接口细节,从而确定系统必须完成哪些工作,形成对新系统准确、清晰、具体的要求。

在了解和分析系统需求时,对用户的要求不能全盘接受,只接受合理的要求。对模糊的要求和无法实现的要求,要与用户进一步交流,然后决定取舍。

编写需求规格说明书是需求分析阶段的里程碑,它标志着这个阶段的结束。

需求分析的具体任务:

(1)确定对系统的综合需求。系统的综合需求主要有:系统功能需求、系统性能需求、数据需求、运行环境需求、系统将来可能提出的需求。系统功能需求,主要是划分出满足用户业务流程的软件功能以及软件系统需要的其他功能;系统性能需求包括系统响应时间、精确度指标需求、可操作性、安全性等;数据需求包括输入、输出数据的结构和格式需求,包括数据元素组成、数据的逻辑关系、数据字典格式、数据模型等;运行环境需求主要表现为对系统运行时所处环境的需求;系统将来可能提出的需求,则考虑系统预期的扩展和系统今后维护的需要。

(2)提出新系统的逻辑模型。提出新系统的逻辑模型是需求分析的核心任务,在对当前系统抽象出逻辑模型之后，将新系统的目标与当前系统相比较，根据用户对新系统的需求要求，综合分析它们之间的差异，从新、旧系统的数据流图入手，由外及里对差异的部分进行分析，推断新系统可能的结构，获得目标系统的逻辑模型。

(3)修正系统开发计划。在可行性研究阶段制定了项目开发计划，经过需求分析阶段的工作之后，分析员对目标系统有了更深入、更具体的认识，对系统的成本和进度有了更准确的估计，因此，必须对开发计划进行修正。

(4)开发原型系统。需求分析得到的新系统的逻辑模型是抽象的模型，用户往往不能满足概念性的描述，希望能够充分了解新系统将来是如何工作的。如果能够有一个用户可以实际看到的"样机"，用这个"样机"来检验关键设计方案的正确性及系统是否真正满足用户的需要，这对于用户以及开发者都是十分重要的，用户通过实际的尝试，获得实践经验，增加对未来的系统的认识，从而可以帮助用户确认需求以及更正或者补充他们的需求。这里所说的"样机"就是开发新系统的原型模型。

建立原型模型会增加开发的成本并且需要有效的原型工具，但是，由于正确地提出用户需求是软件开发工程的基础，所以有必要建立原型系统，以进一步验证需求。

2. 需求分析面临的挑战

(1)问题的复杂性。这是由用户需求所涉及的因素繁多引起的，如运行环境和系统功能等。

(2)交流障碍。需求分析涉及人员较多，如软件系统用户、问题领域专家、需求工程师和项目管理员等，这些人具备不同的背景知识，处于不同的角度，扮演不同角色，造成了相互之间交流的困难。

(3)不完备性和不一致性。由于各种原因，用户对问题的陈述往往是不完备的，其各方面的需求还可能存在着矛盾，需求分析要消除其矛盾，形成完备及一致的定义。

(4)需求易变性。用户需求的变动是一个极为普通的问题，即使是部分变动，也往往会影响到需求分析的全部，导致不一致性和不完备性。

3. 需求分析的步骤

根据需求的特点和性质，需求分析的过程如图 3－5 所示。

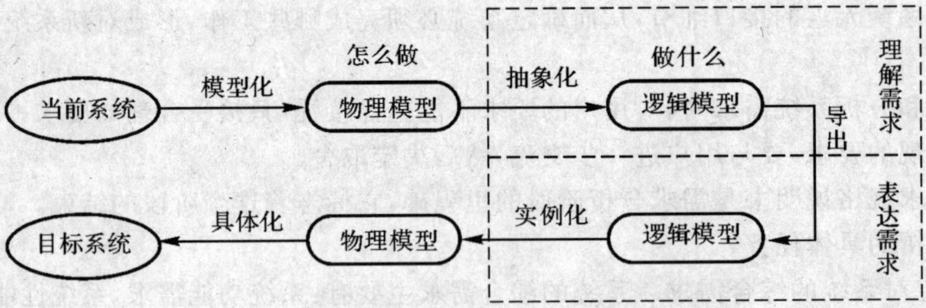

图 3－5　需求分析的过程

为了实施需求分析过程中的每一个环节，需求分析主要采用 5 个步骤来实现：获取用户需求→分析用户需求→编写需求文档→评审需求文档→管理需求。

(1)获取用户需求。这是该阶段的一个最重要的任务。主要是了解待完成的系统的所有用户类型以及潜在的类型。通过与用户进行交流，将需求细分为功能需求、非功能需求(如响应时间、平均无故障工作时间、自动恢复时间等)、环境限制、功能约束等类型。对收集到的需求作进一步的分析和整理。最后将用户需求以适当的方式呈交给用户方和开发方的相关人员。大家共同确认需求分析人员所提交的结果是否真实地反映了用户的意图。然后,根据他们的要求来确定系统的整体目标和系统的工作范围。

(2)分析用户需求。在很多情况下,分析用户需求是与获取用户需求并行的,主要通过建立模型的方式来描述用户的需求,为委托单位、用户、开发方等不同参与方提供一个交流的渠道。这些模型是对需求的抽象,以可视化的方式提供一个易于沟通的桥梁。用户需求的分析与获取有着相似的步骤,区别在于分析用户需求时使用模型来描述,以获取用户更明确的要求。

(3)编写需求文档。需求文档可以使用自然语言或形式化语言来描述,还可以添加图形的表达方式和模型表征的方式。需求文档应该包括用户的所有需求(功能需求和非功能需求)。

(4)评审需求文档。需求文档完成后,需要进行正式评审。一般的评审分为用户评审和同行评审两类。用户和开发方对于软件项目的描述,是以需求规格说明书作为基础的;用户验收的标准则是依据需求规格说明书中的内容来制定的,所以评审需求文档时用户的意见是第一位的。而同行评审的目的,是在软件项目初期发现那些潜在的缺陷和错误,避免这些错误和缺陷遗漏到项目的后续阶段。

(5)管理需求变更。由于需求是通过人的工作来完成的,所以需求的变更是不可避免的。以可控的方式管理软件的需求,对于项目的顺利进行有着重要的意义。如果匆匆忙忙地完成用户调研和分析,则往往意味着不稳定的需求。所以需求管理要保证需求分析各个活动都得到了充分的执行。对于用户变更的管理,在管理学科中有很多方法和技术来实施需求管理,一般来说,主要使用需求变更流程和需求跟踪矩阵的管理方式来进行软件的需求变更管理。

4.需求分析的原则

需求分析的原则主要体现在项目委托单位与开发人员的沟通上。其基本原则是如下。

(1)分析人员要了解项目委托单位的目标。只有分析人员更好地了解项目委托单位的目标,才能使开发的软件产品真正满足项目委托单位的需要,达到预期的目标。为了帮助开发人员和分析人员,用户可以考虑邀请他们观察自己的工作流程。如果是切换新系统,那么开发人员和分析人员应使用目前的旧系统,帮助用户明白目前系统是怎么样工作的,以及旧系统可供改进之处。

(2)分析人员必须编写软件需求报告。分析人员应将从项目委托单位那里获得的所有信息进行整理,归纳出用户的业务需求、功能需求、质量目标、解决方法和其他信息。通过这些分析,得到一份“需求分析报告”,促使开发人员和用户之间针对要开发的产品内容达成一致。用户要评审此报告,力求报告内容准确完整地表达其需求。

(3)要求得到需求工作结果的解释说明。分析人员可能采用了多种图表作为文字性“需求分析报告”的补充说明,因为工作图表能很清晰地描述出系统行为的某些方面,所以报告中各种图表有着极高的价值。虽然它们不太难以理解,但是用户可能对此并不熟悉,因此,要求分析人员解释说明每个图表的作用、符号的意义和需求开发工作的结果。

(4)准确地描述产品使用特性。项目委托单位可以要求分析人员在实现功能需求的同时还注意软件的易用性,因为这些易用特性能使项目委托单位更准确、高效地完成任务。例如:项目委托单位有时要求产品要“界面友好”或“健壮”或“高效率”,但对开发人员来讲,也许太主观了无法准确把握。正确的做法是，分析人员通过询问和调查了解委托单位所要的“友好、健壮、高效率”所包含的具体特性，并在性能代价和所提出解决方案的预期利益之间做出权衡，以确保做出合理的取舍。

(5)尽量重用已有的软件组织。需求通常有一定的灵活性，分析人员可能发现已有的某个软件组织与委托单位描述的需求很相符。在这种情况下，分析人员应提供一些修改需求的选择，以便开发人员能够降低新系统的开发成本并节省时间。

(6)准确而详细地说明需求。编写一份清晰、准确的需求文档是很困难的。由于处理细节问题不但复杂而且耗时，因此很容易留下模糊不清的需求。但是在开发过程中，必须解决这种模糊性和不准确性。另外，在需求分析中暂时加上“待定”标志是个方法。用该标志可以指明哪些是需要进一步讨论、分析或增加信息的地方。有时也可能因为某个特殊需求难以解决或没有人愿意处理它而标注上“待定”。用户要尽量将每项需求的内容都阐述清楚，以便分析人员能准确地将它们写进“软件需求报告”中去。如果委托单位一时不能准确表达，通常就要求用原型技术，通过原型开发，用户可以同开发人员一起反复修改，不断完善需求定义。

(7)严格划分需求的优先级。绝大多数项目没有足够的时间或资源实现功能性的每个细节。决定哪些特性是必要的，哪些是重要的，是需求开发的主要部分，这些方面的问题应该由用户来设定，因为用户对需求优先级最有发言权。开发人员则为用户确定优先级提供有关需求的花费和风险的信息。由于时间和资源限制，有时不得不依据优先级来调整项目范围，调整开发进度计划以及资源计划。

(8)认真细致地评审需求文档和原型。认真评审需求文档，是给分析人员带来反馈信息的一个机会。如果用户觉得编写的“需求分析报告”不够准确，就有必要尽早通知分析人员并为改进提供建议。更好的办法是先为产品开发一个原型，这样用户就能够提供更有价值的反馈信息给开发人员，使他们更好地理解委托单位的需求。

3.2.2 面向对象分析(OOA)

面向对象分析与其他分析方法一样，是提取系统需求的过程。面向对象分析的关键，是识别出问题域内的对象，并分析它们相互间的关系，最终建立起问题域的正确模型。

通常，面向对象分析过程从分析陈述用户需求的文件开始。需求陈述的内容包括：问题范围、功能需求、性能需求、应用环境及假设条件等。总之，需求陈述应该阐明“做什么”而不是“怎样做”。它应该描述用户的需求而不是提出解决问题的方法。在利用面向对象开发方法时，书写需求陈述要尽力做到语法正确，而且应该慎重选用名词、动词、形容词和同义词。接下来，系统分析员应该深入理解用户需求，抽象出目标系统的本质属性，并用模型准确地表示出来。

面向对象分析大体上按照下列顺序进行：建立功能模型、建立对象模型、建立动态模型、定义服务。

1. 建立功能模型

功能模型从功能角度描述对象属性值的变化和相关的函数操作，表明了系统中数据之间的依赖关系以及有关的数据处理功能，它由一组数据流图组成。其中的处理功能可以用 IPO 图、伪码等多种方式进一步描述。

建立功能模型首先要画出顶层数据流图，然后对顶层图进行分解，详细描述系统加工、数据变换等，最后描述图中各个处理的功能。

2. 建立对象模型

复杂问题（大型系统）的对象模型由下述5个层次组成：主题层（也称为范畴层）、类 & 对象层、结构层、属性层和服务层，如图3-6所示。

图3-6 对象模型的层次

这5个层次很像叠在一起的5张透明塑料片，它们一层比一层显现出对象模型的更多细节。在概念上，这5个层次是整个模型的5张水平切片。

建立对象模型典型的工作步骤：

(1)发现和识别对象。类 & 对象是在问题域中客观存在的，系统分析员的主要任务就是通过分析找出这些类 & 对象。首先，找出所有候选的类 & 对象；然后，从候选的类 & 对象中筛选掉不正确的或不必要的项。

步骤1：找出候选的类 & 对象。对象是对问题域中有意义的事物的抽象，它们既可能是物理实体，也可能是抽象概念，在分析所面临的问题时，可以参照几类常见事物，找出在当前问题域中的候选类 & 对象。另一种更简单的分析方法，是所谓的非正式分析。这种分析方法以用自然语言书写的需求陈述为依据，把陈述中的名词作为类 & 对象的候选者，用形容词作为确定属性的线索，把动词作为服务（操作）候选者。当然，用这种简单方法确定的候选者是非常不准确的，其中往往包含大量不正确的或不必要的事物，还必须经过更进一步的严格筛选。通常，非正式分析是更详细、更精确的正式的面向对象分析的一个很好的开端。

步骤2：筛选出正确的类 & 对象。非正式分析仅仅帮助我们找到一些候选的类 & 对象，接下来应该严格考查候选对象，从中去掉不正确的或不必要的，仅保留确实应该记录其信息或需要其提供服务的那些对象。筛选时主要依据下列标准，删除不正确或不必要的类 & 对象：

1)冗余（如果两个类表达了同样的信息）。

2)无关（仅需要把与本问题密切相关的类 & 对象放进目标系统中）。

3)笼统（需求陈述中笼统的、泛指的名词）。

4)属性（在需求陈述中有些名词实际上描述的是其他对象的属性）。

5)操作（正确地决定把某些词作为类还是作为类中定义的操作）。

6)实现（去掉仅和实现有关的候选的类 & 对象）。

(2)确定关联。两个或多个对象之间的相互依赖、相互作用的关系就是关联。分析确定关联，能促使分析员考虑问题域的边缘情况，有助于发现那些尚未被发现的类 & 对象。

步骤1：初步确定关联。在需求陈述中使用的描述性动词或动词词组，通常表示关联关系。因此，在初步确定关联时，大多数关联可以通过直接提取需求陈述中的动词词组而得出。通过分析需求陈述，还能发现一些在陈述中隐含的关联。最后，分析员还应该与用户及领域专家讨论问题域实体间的相互依赖、相互作用关系，根据领域知识再进一步补充一些关联。

步骤2：自顶向下。把现有类细化成更具体的子类，这模拟了人类的演绎思维过程。从应用域中常常能明显看出应该做的自顶向下的具体化工作。例如，带有形容词修饰的名词词组往往暗示了一些具体类。但是，在分析阶段应该避免过度细化。

(3)定义结构。结构指的是多种对象的组织方式，用来反映问题空间中的复杂事物和复杂关系。这里的结构包括两种：分类结构与组合结构。分类结构针对的是事物的类别之间的组织关系，它表示了继承关系；组合结构则对应着事物的整体与部件之间的组合关系，它表示了聚合关系。

使用分类结构，可以按事物的类别对问题空间进行层次化的划分，体现现实世界中事物的一般性与特殊性。例如在交通工具、汽车、飞机、轮船这几件事物中，具有一般性的是交通工具，其他则是相对特殊化的。因此可以将汽车、飞机、轮船这几种事物的共有特征概括在交通工具之中，也就是把对应于这些共有特征的属性和服务放在“交通工具”这种对象之中，而其他需要表示的属性和服务则按其特殊性放在“汽车”“飞机”“轮船”这几种对象之中，在结构上，则按这种一般与特殊的关系，将这几种对象划分在两个层次中，如图 3-7(a)所示。

组合结构表示事物的整体与部件之间的关系。例如把汽车看成一个整体，那么发动机、变速箱、刹车装置等都是汽车的部件，相对于汽车这个整体就分别是一个局部，如图 3-7(b)所示。

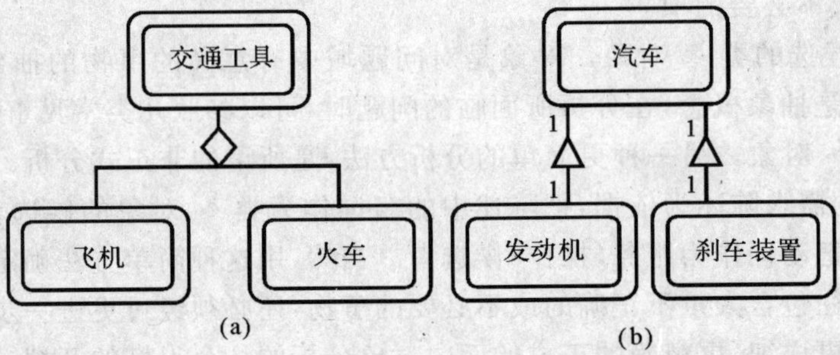

图 3-7 结构图元表示

(4)识别主题。对一个实际的目标系统，特别是大的系统而言，尽管通过对象和结构的认定对问题空间中的事物进行了抽象和概括，但对象和结构的数目仍然是可观的，因此如果不对数目众多的对象和结构进行进一步的抽象，势必造成对分析结果理解上的混乱，也难以搞清对象、结构之间的关联关系，因此引入主题的概念。

主题是一种关于模型的抽象机制，它给出了一个分析模型的概貌。

主题直观地来看就是一个名词或名词短语，与对象的名字类似，只是抽象的程度不同。识别主题的一般方法是：为每一个结构追加一个主题；为每一种对象追加一个主题；如果当前的主题的数目超过了 7 个，就对已有的主题进行归并，归并的原则是，当两个主题对应的属性和服务有着较密切的关联时，就将它们归并成一个主题。

(5)认定属性。属性是数据元素，用来描述对象或分类结构的实例。

认定一个属性有 3 个基本原则：首先，要确认它对响应对象或分类结构的每一个实例都是适用的；其次，对满足第一个条件的属性还要考查其在现实世界中与这种事物的关系是不是足够密切；第三，认定的属性应该是一种相对的原子概念，即不依赖于其他并列属性就可以被理解。

3. 建立动态模型

当问题涉及交互作用和时序时(例如用户界面及过程控制等)，建立动态模型就是很重要的。

建立动态模型的第一步，是编写典型交互行为的脚本。脚本是指系统在某一执行期间内出现的一系列事件。编写脚本的目的，是保证不遗漏重要的交互步骤，它有助于确保整个交互过程的正确性和清晰性。

第二步，从脚本中提取出事件，确定触发每个事件的动作对象以及接受事件的目标对象。

第三步，排列事件发生的次序，确定每个对象可能有的状态以及状态间的转换关系。

最后，比较各个对象的状态，检查它们之间的一致性，确保事件之间的匹配。

4. 定义服务

通常在完整地定义每个类中的服务之前，需要先建立起动态模型和功能模型，通过对这两种模型的研究，能够更正确、更合理地确定每个类应该提供哪些服务。

正如前面已经指出的那样，“对象”是由描述其属性的数据，及可以对这些数据施加的操作(即服务)封装在一起构成的独立单元。因此，为建立完整的动态模型，既要确定类的属性，又要定义类的服务。在确定类中应有的服务时，既要考虑类实体的常规行为，又要考虑在本系统中特殊需要的服务。

首先考虑常规行为：在分析阶段可以认为类中定义的每个属性都是可以访问的，即假设在每个类中都定义了读、写该类每个属性的操作。其次，从动态模型和功能模型中总结出特殊服务。最后应该尽量利用继承机制以减少所需定义的服务数目。

3.2.3　军用软件需求分析规格说明

1　范围

　1.1　主题内容

　1.2　适用范围

2　引用文件

3　定义

4　需求分析总体说明

　4.1　需求分析的基本要求

　4.2　需求分析的依据

　4.3　需求分析的方法

5　需求分析详细说明

　5.1　功能需求

　　5.1.1　输入

　　5.1.2　处理

　　5.1.3　输出

　　5.1.4　特殊要求

　5.2　性能需求

　　5.2.1　容量需求

　　5.2.2　精度需求

　　5.2.3　时间特性要求

　　5.2.4　适应性要求

　5.3　接口需求

　　5.3.1　与外部设备的接口

　　5.3.2　与其他系统的接口

　　5.3.3　人机接口

5.4 数据需求

5.5 环境需求

5.5.1 硬件环境

5.5.2 支持软件环境

5.6 安全和保密要求

5.7 可修改性要求

5.8 假设和约束

3.2.4 军队院校教务综合管理系统需求分析

在面向对象分析的过程中，系统分析员经过详细调查和综合分析后，就要建立软件分析模型。其中，对象模型描述软件系统的静态结构，动态模型描述软件系统的控制结构，功能模型描述软件系统必须完成的功能。下面以一个军队院校教务综合管理系统为例，介绍其需求分析过程。

1.需求

军队院校教务综合管理系统是一个包含学院的所有教务信息，对人员、设备等一系列与教务相关的资源进行信息化处理的一个综合应用性系统，主要用于日常教务的信息化处理；能对教务的安排等信息化处理起到高级管理作用，使得教务安排更加方便、合理、快捷。

教务综合管理系统的功能分为系统管理、基础数据管理、排课管理、公共选修课管理、实验教学管理、考务管理、考试成绩管理、教学质量监控、教学日常管理、学籍管理、新闻信息管理等11个功能。

(1)系统管理主要完成对整个教务系统进行管理配制，分配权限以及对数据库的备份还原等功能。该数据库包括角色管理、用户管理、日志管理、字典管理、数据库管理等。

(2)基础数据管理主要为整个系统提供基础信息管理，这些信息包含人员设备等，是一些相对固定的信息。该软件包括教室管理、装备管理、院系管理、专业管理、教员管理、学员管理、学期设置、队管理、教研室管理、课程管理、装备类别管理等功能。

(3)排课管理软件主要实现教学计划、培养方案、教学任务、调课管理等功能。

(4)公共选修课管理主要实现对学院中的选修课的发布审核等管理。

(5)实验教学管理软件主要完成对实验室的运用和安排等功能。

(6)考务管理是对考试的安排、考试中的纪律反馈及对于考试中监考的安排等。

(7)考试成绩管理是对考试后成绩进行录入，以及对考试成绩的变更等进行管理等功能。

(8)教学日常管理软件主要用于对日常教学的安排及管理，该软件包含以下功能：待办中心、调课申请、教室申请、讲座申请、自编教材申请、教学用装申请、教学日志呈报管理、教员工作量申报。

(9)学籍管理软件主要实现对学员的信息进行管理，该软件的功能包括：表彰管理、学业预警管理、学员信息管理、警示管理、学籍异动管理、学籍查询、查询统计、未授予学位条件管理、未授予学位学生管理。

2.迭代单元的选取

根据本章3.1.3中论述的选取原则，可以选取以上9个功能中的(1)，(5)作为第一轮迭代的特性；选取(2)，(3)，(6)作为第二轮迭代的特性；最后一次迭代实现(4)的特性。本章以第二次迭代为例进行分析设计，假设第一次迭代过程已经完成。

3. 建立功能模型

功能模型由多张数据流图组成。数据流图说明数据是如何从外部输入，经过操作和内部存储输出到外部的。第二次迭代的顶级数据流图，即系统总体流程图如图 3 - 8 所示。

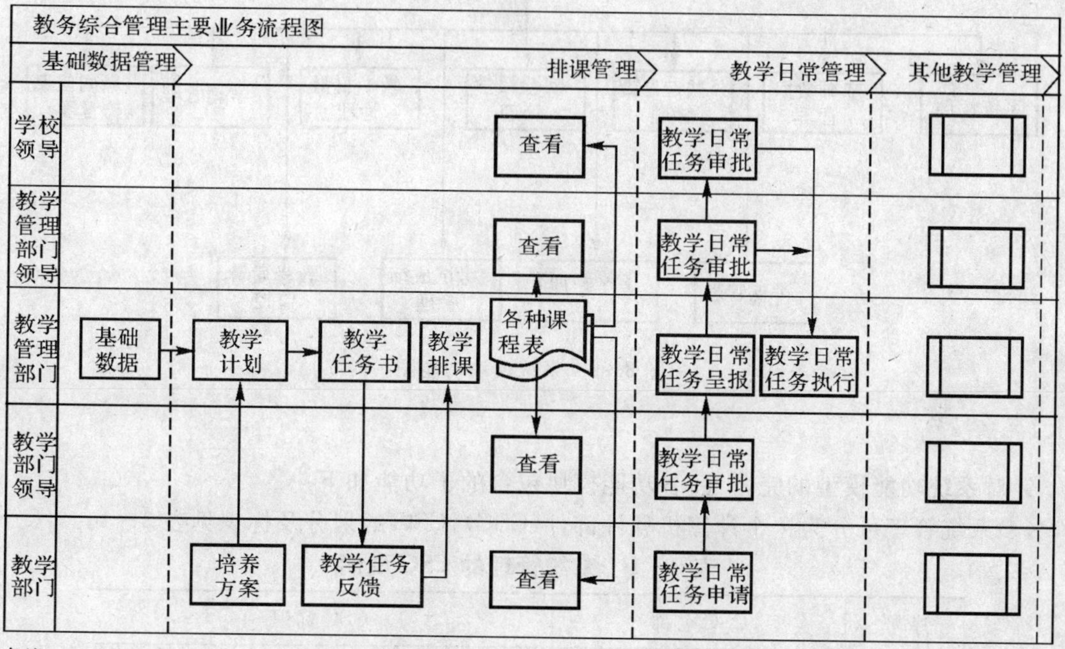

备注：

(1)基础数据管理包括基础教学设施(教室、教学用具、课程)管理、学年设置、院系设置、专业设置、班级设置等。

(2)教学日常管理包括调课管理、教室使用管理、教学用装管理、自编教材管理、讲座管理、教学日志管理、教学工作量管理等。

(3)其他管理包括实验教学管理、考务管理、考试成绩管理、教学质量监控、学籍管理、系统管理等，具体流程见详细业务需求。

图 3 - 8　系统总体流程图

系统的模块功能如图 3 - 9 所示，各模块的主要功能如下：

(1)系统管理。完成对整个教务系统进行管理配制，分配权限以及对数据库的备份还原等。

(2)基础数据管理。为整个系统提供基础信息管理，这些信息包含人员设备等一些相对固定的信息。

(3)排课管理。主要实现教学计划、培养方案、教学任务、调课管理等功能。

(4)公共选修课管理。主要实现对学院中的选修课的发布审核等管理。

(5)实验教学管理。主要对学院的实验安排进行管理。

(6)考务管理。考试中的纪律反馈及对于考试中监考的安排等。

(7)考试成绩管理。对考试后成绩进行录入，以及对考试成绩的变更等进行管理等功能。

(8)教学质量监控。对教学质量进行一定的管理。

(9)教学日常管理。主要用于对日常教学的安排及管理。

(10)学籍管理。主要用于对学籍信息进行管理。

(11)新闻管理。要实现对学员的信息进行管理。

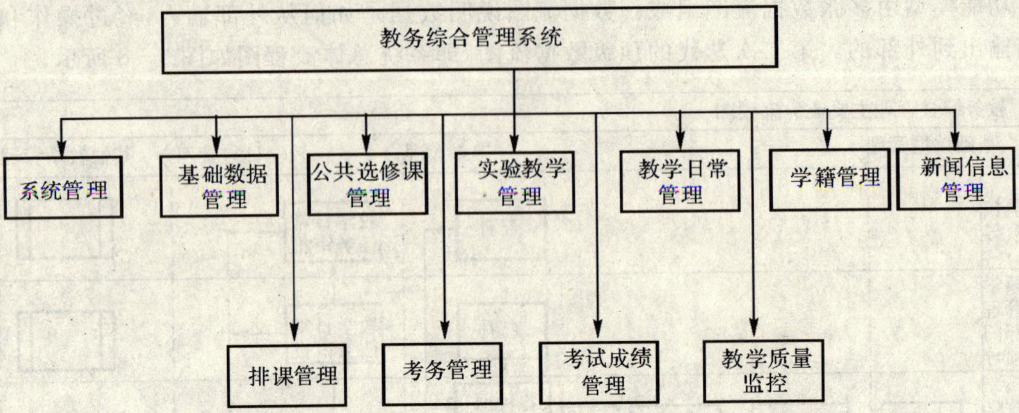

图 3-9 系统模块功能图

针对系统功能模型的完备性,各功能模块包含的子功能如下:

(1)系统管理可分为 7 个计算机软件部件(CSC),CSC 的划分及标识见表 3-1。

表 3-1 系统管理的 CSC 说明

序号	CSC 名称	CSC 标识
1	角色管理	RoleManagement
2	用户管理	UserManagement
3	日志管理	LogManagement
4	字典管理	DictManagement
5	用例管理	UseCaseManagement
6	模块管理	ModelManagement
7	数据库管理	DataManagement

(2)基础数据管理子系统可分为 11 个计算机软件部件(CSC),CSC 的划分及标识见表3-2。

表 3-2 基础数据管理子系统的 CSC 说明

序号	CSC 名称	CSC 标识
1	教室管理	ClassRoomManagement
2	装备管理	EquipmentManagement
3	院系管理	DepartmentManagement
4	专业管理	MajorManagement

续 表

序号	CSC 名称	CSC 标识
5	教员管理	TeacherManagement
6	学员管理	StudentManagement
7	学期设置	YearMangement
8	队管理	TeamManagement
9	教研室管理	BuildingManagement
10	课程管理	CourseManagement
11	装备类别	EquipmentTypeManagement

(3)排课管理子系统可分为 5 个计算机软件部件(CSC),CSC 的划分及标识见表 3-3。

表 3-3　排课管理子系统的 CSC 说明

序号	CSC 名称	CSC 标识
1	教学计划	TeachPlanManagement
2	培养方案	TeachPlaningManagement
3	教学任务	TeachTaskManagement
4	课表管理	ArrageCourse
5	调课管理	ChangeCourse

(4)公共选修课管理子系统可分为 11 个计算机软件部件(CSC),CSC 的划分及标识见表 3-4。

表 3-4　公共选修课管理子系统的 CSC 说明

序号	CSC 名称	CSC 标识
1	公共选修课申报	OptionalCourseChange
2	公共选修课审核	OptionalCourseCheck
3	公共选修课发布	OptionalCoursePublish
4	公选课时间设置	OptionalCourseStatistics
5	公共选修课排课	ArrageOptionalCourse
6	公选课排课信息	OptionCourseArrage
7	公选课选课信息	OptionCourseInf
8	公选课成绩信息	OptionCourseSoreInformation
9	公选课成绩录入	OptionCourseSoreInput
10	公选课成绩审核	OptionCourseSoreCheck
11	公选课补考重修信息	OptionRepeatExamInf

(5)实验教学管理子系统可以分为 2 个计算机软件部件，CSC 的划分及标识见表 3-5。

表 3-5　实验教学管理子软件的 CSC 说明

序号	CSC 名称	CSC 标识
1	实验课安排	ArrangeLabCourse
2	实验课查询	QueryLabCourse

(6)考务管理子系统可以分为 3 个计算机软件部件，CSC 的划分及标识见表 3-6。

表 3-6　考务管理子系统的 CSC 说明

序号	CSU 名称	CSU 标识
1	考试安排	ExamArrangement
2	考场情况反馈	ExamSiteationfeedback
3	监考安排	InvigilageArrangement

(7)考试成绩管理子系统可以分为 5 个计算机软件部件，CSC 的划分及标识见表 3-7。

表 3-7　考试成绩管理子系统的 CSC 说明

序号	CSC 名称	CSC 标识
1	考试方式	ScoreQuery
2	考试成绩录入	InputExamScore
3	成绩查询	ScoreQuery
4	考试成绩修订	ExamScoreAmendment
5	考试成绩审核	CheckExamScore

(8)教学质量监控子系统可以分为 5 个计算机软件部件，CSC 的划分及标识见表 3-8。

表 3-8　考试成绩管理子系统的 CSC 说明

序号	CSC 名称	CSC 标识
1	评教指标管理	TeachCommentRuleManagement
2	听课安排	TeachLentinArrange
3	评教查询	TeachCommentQuery
4	听课反馈	CheckClassCurrircument
5	评教统计	TeachCommentStatistics

(9)教学日常管理子系统可以分为 8 个计算机软件部件，CSC 的划分及标识见表 3-9。

表 3-9 考试成绩管理子系统的 CSC 说明

序号	CSC 名称	CSC 标识
1	待办中心	PendingCenter
2	调课申请	AdjustClassApplyManagement
3	教室申请	ClassRoomApplyManagement
4	讲座申请	LectureApplyManagement
5	自编教材申请	SelfTextbookApplyManagement
6	教学用装申请	EquipmentApplyManagement
7	教学日志呈报管理	TeachingLogApplyManagement
8	教员工作量申报	TeacherWorkLoadApplyManagement

(10)学籍管理子系统可以分为 9 个计算机软件部件,CSC 的划分及标识见表 3-10。

表 3-10 考试成绩管理子系统的 CSC 说明

序号	CSC 名称	CSC 标识
1	表彰管理	PraiseManagement
2	学业预警管理	AcademicWarningMangement
3	学员信息管理	StudentMangement
4	警示管理	AlartManagement
5	学籍异动管理	StudentChangeLogManagement
6	学籍查询	StudentQuery
7	查询统计	QueryStatistics
8	未授予学位条件管理	NoDegreeConditionManagement
9	未授予学位学生	NoDegreeStudentManagement

(11)新闻管理子系统可以分为 3 个计算机软件部件,CSC 的划分及标识见表 3-11。

表 3-11 考试成绩管理子系统的 CSC 说明

序号	CSC 名称	CSC 标识
1	新闻分类管理	LinksManagement
2	新闻管理	PostsManagement
3	友情链接管理	PostTypeManagement

4. 建立对象模型

建立对象模型就是确定软件系统模型中的类与对象,对系统的静态结构建模,有时也被看成给出系统的静态视图。我们抽象出来的类有 3 个:用户类、仓库类、物资类。教务综合管理系统结构对象模型及它们间的关系如图 3-10 所示。

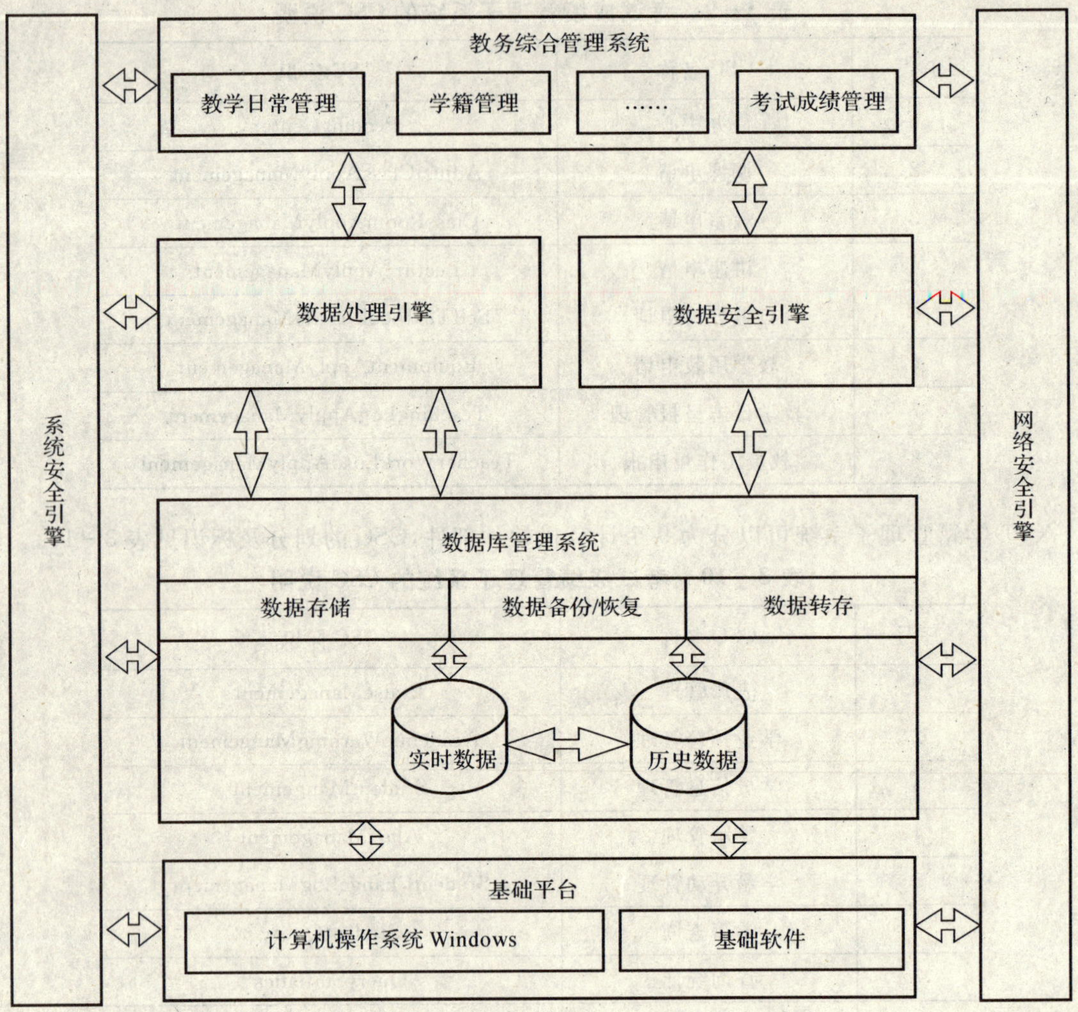

图 3-10　教务综合管理系统结构图

5. 建立动态模型

建立动态模型是对系统的动态方面进行可视化、详述、构造和文档化，其描述可以用自然语言和动态行为图来表示。而动态行为图能够帮助分析服务及服务之间的关系，动态行为图包括用例图、顺序图、协作图、状态图和活动图等。

动态模型是对行为建模，需要捕获对象是怎么提供服务的，识别依赖于其他对象提供的附加服务。如何定义行为，或者说如何定义操作（方法），是构建动态模型必须考虑的问题。一般都是从输入、输出和对象是怎么提供服务的这 3 个角度来考虑。

（1）画用例图。用例图是一种表示对象之间以及对象与系统外部的参与者之间动态联系的图形文档。它直观地表现了一组相互协作的对象所需进行的操作和所能提供的服务。

（2）画顺序图。顺序图通过对一个特定的对象群体的动态方面的建模，深刻地理解对象之间的交互，能够详细而又直观地表达对象之间的消息和系统的交互情况，但通常只能表示少数几个对象之间的交互。

顺序图将交互关系表示为一个二维图。纵向是时间轴,时间沿竖线向下延伸。横向轴代表了在协作中各独立对象的类元角色。激活表示一个对象直接或者通过从属例程执行一个行为的时期。它既表示了行为执行的持续时间,也表示了活动和它与调用者之间的控制关系。当对象存在时,角色用一条虚线表示;当对象的过程处于激活状态时,生命线是一个双道线。生命线代表一个对象在特定时间内的存在。如果对象在图中所示的时间段内被创建或销毁,那么它的生命线就在适当的点开始或者结束。否则,生命线应当从图的顶部一直延续到底部。在生命线的顶部画上对象符号,如果一个对象在图中被创建,那么就把创建对象的箭头头部画在对象符号上。当一个对象处于激活期时,该对象能够响应或者发送消息,执行对象或活动。当一个对象不处于激活期时,该对象不做什么事情,但它是存在的,等待新的消息来激活它。消息用从一个对象的生命线到另一个对象的生命线的箭头表示。箭头以时间顺序在图中从上到下排列。可以把各种标签(例如,计时约束、对活动中的行为描述等)放在图的边缘或它们标记的消息的旁边。

(3)画协作图。与顺序图不同,协作图表示扮演不同角色的对象之间的关系,不表示作为单独维度的时间,因此协作图无法表示交互的顺序,而并发进程必须用顺序数决定。因而可以定义,协作图是一种强调发送和接收消息的对象的结构组织的交互图,显示围绕对象以及它们之间的链组织的交互。协作图由对象、链以及链上的消息构成。顺序图和协作图在语义上是等价的,它们可以从一种形式的图转换为另一种形式的图。

(4)画状态图。状态图显示一个对象从创建到摧毁的整个生命周期。在 Rose 中,状态图和类图相互配合,以便完整描述类的特征。仅用类图是不够的,因为它只能描述类对象的静态特征,而状态图可以对类对象的动态行为进行建模。状态图对个体类和所有其他类型对象的动态行为进行建模,包含特定类的不同状态、转换、活动和动作。

(5)画活动图。活动图是一种特殊形式的状态机,用于对计算流程和工作流程建模。活动图中的状态表示计算过程中所处的各种状态,而不是普通对象的状态。通常,活动图假定在整个计算处理的过程中没有外部事件引起的中断。否则,普通的状态机更适宜描述这种情况。

活动图可以包含活动状态,也可以包含动作状态。活动状态表示过程中命令的执行或工作流程中活动的进行。在活动完成后,执行流程转入到活动图中的下一个活动状态。当一个活动的前导活动完成时,活动图中的完成转换被激发。活动状态通常没有明确表示出引起活动转换的事件,当转换出现闭包循环时,活动状态会异常终止。动作状态与活动状态有些相似,但是它们是原子活动,且当它们处于活动状态时不允许发生转换。动作状态通常用于短的记账操作。

3.3 系统设计

传统的设计流程中,系统设计阶段包括概要设计和详细设计两个阶段,但在面向对象设计方法中并没有明确区分这两个阶段。其实,面向对象设计模型与面向对象分析模型并没有明显的区别,只是在分析模型中加入了实现考虑就成为了设计模型。

3.3.1 系统设计基础

1. 概要设计基础

(1)概要设计的任务和过程。系统分析员通过建模得到各种分析模型及相应的规格说明文档并征得用户方的确认之后,软件开发的下一个阶段就是进行概要设计。为完成设计的任务,系统设计人员通常需要进行下面的设计过程和步骤:软件结构设计(或子系统设计)、数据设计(或对象设计)、接口设计(或消息设计)及过程设计(或方法设计)。

1)软件结构设计。软件结构设计定义了软件的主要结构元素之间的关系。软件结构设计也就是建立基于计算机的系统的框架,它包括系统主要组件以及通信的识别。实际上,传统的软件结构设计中将整个系统划分为若干个模块,也就得到了若干个子系统。一般说来,若干个关系密切的模块可看作一个子系统。

2)数据设计。在系统开发中,数据结构的确定是非常重要的工作。数据设计是把分析模型中的信息描述转换成实体软件所需要的数据结构。

数据设计有时也称为数据体系结构设计。数据设计是软件设计中的一项非常重要的工作。数据的体系结构对必须处理数据的软件体系结构有着深远的影响。

数据结构是单个数据元素之间逻辑关系的表示。因为信息结构必将影响到过程设计,从某种意义上说,数据结构与程序结构具有同等的重要性。数据结构决定了信息的存放方式、组织形式、访问方法、组合程度以及处理的策略等。不同的信息组织方式影响着信息的访问和存取。有时因为信息组织不好,会影响到效率,也影响到软件的质量。数据结构设计直接影响到系统成功与否。

3)接口设计。接口设计描述了软件内部、软件与协作系统、软件与使用者之间的通信方式。一个接口意味着信息流和特定的行为类型,数据流和控制流的信息是接口设计的基础。

4)过程设计。过程设计也可以称为构件设计,它将软件体系结构的结构性元素变换为对软件构件的过程性描述。过程设计的基础是处理规格说明、控制规格说明、状态转换图的信息。

(2)概要设计的常用工具。

1)层次图和HIPO图。层次图用于描绘软件的层次结构,层次图中一个矩形框代表一个模块,框间的连线表示调用关系,位于上方的矩形框所代表的模块调用位于下方的矩形框所代表的模块,图3-11所示是一个层次图的例子。层次图很适于在自顶向下设计软件的过程中使用。

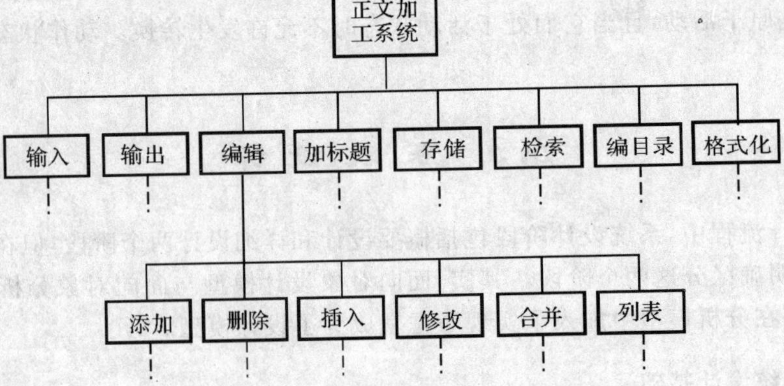

图3-11 正文加工系统的层次图

HIPO图是美国IBM公司发明的“层次图加输入/处理/输出图”的英文缩写。为了使IPO图具有可追踪性，在H图里除了顶层的方框之外，每个图框都加了编号。例如，把图3-11加了编号之后得到图3-12。与H图中的每个图框相对应，应该有一张IPO图描述这个图框代表的模块的处理过程，每张IPO图内都应该明显地标出它所描绘的模块在H图中的编号，以便确定这个模块在软件结构中的位置。书写文档时，通常用层次图描绘软件结构而不是结构图，因为结构图上包含的信息太多，清晰程度有时反倒不如层次图。

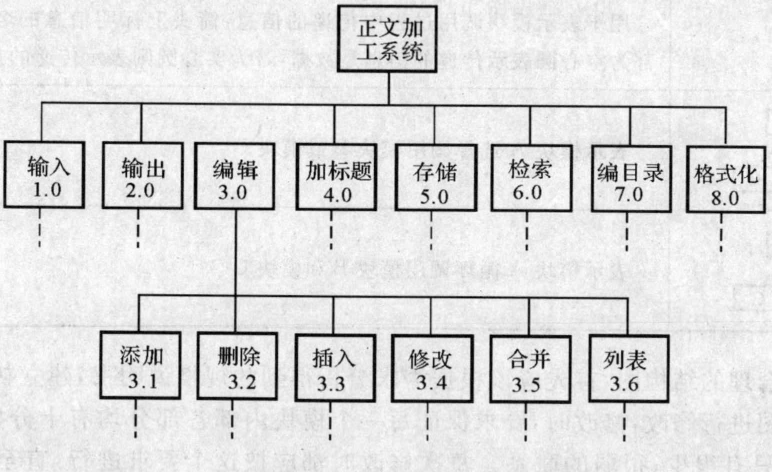

图3-12　正文加工系统的H图

2)IPO图。IPO图能够方便、清晰地描绘出模块的输入数据、加工和输出数据之间的关系。与层次图中每个矩形框相对应，应该有一张IPO图描述该矩形框所代表的模块的具体处理过程，作为对层次图中内容的补充说明。IPO图的基本形式为：在图中左边的框中列出模块涉及的所有输入数据，在中间的框中列出主要的加工，在右边的框中列出处理后产生的输出数据；图中的箭头用于指明输入数据、加工和输出结果之间的关系。工资计算系统中的计算工资模块的IPO图如图3-13所示。

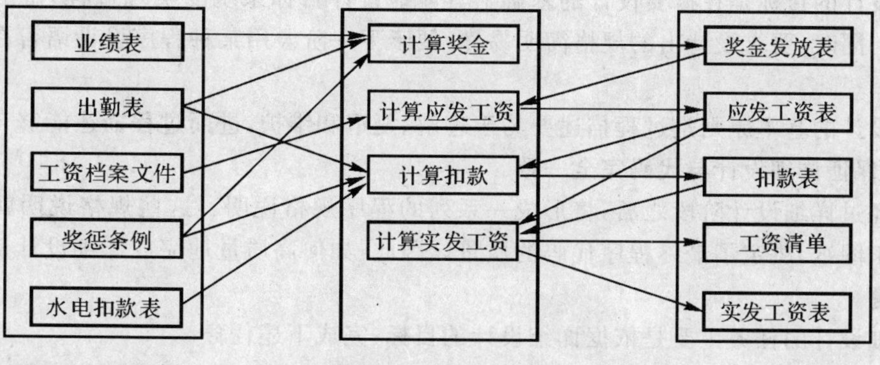

图3-13　计算工资模块的IPO图

3)结构图。在软件工程中，软件结构经常采用20世纪70年代中期由Yourdon等人提出的结构图(Structure Chart，SC)这种图形工具来表示。结构图能够描述出软件系统的模块层次结构，清楚地反映出程序中各模块之间的调用关系和联系。结构图中的基本符号及其含义见表3-12。

表3-12　结构图中的基本符号

符　号	含　义
	用于表示模块，方框中标明模块的名称
——	用于描述模块之间的调用关系
	用于表示模块调用过程中传递的信息，箭头上标明信息的名称；箭头尾部为空心圆表示传递的信息是数据，若为实心圆则表示传递的是控制信息
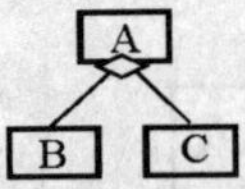	表示模块A选择调用模块B或模块C
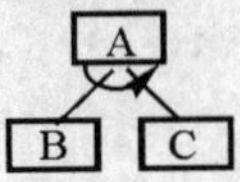	表示模块A循环调用模块B和模块C

为了获得合理的结构图，首先应该根据需求分析得到的规格说明书，建立初始结构图。然后对初始结构图进行修改，修改时，要求保证每一个模块内部各部分均有十分紧密的联系，而各模块之间又只有很少、很弱的联系。每次修改时都应按这个要求进行，直至获得满意的结构图。

2.详细设计基础

(1)详细设计的目标和任务。软件的概要设计已经明确了软件系统的结构，给出了组成系统的各个模块的功能和模块之间控制分层关系，但它不关心模块内部的细节。软件的详细设计，又称过程设计，是在数据设计、关系层次结构设计和接口设计完成之后进行，它的基本任务就是要在概要设计的基础上，对系统中的每个模块给出足够详细的过程性描述，以及局部数据结构的设计。

详细设计的目标是在概要设计的基础上具体地设计目标系统的实现过程，得出新系统的详细规格。同时，要求设计出的规格简明易懂，便于下一阶段用某种程序设计语言在计算机上实现。

详细设计的基本原则是过程描述要易于理解、复审和维护，进而过程描述能够自然地转换成代码，并保证详细设计与代码完全一致。

软件经过详细设计阶段之后，将形成一系列的程序规格说明。这些规格说明就像建筑物设计的施工图纸，决定了最终程序代码的质量。因此，如何高质量地完成详细设计是提高软件质量的关键。

而详细设计的任务主要是依据详细设计的目标，完成下述任务。

1)算法过程的设计。选择某种图形、表格、语言等合适的工具，表示每个处理过程的详细算法。

2)数据结构的设计。对于处理过程中涉及的概念性数据类型进行确切的定义。

3)数据库物理设计。主要确定那些依赖于具体使用的数据库系统的数据存储记录格式、存储方法和存储记录安排等。

4)信息编码设计。信息编码是指将某些数据项的值用某一代号来表示，以提高数据的处理效率。在进行信息编码时，要求编码具有下述特点：

①实用性。代码要尽可能反映编码对象的特点，特别是要符合用户业务系统的要求，方便使用。

②唯一性。一个代码只反映一个编码对象。

③灵活性。代码应该能适应编码对象不断发展的需要，方便修改。

④简洁性。代码结构应尽量简单，位数要尽量少。

⑤一致性。代码格式要统一规划。

⑥稳定性。代码不宜频繁变动。

5)测试用例的设计。测试用例包括输入数据和预测结果等内容。由于进行详细设计的软件人员对具体过程的要求最清楚，因而由他们设计测试用例是最合适的。

6)其他设计。根据软件系统的具体要求，还可能进行网络系统的设计输入/输出格式设计、人机对话设计、系统配置设计等。

7)编写“详细设计说明书”。编写“详细设计说明书”是详细设计阶段最重要的任务，要根据软件项目的规模和系统的实际要求，按照“详细设计说明书”编写的规范，编写出能准确详细地描述具体实现的文档。“详细设计说明书”的评审是必须的，如果评审不通过，要再次进行详细设计，直到满足要求为止。

(2)详细设计的常用工具。从软件开发的工程化观点来看，在使用程序设计语言编制程序以前，需要对所采用算法的逻辑关系进行分析，设计出全部必要的过程细节，并给予清晰的表达，使之成为编码的依据。这就是详细设计的任务。

详细设计也叫做程序设计，它不同于编码或编程。在详细设计阶段，要决定各个模块的实现算法，并精确地表达这些算法。前者涉及所开发项目的具体要求和对每个模块规定的功能，以及算法的设计和评价；后者需要给出适当的算法描述，为此应提供过程设计的表达工具。

1)程序流程图。程序流程图又称为程序框图，是早期软件设计的主要工具。流程图所使用的符号不够规范，常常使用一些习惯性用法。特别是表示程序控制流程的箭头可以不受任何约束，随意转移控制。这些现象显然是与软件工程化的要求相背离的。为了消除这些缺点，应对流程图所使用的符号做出严格的定义，不允许人们随心所欲地画出各种不规范的流程图。为使用流程图描述结构化程序，必须限制流程图只能使用图 3-14 所示的 5 种基本控制结构。

任何复杂的程序流程图都应由这 5 种基本控制结构组合或嵌套而成。程序流程图的特点如下：

①优点。对控制流程的描绘很直观，便于初学者掌握。

②缺点。

a.程序流程图本质上不是逐步求精的好工具，它诱使程序员过早地考虑程序的控制流程，而不去考虑程序的全局结构。

b.程序流程图中用箭头代表控制流，因此程序员不受约束，可以完全不顾结构程序设计的原则，随意转移控制。

c.程序流程图不易表示数据结构。

③程序流程图与系统流程图的区别。

a.程序流程图中的箭头代表控制流而不是数据流。

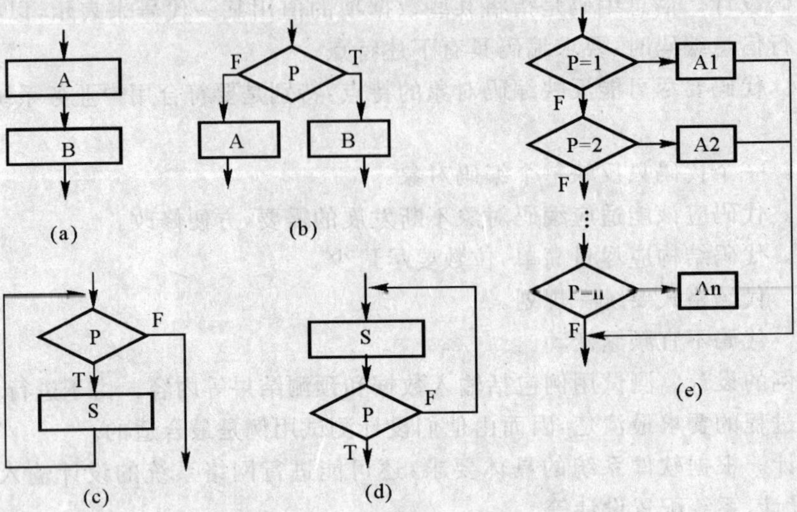

图 3-14　5 种基本控制结构

(a)顺序型；(b)选择型；(c)先判定型循环(DO-WHILE)；(d)后判定型循环(DO-UNTIL)；(e)多情况选择型(CASE 型)

b. 程序流程图中使用了系统流程图中没有的符号。

2)盒图(N-S 图)。盒图是一种不违背结构程序设计精神的图形工具，坚持使用盒图作为详细设计工具，有助于逐步养成用结构化方法思考问题和解决问题的习惯。

盒图由 Nassi 和 Shneiderman 提出，又称为 N-S 图。在 N-S 图中，为了表示 5 种基本控制结构，规定了 5 种图形构件：顺序型、选择型、WHILE 重复型、UNTIL 重复型、多分支选择型。N-S 图有以下特点：

①功能域(即一个特定控制结构的作用域)明确，很容易从 N-S 图上看出。

②不可能任意转移控制。

③很容易确定局部和全程数据的作用域。

④很容易表现嵌套关系，也可以表示模块的层次结构。

⑤N-S 图没有箭头，不可以随意转移控制，不允许违背程序设计的原则。

N-S 图的基本结构如图 3-15 所示。

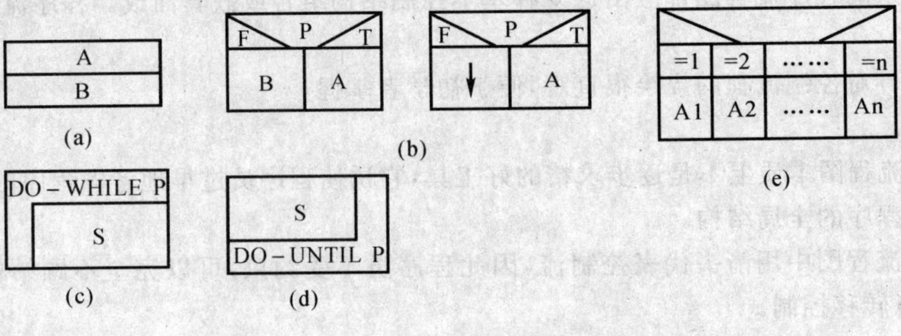

图 3-15　N-S 图的基本结构

(a)顺序型；(b)选择型；(c)多分支选择型；(d)WHILE 重复型；(d)UNTIL 重复型

3)PAD 图。PAD 图由日本日立公司在 1973 年发明，它用二维树型结构的图来表示程序的控制流，比较容易翻译成程序代码。

PAD 图的主要优点如下：

①使用表示结构化控制的 PAD 符号所设计出来的程序必然是结构化程序。

②PAD 图所描绘的程序结构十分清晰。图中最左边的竖线是程序的主线，即第一层结构。随着程序层次的增加，PAD 图逐渐向右延伸，每增加一个层次，图形向右扩展一条竖线。PAD 图中竖线的总条数就是程序的层次数。

③用 PAD 图表现程序逻辑，易读、易懂、易记。PAD 图是二维树型结构的图形，程序从图中最左边竖线上端的节点开始执行，自上而下，从左向右顺序执行，遍历所有节点。

④容易将 PAD 图转换成高级语言源程序。这种转换可以用软件工具自动完成，从而可省去人工编码的工作，有利于提高软件的可靠性和软件生产效率。

⑤PAD 图既可用于表示程序逻辑，也可用于描绘数据结构。

⑥PAD 图的符号支持自顶向下、逐步求精方法的使用。开始时设计者可以定义一个抽象的程序，随着设计工作的深入而使用 def 符号逐步增加细节，直至完成详细设计。

⑦PAD 图面向高级程序设计语言，为 FORTRAN，COBOL 和 PASCAL 等常用的高级程序设计语言提供了一整套相应的图形符号。由于每种控制语句都有一个图形符号与之对应，显然将 PAD 图转换成与之对应的高级语言程序比较容易。

PAD 图的基本结构如图 3-16 所示。

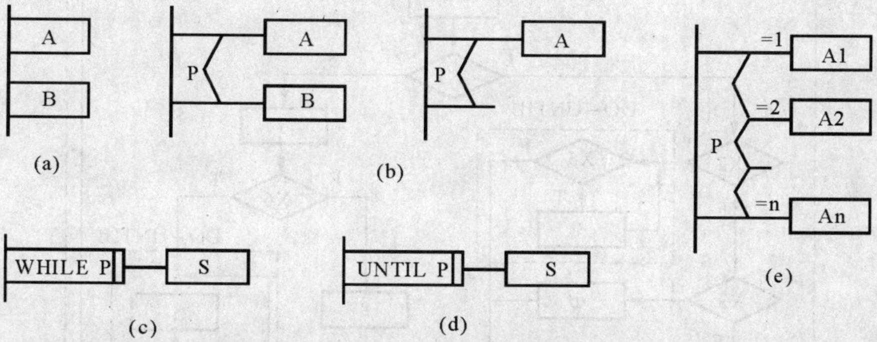

图 3-16　PAD 图的基本结构

(a)顺序型；(b)选择型；(c)WHILE 重复型；(d)UNTIL 重复型；(e)多分支选择型(CASE 型)

PAD 所描述程序的层次关系表现在纵线上。每条纵线表示了一个层次。把 PAD 图从左到右展开。随着程序层次的增加，PAD 图逐渐向右展开。PAD 图的实例如图 3-17 所示。

PAD 图的执行顺序从最左主干线的上端的节点开始，自上而下依次执行。每遇到判断或循环，就自左而右进入下一层，从表示下一层的纵线上端开始执行，直到该纵线下端，再返回上一层的纵线的转入处。如此继续，直到执行到主干线的下端为止。

4)判定表。当算法中包含多重嵌套的条件选择时，用程序流程图、N-S 图或 PAD 图都不易清楚地描述，而判定表能够清晰地表示复杂的条件组合与应做的动作之间的对应关系。例如，图 3-18 所示的程序结构图可用表 3-13 所示的判定表表示。

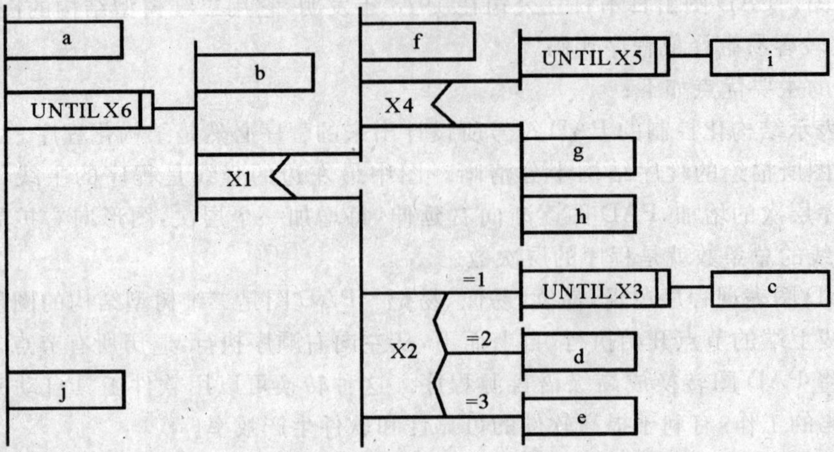

图 3－17　PDA 图实例

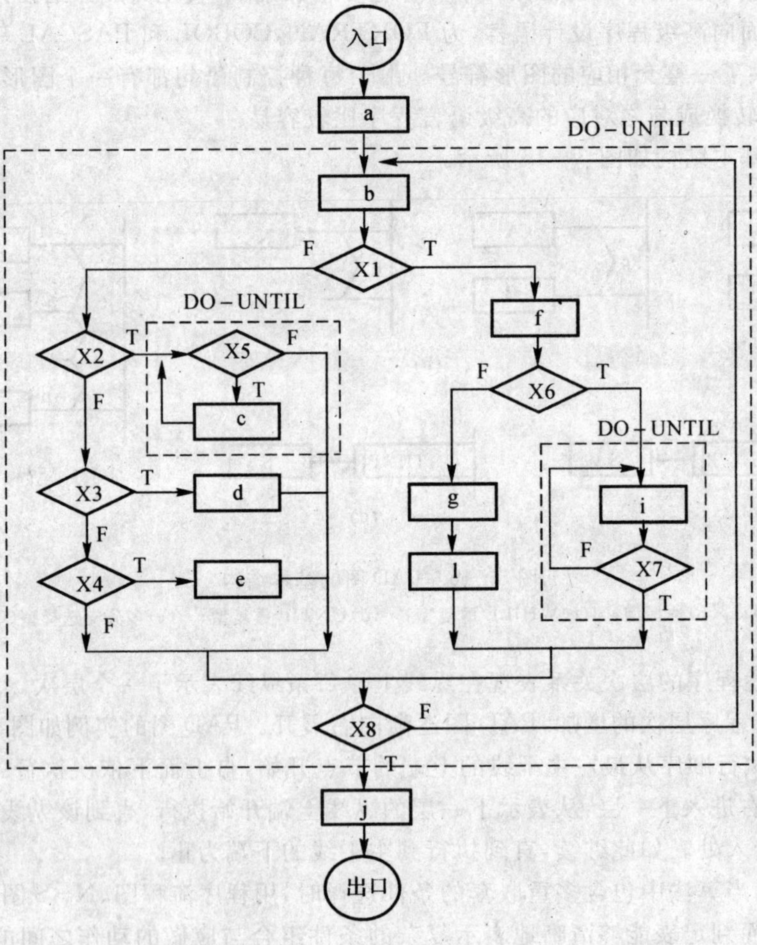

图 3－18　程序结构图

表 3-13　判　定　表

	1	2	3	4	5	6	7	8	9	10	11	12	13	14
X1	T	T	T	T	T	F	F	F	F	F	F	F	F	F
X2	—	—	—	—	—	T	T	T	F	F	F	F	F	F
X3	—	—	—	—	—	—	—	—	F	F	T	T	F	F
X4	—	—	—	—	—	—	—	—	F	F	—	—	T	T
X5	—	—	—	—	—	T	F	F	—	—	—	—	—	—
X6	T	T	T	F	F	—	—	—	—	—	—	—	—	—
X7	T	T	F	—	—	—	—	—	—	—	—	—	—	—
X8	T	F	—	T	F	—	T	F	F	T	T	F	T	F
a	Y	Y	Y	Y	Y	Y	Y	Y	Y	Y	Y	Y	Y	Y
b	Y	Y	Y	Y	Y	Y	Y	Y	Y	Y	Y	Y	Y	Y
c	—	—	—	—	—	Y	—	—	—	—	—	—	—	—
d	—	—	—	—	—	—	—	—	—	—	Y	Y	—	—
e	—	—	—	—	—	—	—	—	—	—	—	—	Y	Y
f	Y	Y	Y	Y	Y	—	—	—	—	—	—	—	—	—
g	—	—	—	Y	Y	—	—	—	—	—	—	—	—	—
h	—	—	—	Y	Y	—	—	—	—	—	—	—	—	—
i	Y	Y	Y	—	—	—	—	—	—	—	—	—	—	—
j	Y	—	—	Y	—	—	Y	—	—	Y	Y	—	Y	—

一张判定表由 4 部分组成，左上部列出所有条件，左下部是所有可能做的动作，右上部是表示各种条件组合的一个矩阵，右下部是和每种条件组合相对应的动作。

判定表的每一列实质上是一条规则，规定了与特定的条件组合相对应的动作。

5)判定树。判定树是判定表的变种，也能清晰地表示复杂的条件组合与应做的动作之间的对应关系。

优点：形式简单，不需任何说明，易看出含义，易于掌握和使用。

缺点：简洁性不如判定表，相同的数据元素往往要重复写多遍，而且越接近树的叶端重复次数越多。

6)过程设计语言 PDL。PDL 是一种用于描述功能模块的算法设计和加工细节的语言，称为设计程序用语言。它是一种伪码。一般地，伪码的语法规则分为"外语法"和"内语法"。外语法应当符合一般程序设计语言常用语句的语法规则；而内语法可以用英语中一些简单的句子、短语和通用的数学符号，来描述程序应执行的功能。

PDL 具有严格的关键字外部语法，用于定义控制结构和数据结构；另一方面，PDL 表示实际操作和条件的内部语法通常又是灵活自由的，可使用自然语言的词汇，以便可以适应各种工程项目的需要。现在举一个例子来看 PDL 的使用。

```
PROCEDURE spellcheck IS                          查找错拼的单词
  BEGIN
    split document into single words             把整个文档分离成单词
```

```
    lood up words in dictionary                 在字典中查这些单词
    display words which are not in dictionary   显示字典中查不到的单词
    create a new dictionary                     造一新字典
  END spellcheck
```

从上例可以看到，PDL 语言具有正文格式，很像一个高级语言。人们可以很方便地使用计算机完成 PDL 的书写和编辑工作。

PDL 作为一种用于描述程序逻辑设计的语言，具有以下特点：

①关键字的固定语法，提供结构化控制结构、数据说明和模块化的特点。为了使结构清晰和可读性好，通常在所有可能嵌套使用的控制结构的头和尾都有关键字，例如 if…if(或 endif)等等。

②自然语言的自由语法，它描述处理特点。

③数据说明的手段。应该既包括简单的数据结构(例如纯量和数组)又包括复杂的数据结构(例如，链表或和层次的数据结构)。

PDL 的优点：

①可以直接作为注释插在源程序中间。这样做能促使维护人员在修改程序代码的同时也相应地修改 PDL 注释，因此有助于保持文档和程序的一致性，提高文档的质量。

②可以使用普通的正文编辑程序或文字处理程序系统，很方便地完成 PDL 的书写和编辑工作。

③已经有自动处理程序存在，而且可以自动由 PDL 生成程序代码。

PDL 的缺点：不如图形描述形象直观，描述复杂的条件组合与动作间的对应关系时，不如判定表清晰简单，因此人们常常将 PDL 描述与一种图形描述结合起来使用。

3.3.2 面向对象设计

面向对象的设计(Object-Oriented Design，OOD)主要是利用面向对象的技术建立能够集成产品设计和制造信息的产品定义模型，即面向对象的产品定义模型，在该模型的基础上实现系统的设计。面向对象设计将用面向对象分析所创建的分析模型转变为将作为软件构造的蓝图的设计模型。和传统软件方法不同，面向对象的设计实现一个完成一系列不同的模块性等级的设计。主要的系统构件被组织成为子系统的系统级“模块”，数据和操纵数据的操作被封装为对象——一种作为 OOD 系统的构造块的模块形式。此外，面向对象设计必须描述属性的特定数据组织和个体操作的过程细节，这些表示了面向对象系统的数据和算法片，从而可实现整体模块性。

1. 面向对象设计的目标和模型

面向对象的设计是对问题域外部可见行为的规格说明增添实际的计算机系统实际所需的细节，包括人机交互、任务管理和数据管理的细节。在面向对象的设计中，对象有更明确的定义。对象是问题域或者现实中一些东西的抽象，它反映系统为之保存信息和与它交互的能力，它是一些属性及其专用服务的一个封装体类：一个或多个对象的描述，或用一组属性和服务的形式来描述。此外，它可以描述如何创造该类的对象。从面向对象分析到面向对象的设计是一个累进的模型扩充过程。这种扩充主要以增加属性和服务开始，它有别于从数据流图到结构图所发生的剧变。

面向对象设计的独特性在于其基于 4 个重要的软件设计概念——抽象、信息隐藏、功能独立性和模块性建造系统的能力。所有的设计方法均力图建造有这些基本特征的软件。但是，只有面向对象设计提供了使设计者能够以较少的复杂性和折中达到所有这 4 个特征的机制才能实现。

由此，可以给出一个简单的定义：面向对象的设计是在面向对象分析模型基础上运用面向对象方法进行系统设计的，目标是产生一个符合具体实现条件的面向对象设计模型。有多种面向对象设计方法，这里主要以 Coad - Yourdon 方法为主进行介绍。

如图 3 - 19 所示，面向对象的设计模型由 4 个部分组成：问题域部分、人机交互部分、任务管理部分、数据管理部分。每一部分的设计都在对象层、属性层、服务层、关系层、包层 5 个层次上进行。因此，每一部分的设计实际上都包括识别类及对象、定义属性、定义服务、识别关系、识别包等 5 个部分的活动。

图 3 - 19　面向对象的设计模型

2. 面向对象设计的准则

在以前的软件设计中人们总结出几条基本原理，这些原理在进行面向对象设计时仍然成立，但是增加了一些与面向对象方法密切相关的新特点，从而具体化为下述面向对象设计准则。

(1)模块化。面向对象软件开发模式，很自然地支持了把系统分解成模块的设计原理：对象就是模块。它是把数据结构和操作这些数据的方法紧密地结合在一起所构成的模块。

(2)抽象。抽象表示对规格说明的抽象和参数化抽象。

(3)信息隐藏。在面向对象方法中，信息隐藏通过对象的封装性实现：类结构分离了接口与实现，从而支持了信息隐藏。对于类的用户来说，属性的表示方法和操作的实现算法都应该是隐藏的。

(4)弱耦合。在面向对象方法中，对象是最基本的模块，因此，耦合主要指不同对象之间朴素关联的紧密程度。弱耦合是优秀设计的一个重要标准，因为这有助于使得系统中某一部分的变化对其他部分的影响降到最低程度。当然，对象不可能是完全孤立的，当两个对象必须朴素联系、朴素依赖时，应该通过类的协议(即公共接口)实现耦合，而不应该依赖于类的具体实现细节。

(5)强内聚。设计中使用的一个构件内的各个元素，对完成一个定义明确的目的所做出的贡献程度。在设计时应该力求做到高内聚。在面向对象设计中存在下述 3 种内聚：

1)服务内聚。一个服务应该完成一个且仅完成一个功能。

2)类内聚。一个类应该只有一个用途。

3)一般-特殊内聚。设计出的一般-特殊结构，应该符合多数人的概念。

(6)可重用。软件重用是提高软件开发生产率和目标系统质量的重要途径。重用也叫再用或复用，是指同一事物不作修改或稍加改动就多次重复使用。重用是从设计阶段开始的。

重用有两方面的含义：一是尽量使用已有的类(包括开发环境提供的类库，及以往开发类似系统时创建的类)；二是如果确实需要创建新类，则在设计这些新类的协议时，应该考虑将来的可重复使用性。

软件成分的重用可以进一步划分成以下3个级别。

1)代码重用。

2)设计结果重用。设计结果重用指的是，重用某个软件系统的设计模型(即求解域模型)。这个级别的重用有助于把一个应用系统移植到完全不同的软/硬平台上。

3)分析结果重用。这是一种更高级别的重用，即重用某个系统的分析模型。这种重用特别适用于用户需求未改变，但系统体系结构发生根本变化的场合。

通过分析软件重用的效果发现，重用率越高，生产率并不一定就越高。仅当开发人员使用已有软件构件构造系统时，其工作效率比重新从底层编写程序的效率高时，重用率的提高才会促使生产率提高。可见，通过软件重用来提高软件生产率，并不是一件轻而易举的事情。软件构件的实用程序和程度，以及软件开发人员的素质、开发环境等因素，都直接影响软件重用的效果。事实上，自20世纪60年代以来，人们就开始研究软件重用技术，主要目的是大幅度提高软件生产率，降低软件成本。但是，多年来始终没能有效地实现软件重用，直到面向对象技术崛起之后，才为软件重用带来了新的希望。

3.面向对象设计的内容

采用面向对象方法设计软件系统时，面向对象设计模型(即求解域的对象模型)与面向对象分析模型(即求问题域的对象模型)一样，也由主题、类&对象、结构、属性、服务等5个层次组成。这5个层次表示的细节一层比一层多，我们可以把这5个层次想象为整个模型的水平切片。此外，大多数系统的面向对象设计模型，在逻辑上都由4大部分组成。这4大部分对应于组成目标系统的4个子系统，它们分别是问题域子系统、人机交互子系统、任务管理子系统和数据管理子系统。

(1)设计问题域子系统。通过面向对象分析所得出的问题域精确模型，为设计问题域子系统奠定了良好的基础，建立了完整的框架。只要可能，就应该保持面向对象分析所建立的问题域结构。通常，面向对象设计仅需从实现角度对问题域模型作一些补充或修改，主要是增添、合并或分解类&对象、属性及服务，调整继承关系等。当问题域子系统过分复杂庞大时，应该把它进一步分解成若干个更小的子系统。

现在介绍在面向对象设计过程中，可能对面向对象分析所得出的问题域模型的补充或修改。

1)调整需求。有两种情况出现需要调整需求：用户需求或外部环境发生了变化，分析员对问题的理解存在问题。无论哪种情况出现，通常都只需要简单地修改分析的结果，然后把这些修改的结果反映到问题域子系统中。

2)重用已有的类。代码重用从设计阶段开始，在研究面向对象分析结果时就应该寻找使用已有类的方法。若因为没有合适的类可以重用而确实需要创建新的类，则在设计这些新类的协议时，应考虑到将来的可重用性。

3)把问题域类组合在一起。在面向对象设计过程中，设计者往往通过引入一个根类而把问题域组合在一起，但这是在没有更先进的组合机制时才采用的一种组合方法。

4)增添一般化类以建立协议。在设计过程中常常发现，一些具体类需要有一个公共的协议，也就是说，它们都需要定义一组类似的服务（很可能还需要相应的属性）。在这种情况下可以引入一个附加类（例如，根类）。

5）调整继承层次。如果面向对象分析模型中包含了多重继承关系，然而所使用的程序设计语言却并不提供多重继承机制，则必须修改面向对象分析的结果。即使使用支持多重继承的语言，有时也会出于实现考虑而对面向对象分析结果作一些调整。

（2）设计人机交互子系统。在面向对象分析过程中，已经对用户界面需求作了初步分析，在面向对象设计过程中，则应该对系统的人机子系统进行详细设计，以确定人机交互的细节，其中包括指定窗口和报表的形式、设计命令层次等项内容。人机交互部分的设计结果，将对用户情绪和工作效率产生重要影响。

1）设计人机交互界面的准则。一致性，减少步骤，及时提供反馈信息，提供撤消命令，无须记忆，易学，富有吸引力。

2）设计人机交互子系统的策略。

①分类用户。为设计好人机交互子系统，设计者应该认真研究使用它的用户。设计者首先应该把将来可能与系统交互的部分按技能水平（新手/初级/中级/高级）、职务（总经理/经理/职员）、所属集团（职员/顾客）分类。

②描述用户。应该仔细了解未来使用系统的每类用户的情况，把获得的下列各项信息记录下来：用户类型，使用系统欲达到的目的，特征（年龄、性别、受教育程度、限制因素等），关键的成功因素（需求、爱好、习惯等），技能水平，完成本职工作的脚本。

③设计命令层次。设计命令层次的工作通常包含以下几项内容：研究现有的人机交互含义和准则；确定初始的命令层次，所谓命令层次，实质上是用过程抽象机制组织起来的、可供选用的服务的表示形式；精化命令层次，精化命令层次应考虑以下因素：次序、整体-部分关系、操作步骤。

④设计人机交互类。人机交互类与所使用的操作系统及编程语言密切相关。

（3）设计任务管理子系统。虽然从概念上说，不同对象可以并发地工作。但是，在实际系统中，许多对象之间往往存在相互依赖关系。此外，在实际使用的硬件中，可能仅由一个处理器支持多个对象。因此，设计工作的一项重点就是，确定哪些是必须同时操作的对象，哪些是相互排斥的对象。然后进一步设计任务管理子系统。

1）分析并发性。彼此间不存在交互，或者它们同时接受事件，则这两个对象在本质上是并发的。通过检查各个对象的状态图及它们之间交换的事件，能够把若干个非并发的对象归并到一条控制线中。所谓控制线，是一条遍及状态图集合的路径，在这条路径上每次只有一个对象是活动的。在计算机系统中用任务（task）实现控制线，一般认为任务是进程（process）的别名。通常把多个任务的并发执行称为多任务。

2）设计任务管理子系统。常见的任务有事件驱动型任务、时钟驱动型任务、优先任务、关键任务和协调任务等。设计任务管理子系统，包括确定各类任务并把任务分配给适当的硬件或软件去执行。

①确定事件驱动型任务。某些任务是由事件驱动的，这类任务可能主要完成通信工作。例如，设备、屏幕窗口、其他任务、子系统、另一个处理器或其他系统通信。事件通常是表明某些数据到达的信号。

②确定时钟驱动任务。某些任务每隔一定时间间隔就被触发以执行某些处理，例如，某些

设备需要周期性地获得数据,某些人机接口、子系统、任务、处理器或其他系统也可能需要周期性地通信。在这些场合往往需要使用时钟驱动型任务。

③确定优先任务。优先任务可以满足高优先级或低优先级的处理需求。高优先级:某些服务具有很高的优先级,为了在严格限定的时间内完成这种服务,可能需要把这类服务分离成独立的任务。低优先级:与高优先级相反,有些服务是低优先级的,属于低优先级处理(通常指那些背景处理)。设计时可能用额外的任务把这样的处理分离出来。

④确定关键任务。关键任务是关系到系统成功或失败的那些关键处理,这类处理通常都有严格的可靠性要求。

⑤确定协调任务。当系统中存在 3 个以上任务时,就应该增加一个任务,用它作为协调任务。

⑥确定资源需求。使用多处理器或固件,主要是为了满足高性能的需求。设计者必须通过计算系统载荷来估算所需要的 CPU(或其他固件)的处理能力。

(4)设计数据管理子系统。数据管理子系统是系统存储或检索对象的基本设施,它建立在某种数据存储管理系统之上,并且隔离了数据存储管理模式。

1)选择数据存储管理模式。文件管理系统、关系数据库管理系统、面向对象数据管理系统 3 种数据存储管理模式有不同的特点,适用范围也不同,其中文件系统用来长期保存数据,具有成本低和简单等特点,但文件操作级别低,为提供适当的抽象级别还必须编写额外的代码;关系数据库管理系统提供了各种最基本的数据管理功能,采用标准化的语言,但其缺点是运行开销大,数据结构比较简单;面向对象数据管理系统增加了抽象数据类型和继承机制,提供了创建及管理类和对象的通用服务。

2)设计数据管理子系统。设计数据管理子系统,既需要设计数据格式又需要设计相应的服务。设计数据格式包括用范式规范每个类的属性表以及由此定义所需的文件或数据库;设计相应的服务是指设计被存储的对象如何存储。

3.3.3 军用软件系统设计规格说明

1. 军用软件概要设计规格说明

1 引言
- 1.1 编写目的
- 1.2 项目背景
- 1.3 定义
- 1.4 参考资料

2 任务概述
- 2.1 目标
- 2.2 运行环境
- 2.3 需求概述
- 2.4 条件与限制

3 总体设计
- 3.1 处理流程
- 3.2 总体结构和模块外部设计
- 3.3 功能分配

4　接口设计

4.1　外部接口

4.2　内部接口

5　数据结构设计

5.1　逻辑结构设计

5.2　物理结构设计

5.3　数据结构与程序的关系

6　运行设计

6.1　运行模块的组合

6.2　运行控制

6.3　运行时间

7　出错处理设计

7.1　出错输出信息

7.2　出错处理对策

8　安全保密设计

9　维护设计

2. 军用软件详细设计规格说明

1　引言

1.1　编写目的

1.2　项目背景

1.3　定义

1.4　参考资料

2　程序系统的结构

3　程序 1(标识符)设计说明

3.1　程序描述

3.2　功能

3.3　性能

3.4　输入项

3.5　输出项

3.6　算法

3.7　流程逻辑

(1)信息查询模块

(2)数据维护模块

(3)系统管理模块

3.8　接口

3.9　存储分配

3.10　注释设计

3.11　限制条件

3.12　尚未解决的问题

4　程序 2(标识符)设计说明

⋮

3.3.4 军队院校教务综合管理系统设计

1. 设计问题域子系统

根据前一节需求分析的结果，进一步对问题域进行分析，为完成系统主要功能的对象/类提供实现途径，主要考虑以下几点：

(1)重用软部件。尽量将 OOA 模型中的类看作是类库中标准的子类，改造 OOA 模型中有普遍意义的类，以供将来重用。

(2)引入新父类，捕获公共性。简化软件结构，提高清晰度。

(3)调整继承结构以适应实现限制。多重继承改为单重继承。

(4)合并通信频繁、耦合度很高的对象/类，在对象/类中增加保存临时性结构的属性。

按照上述分析，下面以排课管理为例，对系统的详细设计加以描述，排课流程如图 3－20 所示。

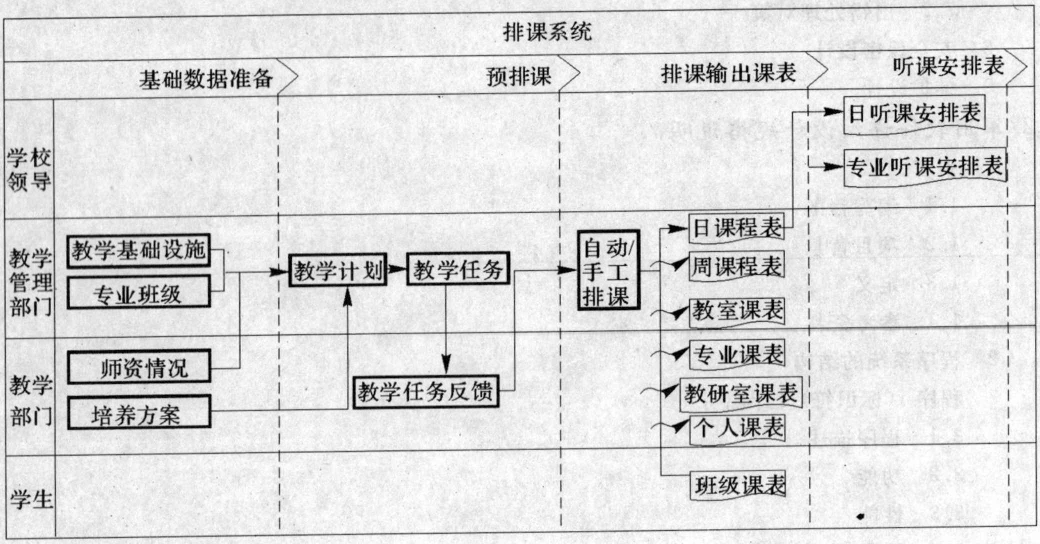

图 3－20 排课流程图

排课管理的模块图如图 3－21 所示。

排课管理实现整个学院每学期课表的安排。

该模块需要实现以下几个功能：

(1)人才培养方案管理。人才培养方案管理实现整个学院排课要求、教员信息及使用教材等方案的管理。该模块需要实现以下几个功能：

1)添加/导入人才培养方案。

2)人才培养计划导出及修改。

3)生成教学任务信息。

4)查询人才培养方案信息。

(2)排课管理。排课管理实现整个学院各个学期课表的安排。该模块需要实现以下几个功能：

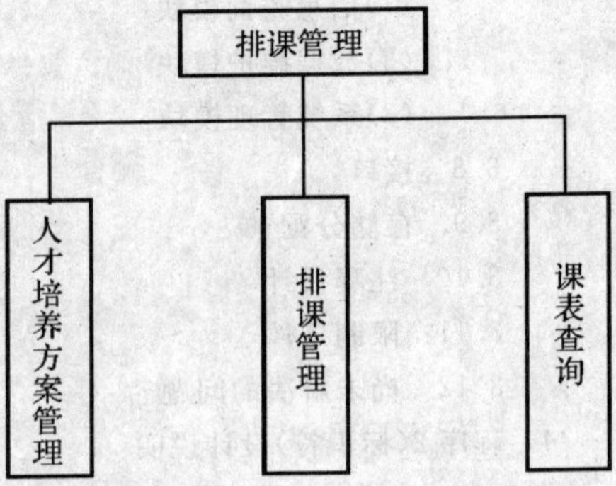

图 3－21 排课管理模块图

1)系统自动排课。

2)修改排课信息。

3)查询排课信息。

(3)课表查询。课表查询实现整个学院本学期的课表安排。该模块需要实现以下几个功能：

1)查询课表。

2)打印课表。

2.设计人机交互子系统

从以下 3 方面设计人机交互子系统：增加 UI 专用对象/类；增加它们与其他对象之间的消息传递与协调；通过原型开发和演示，改进 UI 设计。下面以教务综合管理系统中的公选课管理为例，对人机交互子系统进行描述。公选课管理流程如图 3-22 所示。

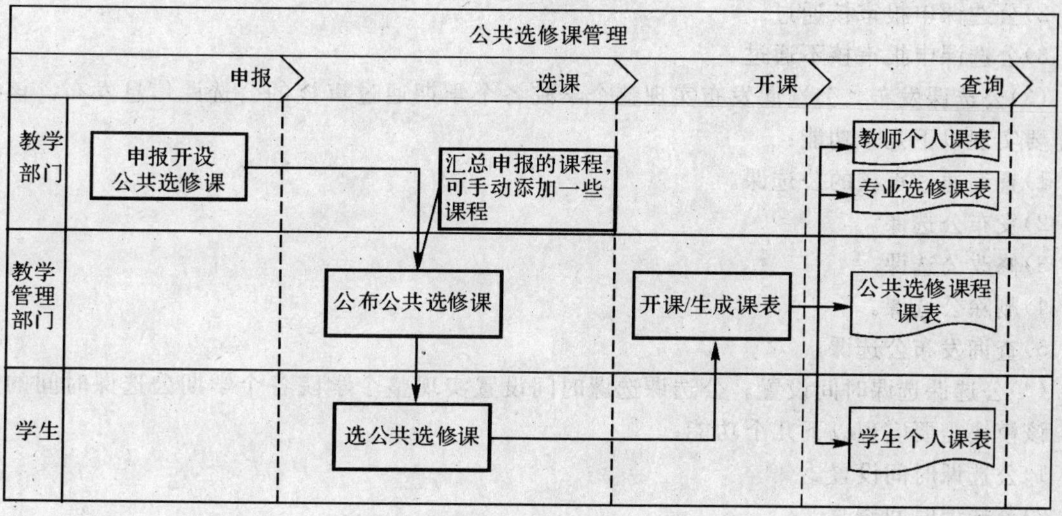

图 3-22　公选课管理流程

公共选修课管理的模块图如图 3-23 所示。

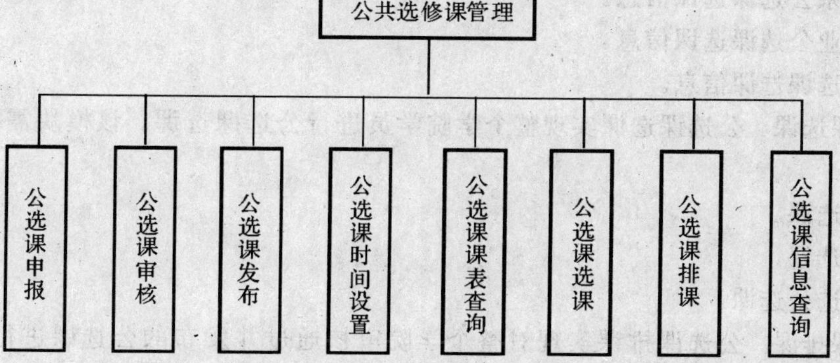

图 3-23　公共选修课管理模块图

公共选修课管理实现整个学院每个学期公共选修课的安排管理。该模块需要实现以下几个功能。

(1)公选课申报。公选课申报实现整个学院教学部分对公选课申报的管理。该模块需要实现以下几个功能:

1)公选课申请。

2)公选课申请修改。

3)公选课申请删除。

4)公选课申请查询。

(2)公选课审核。公选课审核实现整个学院新增公选课申请的审核管理。该模块需要实现以下几个功能:

1)查询公选课申报申请。

2)公选课申报审核通过。

3)公选课申报审核不通过。

(3)公选课发布。公选课发布实现整个学院各个学期通过审核的公选课信息发布。该模块需要实现以下几个功能:

1)查询通过审核的公选课。

2)发布公选课。

3)修改公选课。

4)删除公选课。

5)查询发布公选课。

(4)公选课选课时间设置。公选课选课时间设置实现整个学院各个学期公选课时间的安排。该模块需要实现以下几个功能:

1)公选课时间设置。

2)公选课时间修改。

(5)公选课选课信息查询。公选课选课信息查询实现整个学院公选课选课信息的查询。该模块需要实现以下几个功能:

1)查询全院公选课选课信息。

2)查询院系公选课选课信息。

3)查询专业公选课选课信息。

4)查询队选课选课信息。

(6)公选课选课。公选课选课实现整个学院学员进行公选课选课。该模块需要实现以下几个功能:

1)预选公选课。

2)退选公选课。

3)查询已选公选课。

(7)公选课排课。公选课排课实现对整个学院审核通过并发布的公选课进行排课管理。该模块需要实现以下几个功能:

1)新增公选课排课。

2)公选课排课修改。

3)公选课排课删除。

4)公选课排课查询。

(8)公选课课表查询。公选课课表查询实现对整个学院公选课课表进行查询。该模块需要实现以下功能:公选课课表查询。

3.设计任务管理子系统

对于多任务应用系统,通过任务管理部件可描述目标软件中各子系统之间的通信和协议。任务管理子系统是在多任务、多用户、多线程操作系统上开发软件系统的需要,它可以提高软件的可移植性。

4.设计数据管理子系统

数据管理子系统可以将目标软件系统中依赖于开发平台的数据存取部分与其他功能独立开来,以此提高系统的可移植性。

3.4　软件编码

编码又称程序设计,是软件生命周期中继系统设计之后的阶段。这个阶段的任务是使用选定的程序设计语言,把经过系统设计所得到的以程序设计说明书所体现的信息处理过程经描述后转换成能在计算机系统上运行的程序源代码。

3.4.1　面向对象编程(OOP)

面向对象实现主要包括两项工作:把面向对象设计结果翻译成用某种程序语言书写的面向对象程序,测试并调试面向对象的程序。

面向对象程序的质量基本上由面向对象设计的质量决定,但是,所采用的程序语言的特点和程序设计风格也将对程序的生成、可重用性及可维护性产生深远影响。

1.程序设计语言

(1)选择面向对象语言。采用面向对象方法开发软件的基本目的和主要优点是通过重用提高软件的生产率。因此,应该优先选用能够最完善、最准确地表达问题域语义的面向对象语言。

在选择编程语言时,应该考虑的其他因素还有:对用户学习面向对象分析、设计和编码技术所能提供的培训操作,在使用这个面向对象语言期间能提供的技术支持,能提供给开发人员使用的开发工具、开发平台,对机器性能和内存的需求,集成已有软件的容易程度。

(2)程序设计风格。

1)提高重用性。

2)提高可扩充性。

3)提高健壮性。

2.类的实现

在开发过程中,类的实现是核心问题。在用面向对象风格所编写的程序中,所有的数据都被封装在类的实例中,而整个程序则被封装在一个更高级的类中。在使用既存部件的面向对象系统中,可以只花费少量时间和工作量来编写软件。只要增加类的实例,开发少量的新类和实现各个对象之间互相通信的操作,就能建立需要的软件。

一种方案是先开发一个比较小、比较简单的类，作为开发比较大、比较复杂的类的基础。

(1)“原封不动”重用。

(2)进化性重用。一个能够完全符合要求特性的类可能并不存在。

(3)“废弃性”开发。不用任何重用来开发一个新类。

(4)错误处理。一个类应是自主的，有责任定位和报告错误。

3. 应用系统的实现

应用系统的实现是在所有的类都被实现之后的事。实现一个系统是一个比用过程性方法更简单、更简短的过程。有些实例将在其他类的初始化过程中使用，而其余的则必须用某种主过程显式地加以说明，或者当作系统最高层的类的表示的一部分。

在C++和C中有一个main()函数，可以使用这个函数来说明构成系统主要对象的那些类的实例。

3.4.2 面向对象的软件重用技术

重用并不是什么新的概念，重用意味着“再次使用某种东西”。事实上，人类在不断地重用已有的事物。例如，在工业上，大部分工程学科的项目都使用了重用技术，其设计过程几乎都是基于构件重用的，常常把其他系统使用的经过试验和测试的构件用于新系统。

我们总是不希望重新发明已经发明的东西。但是，在软件产业中，一直没有完全解决好“重新发明”的问题。多少年来，软件开发人员在开发不同的应用系统时，常常重复开发几乎相同的软件。

1. 软件重用的概念

重用又称为复用或再用，是指同一事物不作修改或稍加修改就多次重复使用。

重用技术被用于软件工程，一直是人们关注的热点之一。软件重用是降低软件成本、提高软件生产率和软件质量的有效途径。在过去的一段时期，软件重用解释为通用性好的程序可被多次使用。成熟的通用性好的程序可能会降低效率，增加复杂性，但可以带来可靠性、节省成本和提高软件产品的生产率。

为什么面向对象程序设计方法一问世就被人们所接受认可，并且得到广泛的推广应用呢？从技术上看，根据面向对象方法提供的继承性、委托机制、多态性以及类属等机制，使程序系统具有良好的重用性。例如，继承性可以在已有的类派生新类，使得软件系统容易扩充。代码重用减少重复劳动，从而提高软件的生产能力和生产效率，更有效地控制软件系统复杂性。

软件重用技术涉及多方面的知识，例如，可重用构件、分类学、重用支持系统、组装概念、方法学等。被重用的软件单元规模也有比较大的差异。

(1)应用系统重用。是指整个系统的重用，不作任何的修改就可以融合到另一个系统中，这常常被称为商业现成产品 COTS(Commercial Off the Shelf)，例如数据库系统。也可能通过开发应用系列来适应不同的平台或者面向特殊的委托单位，例如，不同的部队单位可能都需要一个库存管理系统来管理装备。

(2)构件重用。应用系统的构件规模从子系统到单个对象都可以重用。构件比对象(类)要更抽象，它能提供一个独立的服务，当一个系统需要一些服务时，就调用提供该项服务的构件，而不用了解该构件的内部结构。构件是一个独立运行的实体，构件需提供它的接口，所有的交互都是经过接口来完成的。基于构件的软件工程出现在 20 世纪 90 年代。近几年来，人们把基于重用构件的系统开发作为软件工程的实用开发方法。

(3)功能重用。实现单一功能的软件构件可以重用，例如，标准函数库提供的各种数学函数。

2. 软件重用的成分

必须认识到，软件重用不仅仅是源代码的重用，事实上，设计、计划、测试数据、文档等都可以重用。要意识到，软件开发早期阶段的软件需求分析就应该使用重用技术。

软件重用可分为知识重用、方法和标准重用、软件成分重用。

软件成分重用又可划分为3类：代码重用、设计结果重用和分析结果重用。具体重用技术可以考虑以下10种。

(1)项目计划。软件项目计划中的基本结构和内容，例如软件质量保证计划等。

(2)成本估计。软件成本估算是一个难题，在不同的项目中，经常存在相同的或类似的功能，所以，可以作适当的少量的修改，重用该功能的成本的估算。

(3)体系结构。在同一个领域的不同应用系统，其体系结构几乎是相同的。即使是不同领域，也很少有截然不同的体系结构，因此，可设计一组类属体系结构。利用类属类的生成技术，重用这些体系结构是相当理想的事，例如，事务处理的体系结构等。

(4)需求模型和规格说明。在面向对象的方法中，类和对象是很理想的重用构件。在面向数据流的分析方法中，例如用SA方法建造的分析模型里的数据流图，也是可以重用的。

(5)设计。可以对已有的设计方案进行归纳、抽象，再对它们作描述、分类，以获得一些可重用的设计模式。在面向对象的方法中，这是很明显的，例如继承性、组合和模板等。用传统方法开发的体系结构、数据、接口及过程，都是重用的候选对象。

(6)源代码。源代码的重用可能是谈论最多和应用最早的地方。这是很明显的，经过验证的程序模块是理想的重用构件。

(7)用户文档和技术文档。即使在不同的应用系统，也经常存在重用的用户文档和技术文档，问题是要把公共部分提取出来形成可重用的构件。

(8)用户界面。图形用户界面是经常被重用的。例如功能菜单、屏幕窗口、按钮等。

(9)数据。例如一些内部的表、记录结构、文件以及数据库等。

(10)测试用例。因为每一个构件都经过严格的测试，相应的测试用例也就属于该构件，自然也就可以重用了。

3.4.3 编码的风格

1. 程序内部的文档

程序内部的文档包括恰当的标识符、适当的注释和程序的视觉组织等。

(1)标识符的命名。标识符包括模块名、变量名、常量名、标号名、子程序名以及数据区名、缓冲区名等。这些名字的选取应含义鲜明，能正确地提示程序对象所代表的实体。这对于帮助阅读者理解程序是很重要的。例如，表示次数用times，表示总量用total等。名字的长度不应限制，但也不宜过长，太长了容易出错，应选择精炼且意义明确的名字，这样才能简化程序语句，改善对程序功能的理解。如果名字使用缩写，那么缩写规则应该一致，并且应该给每个名字加上注解，以方便阅读。

(2)程序的注释。程序的注释分为两种：序言性注释和功能性注释。

序言性注释通常安排在每个程序模块的起始部分，它是对程序的整体说明，对于理解程序本身具有引导作用。其格式如下：

有关本模块功能说明；

主要算法；

接口描述：包括调用形式、参数描述以及子模块清单；

有关数据描述：包括重要的变量及其用途、约束或限制条件，以及其他有关信息；

模块位置：在哪一个源文件中，或隶属于哪一个软件包；

开发简历：包括模块设计者姓名、复审人姓名、复审日期、修改日期及有关说明等。

功能性注释嵌入在源程序体内，用以描述其后的语句或程序段的处理功能。书写功能性注释，要注意以下几点：

①描述的对象是一段程序，而不是每一条语句。

②适当使用缩进和空行，使程序与注释容易区别。

③注释一定要准确。不准确的甚至是错误的注释不仅对理解程序毫无帮助，反而会妨碍对程序的理解。

(3)程序的视觉组织。程序中代码的布局对于程序的可读性也有很大影响。适当的利用空格、空行和移行能使程序的逻辑结构更加清晰。空格的合理应用还可以突出运算的优先性，避免发生运算的错误。

2. 数据说明

为了使数据更容易理解和维护，应遵循一些简单的原则：

(1)数据说明的次序应当规范化。

(2)当多个变量名在一个语句中说明时，应该按字母顺序排列这些变量。

(3)如果设计时使用了一个复杂的数据结构，则应注解说明用程序设计语言实现这个数据结构的方法和特点。

3. 语句构造

语句构造应遵循的原则是：每条语句应该简单而直接，不应为了片面追求效率而使代码变得过于复杂。并注意以下规则：

(1)不要为了节省空间而把多条语句写在同一行。

(2)尽量避免复杂的条件测试。

(3)尽量减少对“非”条件的测试。

(4)避免大量使用循环嵌套和条件嵌套。

(5)利用括号使逻辑表达式或算术表达式的运算次序清晰直观。

(6)用空格或可读的符号使语句的内容更加清晰。

(7)尽可能使用库函数。

(8)让编译程序作简单的优化。

4. 输入/输出

好的设计原则：

(1)对所有输入数据进行检验。

(2)检查输入项重要组合的合法性。

(3)保持输入格式简单。

(4)使用数据结束标记,不要要求用户指定数据的数目。

(5)明确提示交互式输入的请求,详细说明可用的选择或边界数值。

(6)当程序设计语言对格式有严格要求时,应保持输入格式一致。

(7)设计良好的输出报表。

(8)给所有输出数据加标志。

5. 效率

主要指处理机时间和存储器容量两个方面。好的编码可以提高效率,在进一步讨论这个问题之前,应该记住 3 条原则:

第一,效率是一个性能要求,因而应该在需求分析阶段确定代码效率方面的要求。

第二,通过好的设计可以提高效率。

第三,程序的效率和程序的简明程度是一致的,不应该为了提高代码效率而牺牲程序的清晰性和可读性。

效率的提高可以通过以下 3 个方面实现。

(1)提高程序运行时间。

1)写程序之前先简化算术的和逻辑的表达式。

2)仔细研究嵌套的循环,以确定是否有语句可以从内层往外移。

3)尽量避免使用多维数组。

4)尽量避免使用指针和复杂的表。

5)使用执行时间短的算术运算。

6)不要混合使用不同的数据类型。

7)尽量使用整数运算和布尔表达式。

(2)提高存储效率。

(3)提高输入/输出的效率。

3.5 软件测试

3.5.1 软件测试基础

测试是为了发现程序中的错误而执行程序的过程,测试阶段的基本任务是根据各阶段的文档资料和内部结构,精心设计一组"高产"的测试用例,利用这些用例执行程序,找出软件中潜在的各种错误和缺陷。测试包括模块测试(单调)、子系统测试(分调)、系统测试(联调)。

一般软件中存在的软件错误和缺陷主要有以下几种。

(1)采用语言编程时的句法错误。

(2)程序员对语言结构误解造成的错误。

(3)算法和逻辑上的缺陷和错误。

(4)近似算法引起的得不到精确的,甚至是错误结论的错误。

(5)由于错误的输入导致的程序错误。

(6)数据结构说明不当或实现中的缺陷造成的错误。

(7)由于系统(或模块)说明书的缺陷或对需求误解造成的错误。

1. 软件测试策略

设计有效的测试用例非常重要，用来执行它们的策略也同等重要。软件测试策略把软件测试用例的设计方法集成到一系列已经周密计划好的步骤中去，从而使软件的开发能够顺利完成。同时，软件测试策略还为软件开发人员、质量保证组织和委托单位提供了一个方案来描述测试的步骤以及这些步骤在计划和实施的过程中所需要的工作量、时间和资源。因此，任何软件测试策略都必须同测试计划、测试用例设计、测试执行和测试结果数据的收集与分析结合在一起。

软件测试策略应当具备足够的灵活性，以保证有足够的创造性和可塑性来应付软件系统中可能的变化，同时还必须保证足够严格地合理计划和跟踪管理项目的整个进程。因此，软件测试策略必须提供可以用来检验一小段代码是否正确实现的低层测试，同时也要提供能够检验整个系统的功能是否符合用户需求的高层测试。测试策略必须为使用者提供指南，同时也为管理者提供一系列重要的里程碑。测试的进度必须是可测量的，而且问题要尽可能早地暴露出来才好。

2. 传统软件测试过程

测试过程的步骤有4个，即单元测试、集成测试、确认测试和系统测试。图3-24显示出软件测试的过程。单元测试集中对用源代码实现的每一个程序单元进行测试，检查各个程序模块是否正确地实现了规定的功能；集成测试根据设计规定的软件体系结构，把已测试过的模块组装起来，在组装过程中检查程序结构组装的正确性；确认测试则是要检查已实现的软件是否满足了需求规格中确定了的各种需求，以及软件配置是否完全、正确；最后是系统测试，把已经经过确认的软件纳入实际运行环境中，与其他系统成分组合在一起进行测试。

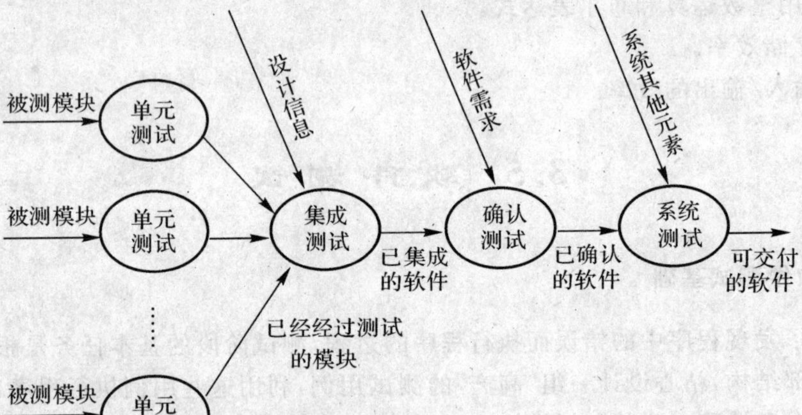

图3-24 软件测试的过程

(1)单元测试。单元测试也称模块测试，是针对最小的程序设计单元——软件组件或模块——来进行正确性的验证，目的在于发现各模块内部可能存在的各种缺陷。单元测试需要从程序的内部逻辑结构出发设计测试用例，所以通常情况下它是面向白盒的，而且这个步骤可以针对多个组件并行进行。

单元测试的内容包括：模块接口，局部数据结构，重要的执行通路，出错处理通路，影响上述各方面特性的边界条件。测试内容见表 3-14。

表 3-14　单元测试的内容

	测　试　要　点
模块接口	(1)参数数目和由调用模块送来的变元的数目是否相等？ (2)参数的属性和变元的属性是否匹配？ (3)参数和变元的单位系统是否匹配？ (4)传送给被调用模块的变元的数目是否等于那个模块的参数的数目？ (5)传送给被调用模块的变元属性和参数的属性是否一致？ (6)传送给被调用模块的变元的单位系统和该模块参数的单位系统是否一致？ (7)传送给内部函数的变元属性、数目和次序是否正确？ (8)是否修改了只做输入用的变元？ (9)全程变量的定义和用法在各个模块中是否一致？
输入/输出	(1)文件属性是否正确？ (2)打开文件语句是否正确？ (3)格式说明书与输入/输出语句是否一致？ (4)缓冲区大小与记录长度是否匹配？ (5)使用文件之前先打开文件了吗？ (6)文件结束条件处理了吗？ (7)输入/输出错误检查并处理了吗？ (8)输出信息中由文字书写错误吗？
局部数据结　构	(1)错误的或不相容的说明 (2)使用尚未赋值或尚未初始化的变量 (3)错误的初始值或不正确的缺省值 (4)错误的变量名字(拼写错或截短了) (5)数据类型不相容 (6)上溢、下溢或地址异常
计算中的常见错误	(1)计算次序不对或误解了运算符的优先次序 (2)混合运算(运算对象的类型彼此不相容) (3)变量初始值不正确 (4)精度不够 (5)表达式的符号表示错误
测试方案中的错误	(1)比较数据类型不同的量 (2)逻辑运算符不正确或优先次序的错误 (3)当由于精度问题两个量不会相等时，程序中却期待着相等条件的出现 (4)"差 1"错(即，多循环一次或少循环一次) (5)错误的或不存在的循环终止条件 (6)当遇到发散的迭代时不能终止循环 (7)错误地修改循环变量

续表

	测 试 要 点
评价出错处理时的常见错误	(1)对错误的描述是难于理解的 (2)记下的错误与实际遇到的错误不同 (3)在对错误进行处理之前,错误条件已经引起系统干预 (4)对错误的处理不正确 (5)描述错误的信息不足以帮助确定造成错误的位置

测试过程包括代码审查和测试软件。

1)代码审查。人工测试程序可以由编写者本人非正式地进行,也可以由审查小组正式进行。审查小组最好由 4 人组成:让有能力但没有直接参与这项工程的程序员作为组长,另外的 3 名组员分别是程序的设计者、程序的编写者和程序的测试者。

2)测试软件。为每个模块开发测试驱动软件,它好比一个主程序,它接收测试数据,把这些数据传送给被测试的模块,并且打印出有关的结果。

(2)集成测试。集成测试是通过测试发现和接口有关的问题来构造程序结构的系统化技术,其目标是在通过了单元测试的基础上,把所有模块按照设计要求组装成为一个程序系统,并证明组成被测应用的各个模块以正确、稳定和一致的方式进行对接和交互。

集成测试主要有两种方法:

1)非渐增式测试方法。先分别测试每个模块,再把所有模块按设计要求放在一起结合成所要的程序。

2)渐增式测试方法。把下一个要测试的模块同已经测试好的模块结合起来进行测试,测试完以后再把下一个应该测试的模块结合进来测试。

两种集成测试方法的比较:

1)非渐增式测试方法需要编写的软件较多,工作量较大;渐增式测试方法开销小。

2)渐增式测试方法发现模块间接口错误早,而非渐增式测试方法晚。

3)非渐增式测试方法发生错误,较难诊断;而使用渐增式测试方法,如果发生错误则往往和最近加进来的那个模块有关。

4)渐增式测试方法测试更彻底。

5)渐增式测试方法需要较多的机器时间。

6)使用非渐增式测试方法,可以并行测试。

在实际测试中,应该将两种方法有机集合起来。

(3)确认测试。确认测试侧重于从需求级别去发现错误——针对那些对终端用户立即可见的东西。所以确认测试有时又称有效性测试,其任务是验证软件的功能和性能及其他特性是否与用户的要求一致。在软件需求规格中描述了全部用户的合理期望,其中包括了“确认标准”的内容,这部分就形成了确认测试方法的基础。

软件确认通过一系列的证明软件功能和需求相一致的黑盒测试来达到。测试计划需列出要进行的测试种类,并定义为发现和需求不一致的错误而使用的详细测试用例的测试过程。这些计划和过程都是为了保证所有功能需求都得到满足、所有性能都达到要求、文档正确合理以及还要满足其他一些要求(譬如可移植性、兼容性、可维护性、错误的恢复功能)等。

确认测试阶段要做的工作如图 3－25 所示，测试完成并通过了专家鉴定之后才能成为可交付的软件。

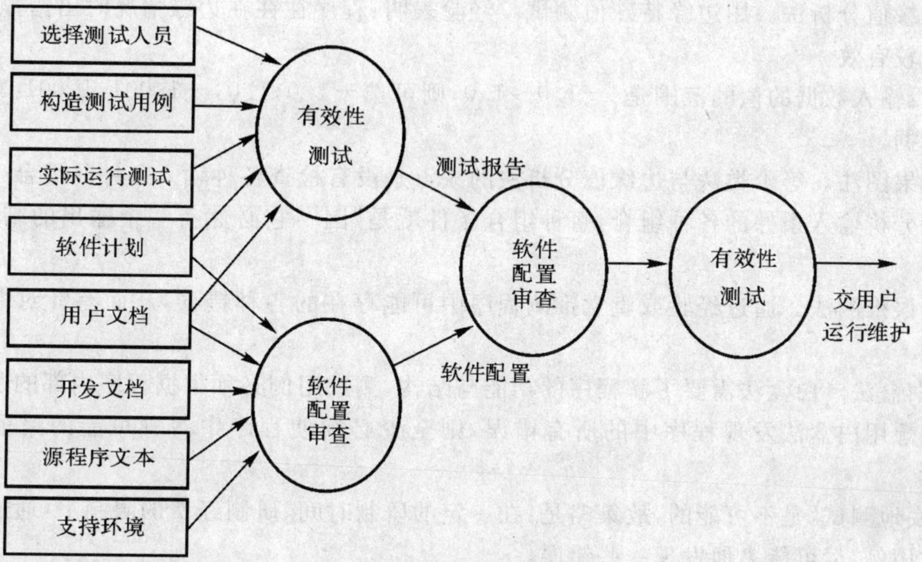

图 3－25　确认测试的步骤

(4)系统测试。在测试的最后阶段，要把通过确认测试的软件，作为整个基于计算机系统的一个元素，与其他的系统成分(计算机硬件、人员、支持软件、数据等信息)集成起来，在实际运行(或使用)环境下，进行一系列的系统集成和确认测试。系统测试实际上是对整个基于计算机的系统进行考验的一系列不同测试，以保证整个系统的成分能正常集成到一起并完成分配的功能。这些测试不属于软件工程过程的研究范围，而且也不只是由软件开发人员来进行的。但是，在软件设计和测试阶段采取的步骤能够大大增加软件在大的系统中成功集成的可能性。

系统测试的目的在于通过与系统的需求定义作比较，以发现软件与系统定义不符和或与之矛盾的地方。系统测试的测试用例应根据需求分析规约来设计，并在实际使用环境下来运行。一个软件工程师应当能够预料到潜在的接口问题并且设计测试所有从系统的其他元素来的信息的错误处理途径，在软件接口处进行一系列仿真错误数据或者其他潜在错误的测试，记录测试的结果，参与系统测试的计划与设计来保证系统进行了足够的测试。

3. *设计测试方案*

设计测试方案是测试阶段的关键技术问题。测试方案包括要测试的功能、应该输入的测试数据和预期的结果。

设计技术主要有两种方法：黑盒法与白盒法。一般用黑盒法设计基本的测试方案，再用白盒法补充一些方案。

(1)黑盒法。测试人员将程序看成是一个“黑盒”，即不关心程序内部是什么，只要检查程序是否符合它的“功能说明”。黑盒法可分为下列几种方法(关键在于确定测试数据)：

1)等价分类法。等价分类法是将输入数据的可能值分成若干“等价类”，每一类以一个代表性的测试数据进行测试，这个数据就等价于这一类中的其他数据。

该法的关键在于如何将输入数据分类。例如:输入的数据范围是1～999,可以划分为3类:x<1,1<=x<999,x>=999。

2)边缘值分析法。用边缘特殊值测试。经验表明:程序往往在边缘情况时出错,故测试边缘情况比较有效。

例如:输入数据的值的范围是:-1.0～1.0,则可选-1.0,1.0,-1.001,1.001等数据作为测试数据。

3)因果图法。等价类法与边缘值分析法的缺点是没有检查各种输入条件的组合。因果图法则着重分析输入条件的各种组合,每种组合条件就是"因",它必然有一个输出的结果,这就是"果"。

4)错误推测法。通过经验或直觉推测程序中可能存在的各种错误,从而有针对性地设计测试用例。

(2)白盒法。白盒法需要了解程序的功能与结构,测试用例必须根据程序内部的逻辑来设计。如果想用白盒法发现程序中的所有错误,则至少必须使程序中每种可能的路径都执行一次。

"彻底地测试"是不可能的,故策略是:在一定的研制时间、研制经费的限制下,通过执行有限的测试用例,尽可能多地发现一些错误。

白盒法又称为逻辑覆盖法,目前常用的覆盖法有:

1)语句覆盖。即每个语句至少能执行一次。

2)判定覆盖。判定覆盖又叫分支覆盖,含义是:每个判定的分支至少执行一次。

3)条件覆盖。即一个判断语句中往往包含了若干条件。通过给出测试用例,使判断中的每个条件都获得各种可能的结果。

4)判断/条件覆盖。选取足够多的测试数据,使判断中每个条件都取得各种可能值,并使每个判断表达式也取到各种可能的结果。

5)条件组合覆盖。使得每个判断中条件的各种可能组合都至少出现一次。

4. 实用测试策略

(1)在任何情况下都使用边界值分析的方法。

(2)必要时用等价划分法补充测试方案。

(3)必要时再用错误推测法补充测试方案。

(4)对照程序逻辑,检查已经设计出的测试方案。可以根据对程序可靠性的要求采用不同的逻辑覆盖标准,如果现有测试方案的逻辑覆盖程度没达到要求的覆盖标准,则应再补充一些测试方案。

注意:即使采用综合策略设计方案,仍不能保证测试会发现一切程序错误。

3.5.2 面向对象测试(OOT)

传统的测试计算机软件的策略是从"小型测试"开始,逐步走向"大型测试",即从单元测试开始,然后逐步进入集成测试,最后是有效性和系统测试。在传统应用中,单元测试集中在最小的可编译程序单位——子程序(如,模块、子例程、进程),一旦这些单元均被独立测试后,它被集成在程序结构中,这时要进行一系列的回归测试以发现由于模块的接口所带来的错误和新单元加入所导致的副作用,最后,系统被作为一个整体测试以保证发现在需求中的错误。

面向对象程序的结构不再是传统的功能模块结构，作为一个整体，原有集成测试所要求的逐步将开发的模块搭建在一起进行测试的方法已成为不可能。而且，面向对象软件抛弃了传统的开发模式，对每个开发阶段都有不同以往的要求和结果，已经不可能用功能细化的观点来检测面向对象分析和设计的结果。因此，传统的测试模型对面向对象软件已经不再适用。

面向对象的开发模型突破了传统的瀑布模型，将开发分为面向对象分析(OOA)、面向对象设计(OOD)和面向对象编程(OOP)3个阶段。针对这种开发模型，结合传统的测试步骤的划分，把面向对象的软件测试分为：面向对象分析的测试，面向对象设计的测试，面向对象编程的测试，面向对象单元测试，面向对象集成测试，面向对象系统测试。

1.面向对象分析的测试

传统的面向过程分析是一个功能分解的过程，是把一个系统看成可以分解的功能的集合。这种传统的功能分解分析法的着眼点在于一个系统需要什么样的信息处理方法和过程，以过程的抽象来对待系统的需要。而面向对象分析(OOA)是把E-R图和语义网络模型，即信息造型中的概念，与面向对象程序设计语言中的重要概念结合在一起而形成的分析方法，最后通常是得到问题空间的图表的形式描述。OOA直接映射问题空间，全面地将问题空间中实现功能的实例抽象化。将问题空间中的实例抽象为对象，用对象的结构反映问题空间的复杂实例和复杂关系，用属性和操作表示实例的特性和行为。对一个系统而言，与传统分析方法产生的结果相反，行为是相对稳定的，结构是相对不稳定的，这更充分反映了现实的特性。OOA的结果是为后面阶段类的选定和实现、类层次结构的组织和实现提供平台。因此，对OOA的测试，应从以下方面考虑：

(1)对认定的对象的测试。

(2)对认定的结构的测试。

(3)对认定的主题的测试。

(4)对定义的属性和实例关联的测试。

(5)对定义的服务和消息关联的测试。

2.面向对象设计的测试

通常的结构化的设计方法，用的是面向作业的设计方法，它把系统分解以后，提出一组作业，这些作业是以过程实现系统的基础构造，把问题域的分析转化为求解域的设计，分析的结果是设计阶段的输入。而面向对象设计(OOD)采用造型的观点，以OOA为基础归纳出类，并建立类结构或进一步构造成类库，实现分析结果对问题空间的抽象。由此可见，OOD不是在OOA上的另一思维方式的改造，而是OOA的进一步细化和更高层的抽象。所以，OOD与OOA的界限通常是难以严格区分的。OOD确定类和类结构不仅是满足当前需求分析的要求，更重要的是通过重新组合或加以适当的补充，能方便实现功能的重用和扩增，以不断适应用户的要求。因此，对OOD的测试，应从如下3方面考虑：

(1)对认定的类的测试。

(2)对构造的类层次结构的测试。

(3)对类库的支持的测试。

3.面向对象编程的测试

典型的面向对象程序具有继承、封装和多态的新特性，这使得传统的测试策略必须有所改变。封装是对数据的隐藏，外界只能通过被提供的操作来访问或修改数据，这样降低了数据被任意修改和读/写的可能性，降低了传统程序中对数据非法操作的测试。继承是面向对象程序的重要特点，继承使得代码的重用率提高，同时也使错误传播的概率提高。多态使得面向对象程序对外呈现出强大的处理能力，但同时却使得程序内“同一”函数的行为复杂化，测试时不得不考虑不同类型具体执行的代码和产生的行为。

面向对象程序是把功能的实现分布在类中。能正确实现功能的类，通过消息传递来协同实现设计要求的功能。因此，在面向对象编程(OOP)阶段，忽略类功能实现的细则，将测试的焦点集中在类功能的实现和相应的面向对象程序风格，主要体现为以下两个方面：

(1)数据成员是否满足数据封装的要求。

(2)类是否实现了要求的功能。

4.面向对象的单元测试

传统的单元测试的对象是软件设计的最小单位——模块。单元测试的依据是详细设计描述，单元测试应对模块内所有重要的控制路径设计测试用例，以便发现模块内部的错误。单元测试多采用白盒测试技术，系统内多个模块可以并行地进行测试。

当考虑面向对象软件时，单元的概念发生了变化。封装驱动了类和对象的定义，这意味着每个类和类的实例(对象)包装了属性(数据)和操纵这些数据的操作，而不是个体的模块。最小的可测试单位是封装的类或对象，类包含一组不同的操作，并且某特殊操作可能作为一组不同类的一部分存在，因此，单元测试的意义发生了较大变化。我们不再孤立地测试单个操作，而是将操作作为类的一部分。

5.面向对象的集成测试

传统的集成测试方式有两种：

(1)自顶向下集成。自顶向下集成是构造程序结构的一种增量式方式，它从主控模块开始，按照软件的控制层次结构，以深度优先或广度优先的策略，逐步把各个模块集成在一起。

(2)自底向上集成。自底向上测试是从“原子”模块(即软件结构最低层的模块)开始组装测试。

因为面向对象软件没有层次的控制结构，传统的自顶向下和自底向上集成策略就没有意义，此外，一次集成一个操作到类中(传统的增量集成方法)经常是不可能的，这是由于“构成类的成分的直接和间接的交互”。对OO软件的集成测试有两种不同策略，第一种称为基于线程的测试，集成对响应系统的一个输入或事件所需的一组类，每个线程被集成并分别测试，应用回归测试以保证没有产生副作用。第二种称为基于使用的测试，通过测试那些几乎不使用服务器类的类(称为独立类)而开始构造系统，在独立类测试完成后，下一层的使用独立类的类(称为依赖类)被测试。这个依赖类层次的测试序列一直持续到构造完整个系统。

6.面向对象的系统测试

通过单元测试和集成测试，仅能保证软件开发的功能得以实现，但不能确认在实际运行时，它是否满足用户的需要。为此，对完成开发的软件必须经过规范的系统测试。系统测试应该尽量搭建与用户实际使用环境相同的测试平台，应该保证被测系统的完整性，对临时没有的系统设备部件，也应有相应的模拟手段。系统测试时，应该参考OOA分析的结果，对应描述的对象、属性和各种服务，检测软件是否能够完全“再现”问题空间。系统测试不仅是检测软件的整体行为表现，从另一个侧面看，也是对软件开发设计的再确认。

面向对象测试的整体目标——以最小的工作量发现最多的错误——和传统软件测试的目

标是一致的，但是 OO 测试的策略和战术有很大不同。测试的视角扩大到包括复审分析和设计模型，此外，测试的焦点从过程构件（模块）移向了类。

不论是传统的测试方法还是面向对象的测试方法，都应该遵循下述的原则。

(1)应当把“尽早和不断地测试”作为开发者的座右铭。

(2)程序员应该避免检查自己的程序，测试工作应该由独立的专业的软件测试机构来完成。

(3)设计测试用例时，应该考虑到合法的输入和不合法的输入，以及各种边界条件，特殊情况下要制造极端状态和意外状态，比如网络异常中断、电源断电等情况。

(4)一定要注意测试中的错误集中发生现象，这和程序员的编程水平和习惯有很大的关系。

(5)对测试错误结果一定要有一个确认的过程。一般由 A 测试出来的错误，一定要由一个 B 来确认，严重的错误可以召开评审会进行讨论和分析。

(6)制定严格的测试计划，并把测试时间安排得尽量宽松，不要希望在极短的时间内完成一个高水平的测试。

(7)回归测试的关联性一定要引起充分的注意，修改一个错误而引起更多错误出现的现象并不少见。

(8)妥善保存一切测试过程文档，意义是不言而喻的，测试的重现性往往要靠测试文档。

3.5.3　军用软件测试文档

1　引言

　1.1　编写目的

　1.2　项目背景

　1.3　系统简介

　1.4　术语和缩写词

　1.5　参考资料

2　测试概要

　2.1　测试用例设计

　2.2　测试环境与配置

　2.3　测试方法和工具

3　测试结果及缺陷分析

　3.1　测试执行情况与记录

　　(1)测试组织

　　(2)测试时间

　　(3)测试版本

　　(4)测试结果

　3.2　覆盖分析

　　(1)需求覆盖

　　(2)测试覆盖

　3.3　缺陷的统计与分析

　　(1)缺陷汇总

　　　按严重程度

按缺陷类型

按功能分布

(2)缺陷分析

(3)残留缺陷与未解决问题

4 测试结论与建议

4.1 测试结论

4.2 建议

3.6 软件维护

现实生活中,要开发一个永远不需要变更的软件系统是不可能也不现实的,变更是所有软件工作普遍存在的问题。一旦系统投入运行,就意味着软件系统要不断进化以满足变更的需求。

变更可以是一种修改代码错误的简单变更、更正设计错误的较大范围的变更、对描述错误进行修正或者增加新需求的重大改进。软件变更可以考虑以下几个策略。

(1)软件维护。不改变软件的基本结构,仅对软件作局部性修改以响应变更的需求。

(2)体系结构转换。这是系统的体系结构发生彻底改变的重大的变更。例如,由原来以数据为中心的集中式的体系结构转换成分布式客户机/服务器体系结构。

(3)软件再工程。经过软件再工程使得系统更容易理解和变更(维护)。软件再工程可能包括一些结构的修改,但原则上,系统的体系结构不会改变太大,也不增加新功能。

3.6.1 软件维护基础

软件维护是在软件已交付用户使用后,为了改正错误,或者满足用户新的需求而修改软件的过程。软件维护一般不包括重大体系结构的修改。软件开发的实践过程告诉我们,维护工作量可能占了软件生命期整个工作量的 70% 以上。值得注意的是,软件维护不仅仅是修改程序中的错误。要进行软件维护的原因很多,以下几种情况是值得考虑的。

(1)修改软件中的错误。

(2)软件运行环境发生了变化。

(3)用户要求增加软件新的功能或提高软件的性能。

按照维护的性质,软件维护主要分为以下 4 类。

(1)纠错性维护。诊断和改正软件系统中潜伏下来的错误,这样的活动称为纠错性维护。这是一种修补软件缺陷的维护。我们知道,软件测试是在有限的时间和经费限制的前提下进行的,由于受到测试技术和手段的限制,显然,不管经过了多少次严格的测试,仍然不足以发现所有的错误,必然有一部分错误被隐藏下来,这些错误在某一些特定的使用环境下会暴露出来,甚至会导致软件系统发生严重故障。为了软件系统的正常运行,需要进行纠错性维护。

(2)适应性维护。这是一种使软件适应不同操作环境的维护。为了适应新环境的变化而修改软件的活动称为适应性维护。随着计算机的不断发展,软件系统的运行环境可能发生了变化。例如,硬件设备的更新换代,安装了新的操作系统等等。这时,需要进行适应性维护。

(3)完善性维护。这是一种增加或修改系统功能的维护。为了改善、加强系统的功能和性能,以满足用户新的要求,这样的维护活动称为完善性维护。软件在经过一段时间的正常运行后,用户往往会提出一些新的功能和性能要求,以扩充软件功能,增强软件的性能,使得软件具有更好的可维护性。

(4)预防性维护。预防性维护是为了改善软件系统的可维护性和可靠性,以便减少今后对它们维护所需要的工作量,为以后进一步改进软件打下良好的基础。预防性维护定义为"把今天的方法学用于昨天的系统以满足明天的需要"。采用先进的软件工程方法对需要维护的软件进行重新设计、编制、测试等。

据统计,在整个软件维护过程中,预防性维护只占很小的比例,完善性维护工作量最大,占了整个维护工作量的 50%,适应性维护占了整个维护工作量的 25%,纠错性维护占了整个维护工作量的 20%,如图 3-26 所示。软件维护工作是复杂而又艰巨的。由于软件在漫长的使用过程中,不断地发现和排除错误,以及适应新的要求,有时候,因为修改程序不正确而产生新的错误。所以,如何提高软件的可维护性,降低软件的维护成本,依然是软件工程要研究和解决的重要问题之一。

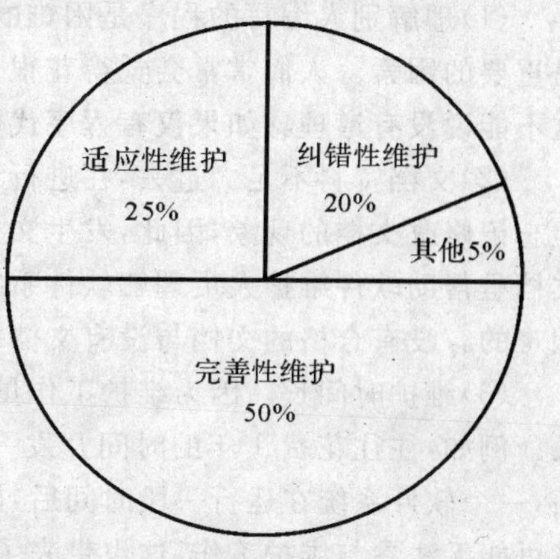

图 3-26　软件维护工作量

由于修改软件而引起新的错误称为软件维护的副作用。这些新的错误又有可能潜伏下来。软件维护的副作用主要有以下 3 种。

(1)修改代码产生的副作用。在一个地方发现错误后,要修改程序代码,而修改一段程序代码可能波及别处,由此产生新的错误。

(2)修改数据产生的副作用。由于修改了数据结构(例如,数据文件的结构等),导致软件设计与数据不一致,带来不良后果。

(3)文档产生的副作用。往往会出现这样一种现象,当发现错误后,程序员马上修改程序代码,但没有及时修改文档,这样,便产生程序代码与文档不一致,给以后的技术人员再阅读文档时带来很大的困难。

因此要求每次维护完成后,复审整个配置,减少文档的副作用。

由于软件维护会产生副作用,所以,经过修改后的软件,在提交给用户之前,应该进行确认和测试,以确保整个系统的正确性。

(1)静态确认。在软件修改时,可能会产生新的错误,为此,要进行必要的检查。例如,修改是否与规格说明有关,修改结果是否符合规格说明的要求,对规格说明是否有歪曲,程序的修改是否改正了软件中的问题,修改后的程序是否产生逻辑上的错误,修改部分是否因波及其他部分而产生副作用。

(2)计算机确认。通过计算机对修改的程序进行确认测试。例如,要确认测试的顺序,首先测试经过修改的部分,再测试没有修改的部分,然后,把它们集成起来测试;准备好标准的和有效的测试用例；充分利用软件工具帮助测试；在确认测试过程中，邀请用户参加。

(3)文档验收。经过修改的软件交付给用户前，维护主管部门要检查文档。例如，所有的文档是否完备，是否更新，文档与程序是否一致；全部测试用例和测试结果是否都正确记载；软件配置是否都有了副本；维护的工序和责任是否已经确定。

造成软件维护困难的原因是多方面的。目前，软件维护面临的问题主要有以下几方面。

(1)理解别人编写的程序是困难的。要进行软件的有效维护，软件具有可读性和可理解性是重要的因素。人们常常会觉得花很长的时间去读懂别人编写的程序，倒不如自己重新编写。这不能说没有道理。如果仅有程序代码而没有文档资料，情况会更糟糕。

(2)文档资料不足。过去，在进行程序的测试与排错过程中，往往会出现修改了程序代码但忘记修改文档的现象，因此，发生文档不完备或者文档与程序代码不一致的情况时有发生。文档是帮助软件维护人员理解软件系统的重要资料，没有足够的文档资料的软件维护工作是困难的。没有合格的文档与没有文档一样糟糕。

(3)维护时间长。因为维护工作量占软件整个工作量的 70% 以上，这意味着维护时间很长。例如，往往花费 1 年的时间开发一个项目，需要 1 年或更长的时间来进行维护。另一方面，一个软件系统在运行一段时间后，因为种种原因，当提出软件需要维护时，该软件开发的人员可能无法参与维护工作，这也带来了一定的困难。因为软件开发人员对自己开发的软件比较熟悉，则维护工作相对地就变得容易一些。如果维护人员不是开发人员，则维护人员一方面要花相当长的时间来熟悉该软件系统；另一方面，当时使用的开发工具、方法与技术可能与现在的不同，甚至差异很大，也许系统依赖的原来的工具再也找不到了，再者，软件维护人员要熟悉和掌握这些开发工具、方法与技术，也要花相当长的时间。

(4)软件设计时可能没有考虑将来的维护。由于没有采用好的开发方法或没有严格的软件管理，尤其是早期，绝大多数软件在设计时没有考虑到软件需要维护，这类软件往往只是强调软件的正确性，具有较强的“个人技巧”的特征。所以，软件的修改既困难又容易发生错误。

(5)通常软件开发人员不愿意参加维护工作。软件开发人员开发和建造一个软件系统，具有很强烈的成就感。也许没有谁会认为软件维护工作是一项吸引人的工作。有谁会主动参加一项自己不曾参与开发的软件维护工作呢？造成这种观念，很大程度上是因为软件维护是复杂又困难的工作，经常会受到挫折。

3.6.2 软件维护过程

软件维护过程又称为软件维护活动。由于在软件的运行过程中，需要不断地进行修改和完善，维护工作量逐年上升。软件维护过程与软件类型、软件开发过程以及人员因素有着密切的关系。

软件维护过程由一系列变更请求触发。变更请求可能来自系统用户、管理层或者客户。对变更请求经过成本和影响分析评估，一旦变更请求获得批准，就要对系统规划一个新版本，然后实现这个变更。软件维护过程的参考模型如图 3-27 所示。

1. 维护工作量

在系统的维护过程中，需要花费很大的工作量，这关系到软件的维护成本问题。与软件维护工作量有关的因素主要有以下几点：

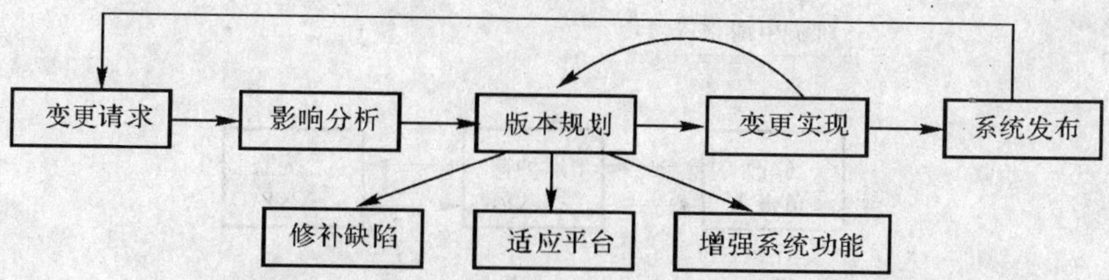

图 3-27　软件维护过程模型

(1)系统的大小。通常，系统越大和越复杂，维护人员要阅读和理解该软件就越困难，因此，需要的维护工作量就越大。

(2)程序设计语言。使用功能强的程序设计语言，可以比较好地控制程序的规模，所生成的指令数也比较少；反之，使用的语言功能差，实现相同的功能所需的语句就越多，相应的程序就越大。早期，很多软件使用的程序设计语言较落后，所编写的程序逻辑性混乱，又没有做到模块化和结构化，导致程序的可读性差，软件很难维护。

(3)系统的年龄。早期的老系统也叫遗留系统，它的设计结构可能很差，编码也很糟糕，可能没有文档，或者文档太少。另一方面，随着软件的不断修改，系统结构变得越来越乱，长期的维护过程使得文档与程序不一致，程序也变得越来越难理解。所以，老系统需要更多的维护工作量。

(4)数据库技术的应用。近年来，数据库技术越来越成熟，在数据管理的应用领域中起着非常重要的作用。使用数据库可以简单有效地存储和管理程序中的数据，数据库工具可以很方便修改和扩充报表等，因此，数据库技术的应用可以减少维护工作量。

(5)先进的软件开发技术。在软件开发中，如果使用了比较先进的开发方法和技术，例如，构件技术、生成技术、面向对象技术、重用技术等，将大大减少软件的维护工作量。

(6)其他因素。例如，在程序中使用的数学模型、任务的难度、IF 嵌套的深度开关和标记等，都对维护工作有影响。

用于维护的工作量可以分成生产性活动和非生产性活动。例如，分析评价、修改设计和实现的源代码等是生产性活动；理解程序的功能、解释与判断数据结构、接口特点、性能的限度等是非生产性活动。

维护工作量可以用一个模型表达为

$$M = P + K \times \exp(c - d)$$

其中，M 是维护的工作量；P 是生产性工作量；K 是经验常数；c 是因为缺乏好的方法和文档而导致软件的复杂度；d 是维护人员对软件熟悉的程度。

该模型说明，如果没有一个好的软件开发途径，原来的开发人员不能参加维护工作，则维护工作量将按指数级增加。

2. 软件维护组织

通常并不需要建立一个正式的维护机构，在一个维护过程中，每一位参加维护的人员都要明确自己的责任，为了减少维护过程的混乱，建立一种非正式的组织还是有必要的。软件维护组织如图 3-28 所示。

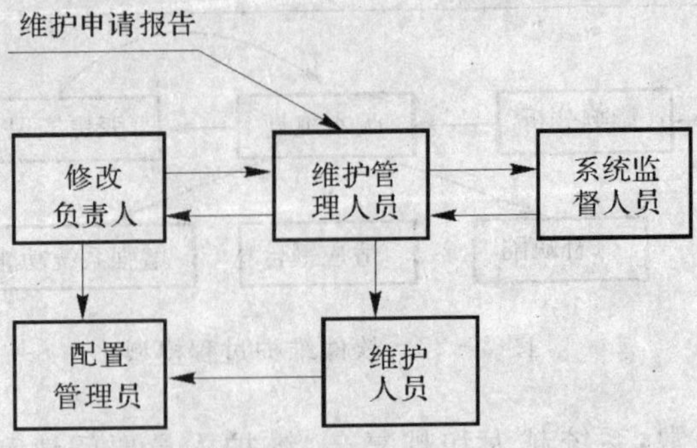

图 3-28　软件维护组织

3. 软件维护报告

应该用标准的格式提出软件维护的申请。维护申请报告是由软件组织外部提交的文档，它是软件维护工作的基础。维护组织接到的申请报告由维护管理员和系统监督员来研究处理。

软件维护申请报告应说明产生错误的情况，如输入的数据、错误的清单等。如果是适应性和完善性维护，则要提供详细的修改说明。软件维护组织应相应地做出修改报告。内容包括：

(1)所需要修改的性质。

(2)申请修改的优先级。

(3)为满足某一项维护申请所需要的工作量。

(4)预计修改后的状况。

4. 软件维护流程

软件维护流程如图 3-29 所示。

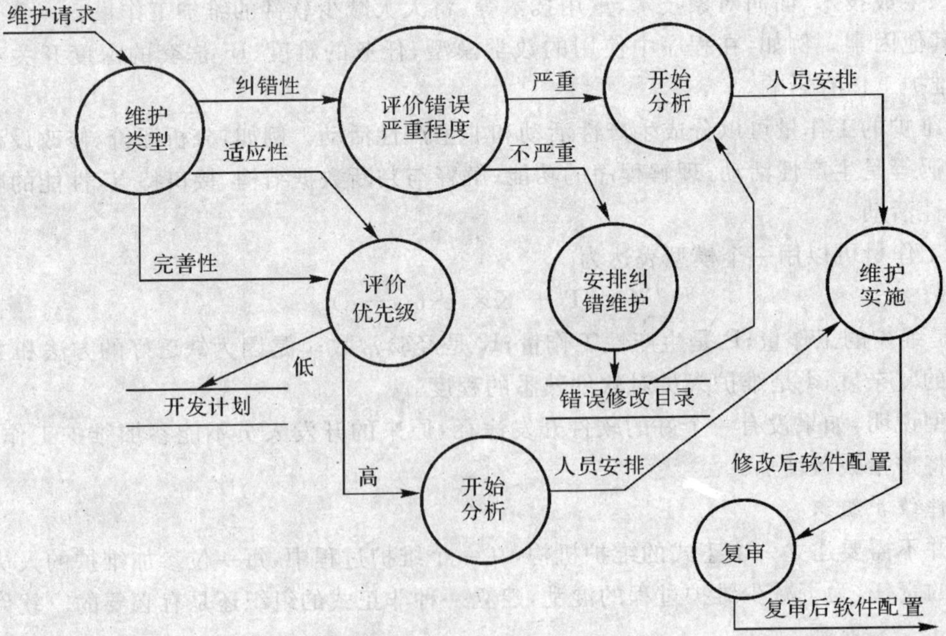

图 3-29　软件维护流程图

5. 软件维护记录

为了估计软件维护的有效程度，应该做好维护记录。记录的内容可考虑以下的项目：

(1)程序标识(名称)。

(2)源程序行数。

(3)机器指令条数。

(4)所用的程序设计语言。

(5)程序安装的日期。

(6)程序安装后运行的次数。

(7)程序安装后失败的次数。

(8)程序改变的层次及名称。

(9)修改程序所增加的源程序行数。

(10)修改程序所减少的源程序行数。

(11)每次修改所付出的“人时”数。

(12)程序修改的日期。

(13)软件维护人员的姓名。

(14)维护申请报告的标识(名称)。

(15)维护类型。

(16)维护的开始时间和结束时间。

(17)累计用于维护的“人时”数。

(18)完成维护任务的纯收益。

6. 软件维护评价

如果已具有软件维护记录，则可以对维护工作进行评价。可供参考的度量值是：

(1)程序每次运行的平均失效次数。

(2)各类维护活动所花费的总“人时”数。

(3)每个程序、每种语言、每种维护类型所作的程序变动平均数。

(4)因为维护而增加或删除一个源程序语句，平均花费的“人时”数。

(5)维护每一种语言的程序所花费的“人时”数。

(6)维护申请报告的平均处理时间。

(7)各类维护申请的百分比。

根据这些度量指标，可以对开发技术、语言的选择、维护工作计划、资源分配等进行多方面的评价。

3.6.3　软件可维护性

有很多原因造成软件维护成本的上升，其中，软件的文档和源程序难理解和难修改是一个重要的原因。为了减少软件维护的困难，降低软件维护成本，人们一直追求软件的可维护性。

1. 软件的可维护性度量

软件可维护性是指纠正软件系统出现的错误和缺陷，以及为满足新的要求进行修改、扩充或压缩的容易程度(维护人员理解、改正、改动和改进软件的难易程度)。影响可维护性的因素很多，可以用 7 个特性来度量软件的可维护性。

(1)可理解性。可理解性表明人们通过阅读源代码和相关的文档，了解程序功能以及如何运行的难易程度，如模块化、程序设计风格、程序结构化、完整性等。

(2)可靠性。可靠性表明一个程序按照用户的要求和设计目标，在给定的一段时间内正确执行的概率。可靠性是度量软件整体质量的一个重要指标之一。如果一个软件系统在运行期间频繁地出错，毫无疑问，它的可靠性就很差。影响软件可靠性的原因主要来自于设计。

(3)可测试性。可测试性表明论证程序正确性的容易程度。一个可测试程序应当是可理解的、可靠的、简单的。因为程序越简单，要证明它的正确性就越容易。要设计有效的和合适的测试用例，重要的是要理解程序。然而，是否能对软件进行完全的测试，直接影响到软件产品的质量。

(4)可修改性。软件可修改性表明程序容易修改的程度。一个可修改的程序，应该具有可理解性、通用性、灵活性等。通用性是指程序适用于各种功能变化而无须修改，灵活性是指能够容易地对程序进行修改。

(5)可移植性。软件可移植性表明程序能转移到另一个新环境的可能性大小，或者表明程序可以容易地、有效地在各种各样的计算环境中运行的容易程度。一个可移植的程序应具有良好的结构和灵活性，即不依赖具体的硬件环境或操作系统。

(6)效率。软件的效率表明了一个程序能完成预定的功能，但又不浪费资源的程度。这些资源可以包括机器的内存容量、外存容量、通道容量，以及执行时间等。

(7)可用性。软件的可用性定义为程序方便、实用、易使用的程度。例如，界面友好、具有在线帮助功能、容错性好等，不因为用户的误操作而陷入混乱状态。

2.提高软件可维护性的途径

软件的可维护性对于延长软件的生存期具有重要意义，因此，应该提高软件的可维护性。可以考虑以下6个方面：

(1)建立明确的软件质量目标和优先级。已经知道，可维护软件应具有可理解性、可靠性、可测试性、可修改性、可移植性、效率高、可用性等目标。在这些目标中，有些是互相促进的，例如可理解性与可测试性，可理解性与可修改性等；另一些质量目标是互相冲突的，例如效率与可移植性，效率与可修改性等。要实现全部目标并不容易，而且，不同领域的程序对这些目标要求也不同，因此，可以规定它们的优先级，根据不同应用领域和不同环境，追求相对重要的质量目标。

(2)使用提高软件质量的方法、工具和技术。近年来，提高软件质量的技术和工具越来越多，也越来越成熟。例如模块化、结构化程序设计，面向对象程序设计，软件构件和重用技术，软件生成技术等。使用好的和成熟的工具和技术，是全面提高软件质量的有效方法，从而达到提高软件可维护性的目的。

(3)进行明确的质量保证审查。从项目管理的角度看，软件质量保证的有效措施之一是建立严格的审查。例如，在传统的软件生命周期模型中，建立阶段性审查以及检查点：在完成软件需求分析后，进行分析复审，重点检查软件的可靠性、可适用性等；在完成软件设计任务后，进行设计复审，重点检查软件的可理解性、可修改性、可测试性等；在完成编码任务后，重点检查软件的可理解性、可修改性、可移植性和有效性等；在完成软件测试任务后，重点检查软件的可靠性、有效性等。

(4)选择维护性好的程序设计语言。在软件开发过程中，应该根据不同的应用领域和解决的不同问题，选择合适的程序设计语言。选择维护性好的程序设计语言对提高软件的可维护性是非常关键的。通常，低级语言很难理解而且很难掌握，因此，用这类语言编写的软件也很难维护；高级语言比低级语言容易理解和学习，用高级语言编写的软件具有更好的可维护性。高级语言有很多种，不同的高级语言，它们的可理解程度也不同。第四代语言（例如查询语言、图形语言、报表生成等）具有更好的可理解性，用这类语言编写的软件更容易理解和修改。程序设计语言对软件可维护性的影响如图 3－30 所示。

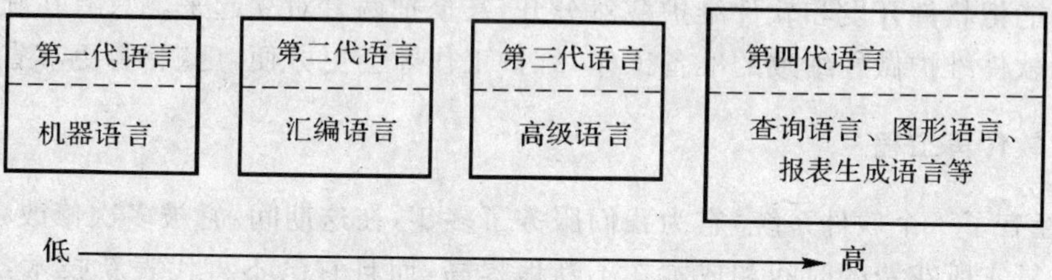

图 3－30　程序设计语言对软件可维护性的影响

（5）改进程序的文档。文档是软件的重要组成部分，文档是对软件系统的目标、设计、实现以及系统各个部分之间的关系等的说明。文档对提高软件的可理解性有着重要作用。

近年来，人们已经意识到，合格的、完备的文档是建立软件可维护性的基本条件。尽管是一个简单的程序，要想有效地、高效地维护它，也需要相应的文档来解释。维护人员必须阅读和理解文档，才能更有效地维护软件。

软件文档的意义主要体现在以下几点。

1）软件具有好的和完备的文档容易操作，因为，它能增加软件的可读性和可使用性。不正确的和残缺的文档比没有文档更糟糕。

2）好的文档意味着简洁，风格一致，易于更新，规范化和符合标准。

3）在程序代码的适当位置插入注解，可以提高对程序自身的理解，程序越长、越复杂，这种需要就越迫切。

另一方面，历史文档也具有一定的重要性。在软件维护过程中，利用历史文档，可以简化维护工作，降低软件维护的难度。例如，通过文档了解软件系统原来的设计思想和技术等，指导维护人员选择适当的方法，制定合理的维护方案，不至于盲目修改程序而危及整个系统的完整性。

历史文档主要有：

1）系统开发日志。它记录了项目的开发原则、开发目标、优先次序、选择某一种设计方案的理由、决策与策略、使用的技术和工具、开发过程出现的问题、计划成功和失败之处等。系统开发日志对软件维护人员了解系统开发过程是必要的。

2）错误记载。它把出错的历史情况记录下来。这类文档对于预测软件今后可能发生的错误类型及出错频率有很大的帮助，也有助于维护人员查找故障出现的位置，方便修改；通过错误记载文档能够对发生的错误进行统计和跟踪，可以更合理地评价软件的质量，以及有利于研究软件质量度量标准和软件方法的有效性。

3）系统维护日志。它记录了在维护过程中有关软件修改的信息，如修改的宗旨、修改的策略、要解决的问题、问题所在的位置、解决问题的办法、修改要求和说明、注意事项、新版本的说明等。系统维护日志有助于了解软件修改的思维过程，便于进一步了解修改的内容和修改带来的影响。

(6)软件开发时应考虑维护。在过去的许多软件中，由于各种各样的原因，软件开发人员往往考虑比较多的问题是确保软件的功能、性能、运行环境、按时完成等，没有考虑或很少考虑将来的维护。为了提高软件的可维护性，减少软件维护工作的困难，在软件开发时就应该考虑维护问题，不能把软件开发和软件维护截然分开，甚至把两者对立起来。只有在软件开发过程中，为以后的软件维护做好细致的准备工作，维护工作才会更方便，更顺利，更节省成本。

3.6.4 软件再工程

假设已经有了一个软件系统，它为我们服务了多年，在这期间，它被多次修改，经常出现故障，渐渐地修复它所花费的时间和成本在不断地提高，而且它已不再代表新技术，也不能适应新的业务需求了。这时，需要重建这个系统，使它具有更多的功能、更好的性能、更好的可靠性以及更好的可维护性等。

软件再工程(再生)是软件工程中的一类重新构建活动，它能够增进我们对软件的理解，提高软件自身的可维护性、重用性和演化性等。

再工程与新软件开发之间的重要差别在软件的开发起点上。如果把传统的新软件开发称为正向工程，那么，它开始于系统描述(包括设计和实现)。而再工程开始于已有的系统，不再从系统描述开始，开发过程基于对旧系统的理解和转换，把旧系统作为目标系统的描述。新系统正向工程和软件再工程的区别如图 3-31 所示。

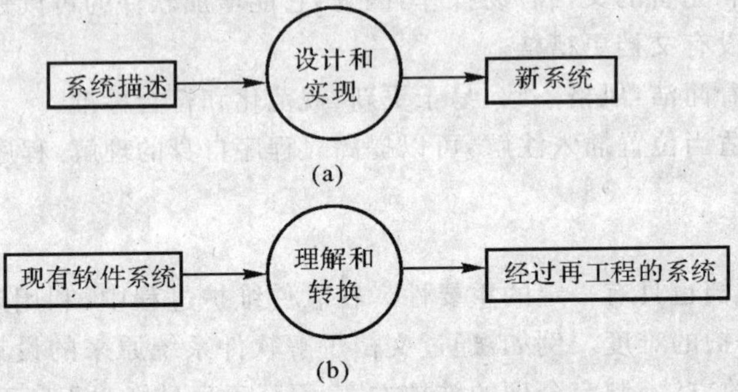

图 3-31 新系统正向工程和软件再工程的区别

(a)新系统正向工程； (b)软件再工程

1. 软件再工程活动

软件再工程主要有 6 类活动，它们是库存目录分析、文档重构、逆向工程、代码重构、数据重构、正向工程。这些活动并不是按线性顺序进行的，例如，有可能文档重构之前必须进行逆向工程。软件再工程过程模型如图 3-32 所示。

(1)库存目录分析。作为一个历史文档，每一个软件组织都应该保存一个记录了软件系统的各种信息的库存目录。通过对库存目录的分析，得到再工程的候选对象，然后，根据这些再工程的候选对象分配资源，并确定它们的优先级。

(2)文档重构。文档的贫乏是许多老系统普遍存在的问题。要改变这种情况并不容易，因为建立文档是非常耗费时间的。如果系统能正常运行，则可以保持现状，在某种意义上，这是正确的方法，人们不可能为数百个程序系统重建文档。当系统发生变化时，文档要更新，而且必须进行重构。在文档重构的情况下，明智的方法是设法将文档工作减少到必需的最小量。也许不需要重构整个系统的文档，而是对系统当前正在进行改变的那部分建立完整的文档，随着时间的推移，逐步建立一套完备的相关文档。

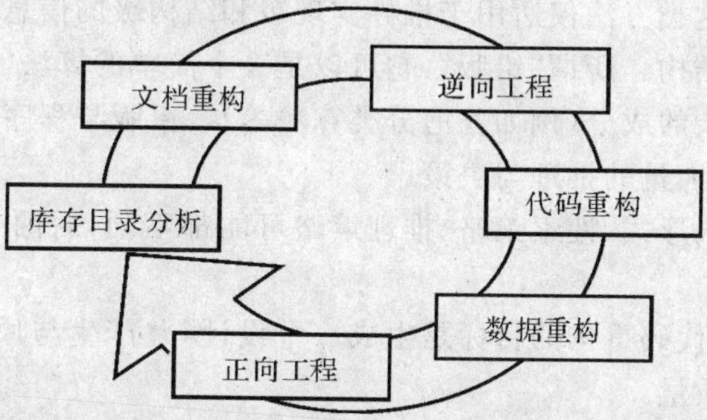

图 3－32　软件再工程过程模型

(3)逆向工程。逆向工程或者称为反向工程，是以复原软件的描述和设计为目标的一个分析过程。一般地，将软件某种形式的描述转换成更为抽象的形式的活动都可理解为逆向工程。

软件再工程过程可以借助于逆向工程来复原程序设计，以便重组系统的结构之前更好地理解程序。例如，有一些程序是多年以前开发出来的，它们可能没有规格说明、设计、测试等技术文档，人们对这些程序很难理解。软件的逆向工程就是分析已有的程序，寻求比源程序更高的抽象表示形式。

逆向工程是设计恢复的过程，逆向工程所获得的软件表达信息，能够帮助理解该软件或者便于对它作进一步的处理。通过逆向工程活动，可以在已有的源程序或者目标代码中抽取数据结构、体系结构、程序设计等信息。其中，抽象的层次、文档的完整性、工具与人的交互程序以及过程的方法都是重要的因素。

逆向工程恢复信息的级别可分 4 个抽象层次：

1)最低抽象层的实现级，逆向工程过程应该能导出过程性设计的表示。

2)低抽象层的结构级，逆向工程导出程序和数据结构的信息。

3)中抽象层的功能级，逆向工程导出数据和控制流模型。

4)高抽象层的领域级，逆向工程导出实体联系模型。

理想情况是抽象的层次尽可能地高，随着抽象层次的增加，可以给软件人员提供更多的信息和使软件人员更容易理解软件。

逆向工程恢复信息的方法主要有以下 4 类。

1)在用户指导下的搜索与变换方法。此类方法用于导出实现级和结构级的信息。它要求维护人员在数据库系统的支持下，运用询问语言，针对源程序或相关的表示形式，指定待查的句型，根据搜索结果分析出所需信息或进行特殊的变换。

2)变换方法。除了领域级外的信息都可以用此类方法推导。变换方法可以划分为自动分析法和用户指导下的变换法。例如，自动分析法可以是对程序的静态分析，并生成控制流图等。

3)基于领域知识的方法。它主要用于恢复功能级和领域级的信息。领域知识一般要用规则库来表示，用已确定或假定的领域概念与程序代码之间的对应关系推导进一步的假设，最后导出程序的功能。显然，这种方法的不确定性比较大，目前成熟的工具和原型还不多。

4)铅版恢复方法。这类方法仅适用于推导实现级和结构级的信息。用这些方法来识别程序设计的“铅版”或公共结构。所谓“铅版”，它可以是一个简单的算法(例如两个简单变量交换值等)，也可以是相对复杂的成分(例如冒泡分类算法等)。铅版与程序之间可能存在多种匹配形式，所以此方法还包含大量的推理与决策。

各类方法采用的输入形式、搜索策略、推理策略可能都不同，后两类方法又称为基于知识的方法。

(4)代码重构。进行代码重构的目标是生成一个设计，并产生与原来程序相同的功能，但比原来程序具有更高的质量。

也许代码重构是软件再工程最常见的类型之一。某些系统可能具有相对完整的体系结构，但是，个体性模块的编程风格带来的是程序的难理解、难测试和难维护等一系列问题。这样的模块有可能被重构。

源代码转换也是软件再工程的一个简单形式，即将一种语言编写的源代码自动地转换成另一种语言编写的源代码。程序本身的结构和组织没有发生变化。

为了代码的重构，技术上可以使用重构工具去分析源代码，然后利用这些自动化重构工具实现代码的重构。生成的重构代码应该经过评审和测试，确保没有引入异常和不规则的情况。

(5)数据重构。对数据结构的分析和重组以及对系统中数据值的分析过程被称为数据再工程。数据再工程有利于理解数据结构。

毫无疑问，软件的数据体系结构差，使得软件进行适应性维护困难。在某种意义上说，数据体系结构影响到软件的生命力，因为数据结构对系统体系结构以及算法有很大的影响，对数据结构的改变会导致系统体系结构或代码的改变。

数据重构发生在相当低的抽象层次上。通常，系统的功能没有发生改变就没有必要进行数据再工程，数据重构之前，必须进行源代码分析的逆向工程。通过数据分析，抽取数据项和对象，获取关于数据流的信息，理解当前系统的数据结构。一旦完成了数据分析，则可以进行数据重设计。

(6)正向工程。通常，重构并不修改系统的体系结构，如果重构扩展到模块边界之外，并涉及软件体系结构，则重构变成了正向工程。显然，这是在一个老系统的基础上进行的正向工程。它的理想目标是，把旧的程序输入到“再工程引擎”来重建，经过分析和重构以后，生成具有高质量的软件。遗憾的是，目前这类“再工程引擎”还不多见，虽然 CASE 厂商一直致力于开发一些这样的工具。近年来，再工程工具得到了软件人员的广泛关注。

这里的正向工程也称为革新、改造或者重开发，它应用软件工程的原理、概念和方法来实现重建现存的系统，不但从现有的软件恢复设计信息，而且，使用该信息改造或重构系统。在大多数的情况下，这时候的正向工程并不是简单地创建一个与旧系统等价的版本，而是将用户新需求以及新技术集成到再工程工作中，被再工程的软件重新实现系统的功能，并且加入新的功能或性能，以提高软件的整体质量。

2. 体系结构进化

早期,系统维护过程的变更只影响局部范围,一般不涉及系统的体系结构。然而,20世纪80年代开始,计算机系统的状况发生了很大的变化,分布式系统逐步取代集中式系统,越来越多的企业纷纷将原有的集中式主机型系统改造为分布式客户机/服务器系统。

通常,集中式主机型系统被再工程为分布式客户机/服务器系统具有以下特征。

(1)应用功能迁移到每一个客户机。

(2)一些特殊的功能可以保留在服务器。

(3)新的GUI界面在客户端实现。

(4)数据库功能分配给服务器。

(5)新的通信、安全、归档和控制需求必须在客户端和服务器端同时建立。

关于客户机/服务器系统开发以及再工程涉及多方面的知识,这里不作全面讨论,感兴趣的读者可以参考有关书籍。

3. 软件再工程的重构技术

设计恢复是指借助于工具从已有程序中抽象出有关数据设计、体系结构设计、过程设计等的信息,但它们不一定是原设计。重构是指在同一个抽象级别上转换系统描述形式。

重构工程也称修复或改造工程,它是在逆向工程所获得的信息的基础上修改或重构原来的系统,同时,可能加上一些新的功能和性能,以提高系统的综合质量,从而产生软件系统新的版本。以下是几种软件再工程的相关技术。

(1)改进软件。

1)软件重构。软件重构是对软件进行修改,使得软件更容易理解和维护,它意味着变更源代码的控制结构。重构是实现软件再工程、全面自动化的基础。开发自动重构工具有助于推动其他再工程工具的开发。

2)文档重写、加注释及文档更新。软件文档重写是为了生成更新的和校正了的软件信息。文档重写更新对软件维护人员很重要,因为,维护人员常常要依靠文档去理解软件;加注释就是在源代码上加一些文字说明。

3)重用工程。重用工程的目的是修改软件,使得软件能够重用。通常是寻找合适的软件构件,将它改造封装,使得它具有重用的功能。可以把这些重用构件放在一个重用构件库里,在遇到实际问题时,从构件库中读取重用构件,从而实现重用。利用软件再工程实现重用过程是一个有效的手段。

4)重新划分模块。基于结构化的方法和技术,软件重新划分模块是变更系统的体系结构,这项工作有赖于对系统构件特性和模块耦合度的分析。

5)数据再工程。实施数据再工程是为了改善系统中的数据组织形式,使数据模式可以辨认和方便更新。数据再工程往往是其他任务的前期工作。

6)业务过程再工程。随着可以提供更新的和更灵活的软件体系结构,以及信息技术自动化的出现,可以使软件适应业务,而不是业务适应软件。人们在软件的帮助下自动地对业务过程重新思考,这种思考又可能导致新的软件设计。新的设计可以成为软件系统再工程、迁移或者演化的基础。

7)可维护性分析。可维护性分析对于寻找系统需要再工程的部分十分有用,可维护性分析也有助于找到软件系统高维护的部分。

(2)理解软件。

1)浏览。也许浏览是理解软件的最早和最简单的手段之一。人们可以借助于各种各样的浏览器来阅读和理解软件。理解软件是软件再工程的重要基础。

2)分析、度量。分析和度量也是理解软件特性的重要方法之一,如软件复杂性度量、控制流复杂性度量、耦合性度量等。近年来,软件度量已受到越来越广泛的关注。

3)逆向工程与设计恢复。逆向工程与设计恢复有着相同的含义,它已被人们逐步认可和采用。较为广泛应用的逆向工程是从源程序产生软件设计结构或数据流图。

(3)获取、保存、扩充软件知识。

1)分解。通过程序分解从中获取对象和关系,并且将它们存入信息库中。所获取的对象和关系应该便于分析和度量,以及进一步对信息进行分析和提取。

2)对象恢复。我们知道,面向对象程序结构具有许多优点,对象技术已被广泛使用。对象恢复是从源程序中提取对象,从而有助于软件再工程。

3)程序理解。对于程序的理解,可以有两种形式,一种是程序员以手工的或者自动的方式获得理解;另一种是将编程的信息保存起来,利用这些信息找到编程知识的实例。理解是否正确,则取决于软件与编程知识库中信息相匹配的程度。

4)知识库及程序变换。知识库和程序变换是许多再工程技术的基础,信息库、相关的变换机制都加强了再工程工具的能力。为开发新的再工程工具,基于对象技术的、针对再工程的工具变换结构已受到人们的关注。

(4)软件再工程的风险。软件再工程可能会遇到风险,软件管理人员必须有所准备,采取适当的对策,减少风险所带来的损失。

1)过程风险。过高的人工成本,在规定的时间内未达到成本-效益要求,未从经济上规划再工程的投入,对再工程项目的人力投入放任自流,对再工程方案缺少管理。

2)人员风险。软件人员可能对再工程项目的意见不一致,导致影响工作的开展;程序员工作效率低。

3)应用问题风险。再工程项目缺少本地应用领域专家的支持,对源程序体现的业务知识不熟悉,再工程系统的工作完成不充分。

4)技术风险。恢复的信息是无用的或未被充分利用,开发了无用的大批昂贵的文档,逆向工程得到的成果不可分享,所采用的方法对再工程目标不适合,缺乏再工程的技术支持。

5)工具风险。有一些工具可能还在试验过程中,而软件人员过分地依靠了不成熟的工具,或者未采用安全工具。

6)策略风险。对整个再工程方案的承诺是不成熟的,对暂定的目标没有长远的考虑,对程序、数据和过程缺乏全面的观点,没有计划地使用再工程工具。

3.7 小 结

本章以《军队院校教务综合管理系统》的研发过程为例,按照 GJB 2786A 及 GJB 438B 的要求实现该实例。通过对需求分析、系统设计、编码、测试、维护各个子过程的详细阐述,着重强调面向对象方法设计软件的基本过程及在设计过程中应注意的主要问题。

习　题　3

一、选择题

1. 面向对象分析的过程中首先要__________。

A. 写出需求规则说明　　B. 识别并列出主类　　C. 建立用例图　　D. 创建场景

2. 关于程序模块优化的启发式规则有若干条，以下规则中不符合优化原则的是__(1)__。如果一个模块调用下层模块时传递一个数据结构，则这种耦合属于__(2)__。

(1) A. 通过模块的合并和分解，降低模块的耦合度，提高模块的内聚性

B. 提高上层模块的扇出，减少模块调用的层次

C. 将模块的作用范围限制在模块的控制范围之内

D. 降低模块之间接口的复杂性，避免"病态连接"

(2) A. 简单耦合　　B. 直接耦合　　C. 标记耦合　　D. 控制耦合

3. 软件设计包括 4 个既独立又相互联系的活动，分别为__(1)__、__(2)__、数据设计和过程设计。

(1) A. 用户手册设计　　B. 语言设计　　C. 体系结构设计　　D. 文档设计

(2) A. 文档设计　　B. 程序设计　　C. 实用性设计　　D. 接口设计

4. 系统中模块的__________不仅意味着作用于系统的小变动将导致行为上的小变化，也意味着规格说明的小变动将影响到一小部分模块。

A. 可分解性　　B. 保护性　　C. 可理解性　　D. 连续性

5. 模块的内聚性最高的是__________。

A. 逻辑内聚　　B. 时间内聚　　C. 偶然内聚　　D. 功能内聚

6. __________工具在软件详细设计过程中不采用。

A. 判定表　　B. IPO 图　　C. PDL　　D. DFD 图

7. 黑盒测试在设计测试用例时，主要需要研究__________。

A. 需求规格说明与概要设计说明　　B. 详细设计说明

C. 项目开发计划　　D. 概要设计说明与详细设计说明

8. 为了提高测试的效率，应该__________。

A. 随机地选取测试数据

B. 取一切可能的输入数据作为测试数据

C. 在完成编码以后制定软件的测试计划

D. 选择发现错误可能性大的数据作为测试数据

9. 使用白盒测试方法时，确定测试数据应根据__________和指定的覆盖标准。

A. 程序的内部逻辑　　B. 程序的复杂结构

C. 使用说明书　　D. 程序的功能

10. 下列属于维护阶段文档的是__________。

A. 软件规格说明　　B. 用户操作手册

C. 软件问题报告　　D. 软件测试分析报告

11. 因计算机硬件和软件环境的变化而作出的修改软件的过程称为__________。

A. 改正性维护　　B. 适应性维护

C. 完善性维护　　D. 预防性维护

12. 下列文档与维护人员有关的有__________。

A. 软件需求说明书　　B. 项目开发计划

C. 概要设计说明书　　D. 操作手册

13. 产生软件维护的副作用，是指__________。

A. 开发时的错误　　B. 隐含的错误

C. 因修改软件而造成的错误　　D. 运行时误操作

14. 维护中，因误删除一个标识符而引起的错误是__________副作用。

A. 文档　　B. 数据　　C. 编码　　D. 设计

15. 可维护性的特性中相互促进的是__________。

A. 可理解性和可测试性　　B. 效率和可移植性

C. 效率和可修改性　　D. 效率和结构好

16. 软件维护是软件生命周期中的固有阶段，一般认为，各种不同的软件维护中以__________所占的维护量最小。

A. 纠错性维护　　B. 适应性维护　　C. 预防性维护　　D. 完善性维护

二、填空题

1. __________是系统中用来描述客观事物的一个实体，是具有明确语义边界的实体。

2. 动态行为图能够帮助分析服务及服务之间的关系，动态行为图包括用例图、顺序图、协作图、__________和__________等。

3. 需求的验证过程主要是检查__________。

4. 软件概要设计的主要任务就是__________。

5. 详细设计的任务是确定每个模块的内部特性，即模块的算法、__________。

6. 需求分析阶段，分析人员要确定对问题的综合需求，其中最主要的是__________。

7. 两个模块都是用同一张表，这种耦合称为__________。

8. 一个模块把数值作为参数传送给另一个模块，这种耦合方式称为__________。

9. 一个模块内部各程序段都在同一张表上操作，这个模块的内聚性称为__________。

10. __________指在设计和确定模块时，使得一个模块内包含的信息（过程或数据），对于不需要这些信息的其他模块来说，是不能访问的。

11. 通过__________，可以确定组成软件的过程实体。通过__________，可以定义和实施对模块的过程细节和局部数据结构的存取限制。

12. 软件开发是一个自顶向下逐步细化和求精的过程，而软件测试是一个__________集成的过程。

13. 自顶向下结合的渐增式测试法，在组合模块时有两种组合策略：深度优先策略和__________。

14. 测试用例应由__________和预期的__________两部分组成，这样便于对照检查。

15. 软件维护的内容包括改正性维护、适应性维护、__________和预防性维护。

16. 维护的副作用有编码副作用、__________副作用、文档副作用 3 种。

三、简答题

1. 需求分析的具体任务是什么？
2. 开发人员与项目委托单位如何进行更好的沟通？
3. 简述需求分析的基本步骤。
4. 有哪些常用的面向对象分析方法？简述其分析过程。
5. 试对学院的图书管理系统进行需求分析。
6. 详细设计的基本任务是什么？有哪几种描述方法？
7. 简单解释系统设计、概要设计和详细设计之间的关系。
8. 简单说明面向对象的问题域子系统、人机交互子系统、任务管理子系统和数据管理子系统这 4 种常见子系统设计的关系。
9. 说明软件重用的优点。
10. 程序的编码风格主要体现在哪几个方面？
11. 为什么说软件测试是软件开发中不可缺少的重要的遗患，但不是软件质量保证的"安全网"？
12. 什么是黑盒子测试和白盒子测试？它们都适应哪些测试？
13. 为什么说在确认测试阶段，如果发现对用户需求理解的错误，要修改就要付出极大的代价？
14. 单元测试有哪些内容？
15. 试考察一个在军队研究机构的软件开发单位，观察他们如何进行软件验证工作。
16. 如何度量软件的可维护性？如何提高软件的可维护性？
17. 假设你的任务是对一个已有的软件作重大修改，而且只允许你从下述文档中选取两份：

(1)程序的规格说明。

(2)程序的详细设计结果(自然语言描述加上某种设计工具表示)。

(3)源程序清单(其中有适当数量的注解)。

你将选取哪两份文档？为什么这样选取？你打算怎样完成交给你的任务？

18. 什么是软件再工程？它有何作用？
19. 软件再工程是否存在风险？为什么软件再工程比重新开发更有吸引力？
20. 简述软件的维护过程。
21. 有人说："修改软件是危险的"，你对这句话有什么看法？

第4章 军用软件项目管理

军用软件产业是一个极具挑战性和创造性的新行业。然而由于种种原因,成功的软件项目所占比例并不太高,普遍存在的问题是军用软件系统产品的研发质量低、成本高、开发进度难以控制、系统修改与维护困难等。由于军用软件在保密性上的诸多要求,很多开发任务只能由军内单位承担,而这些单位并不是专业开发软件的,所以导致许多军用软件的开发还处于作坊式开发状态。随着军用软件规模的不断扩大、需求紧迫性的不断提高,作坊式的开发状态已经不能满足部队的需要,军用软件产业的规范化、工程化已经成为目前最为紧要的任务。

实践表明,要低投入、高效率、高质量地开发软件,仅仅靠运用新的软件开发方法与技术是十分有限的,必须以改进并加强管理软件生产过程为中心,实施科学的、规范的软件工程管理和软件项目管理,才是解决问题的根本所在。由于软件产品是一种知识密集型的逻辑思维产品,它在整个研发过程中不可见,因此对软件产品的项目管理不同于其他工程项目的管理,它有其自身的特殊性。本章重点讨论软件项目管理中的项目规划、进度管理、质量管理、配置管理、风险管理、人员管理、成本估算等必要环节。

4.1 概　　述

项目管理作为20世纪90年代才发展起来的新领域,已成为现代管理学的重要分支,并越来越受到重视。运用项目管理的知识和经验,可以极大地提高和改善管理人员的工作效率。软件项目管理是传统意义上项目管理的一个应用领域。美国著名杂志《财富》预测,项目管理将是后工业时代的首选职业。但目前,国内对项目管理还欠规范而且专业化程度也不高,对项目管理的研究也不多。

4.1.1 软件项目管理的定义

软件项目管理涉及人员、过程和当软件从初始化的概念演化为可运行的实现的过程中发生的事件的计划、监控和控制。其管理主要集中在人员(People)、产品(Product)、过程(Process)和项目(Project),即4P。这四者的顺序是固定的,人在项目管理中是第一要素,如果项目管理者忘记了软件工程是人的智力密集型劳动,他就永远不可能在项目管理上获得成功。

确切地说,软件项目管理就是通过合理地组织和利用一切可以利用的资源,按照计划的成本和进度,完成一个计划的目标,它包含团队管理、进度管理、质量管理、配置管理、风险管理、成本管理和流程管理等。

4.1.2 软件项目管理的特点

软件项目管理者与其他工程项目管理者的性质是相同的,但软件项目管理在很多方面又有显著的区别，这导致了软件项目管理的难度相当大。许多大型软件项目的失败也告诉我们：软件管理困难重重。

谈到管理之前，先来分析一下所要管理的对象——软件项目。与一般的工程项目相比，软件项目具有以下几个特点。

(1)软件产品是无形的。软件产品的开发不需要原材料，它是开发团队智慧的结晶，在整个研发过程中它都是无形的，处于不可见状态。在最终实现之前，没有人能真正看到它。

(2)没有标准的软件过程。不同的软件产品，在规模和需求上都大不相同，所用的技术和工具也不相同，不像其他的工程项目有既定的规程或者有专门的生产流水线。

(3)大型软件项目经常是"一次性的"。目前，软件产品还处于定制阶段，类似的软件产品却必须根据不同的用户需求分别为他们"量身定做"，这也是软件产品之所以昂贵的原因所在。

软件项目管理不仅关注项目，而且还涉及人员、成本及对软件研发过程中所发生事件的计划、监控和控制。可以说，软件项目管理是一项相当复杂的工作，即便是小型项目也需要从管理的角度来组织实施研发过程。项目管理是具有创造性的工作，因为不同的项目其人员、成本、质量甚至研发工具都各不相同，如何将现有资源的潜质发挥到极致就是项目管理要研究的问题。项目管理需要集权领导和建立专门的项目组织，项目负责人在项目管理中起着非常重要的作用，他必须时刻关注项目在进度、成本、风险、质量等方面的问题，因此也要求项目负责人必须对软件技术有相当的了解。

4.1.3　软件项目管理活动

软件项目管理的对象是软件工程项目。它所涉及的范围覆盖了整个软件工程过程。为使软件项目开发获得成功，关键问题是必须对软件项目的工作范围、可能风险、需要资源(人、硬件/软件)、要实现的任务、经历的里程碑、花费的工作量(成本)、进度安排等做到心中有数。软件项目管理可以提供这些信息。这种管理在技术工作开始之前就应开始，在软件从概念到实现的过程中连续进行，当软件工程过程最后结束时才终止。

软件项目管理活动主要包括以下几方面。

(1)提出项目建议书。在制定软件项目计划之前，必须明确项目的目标和范围、考虑候选的解决方案、标明技术和管理上的要求，有了这些信息，才能确定合理、精确的成本估算，进行实际可行的任务分解，完成可管理的进度安排。因此，在项目建议书中必须写明项目的目标和实现该目标的方法，还要估算项目的成本和进度，有时还要说明与某一特定机构或团队签约的理由。

(2)项目规划与进度。对软件项目的有效管理取决于对该项目进展状况的全面规划。项目管理者必须能预见可能出现的问题，并且准备好相应的解决方案予以应对。项目规划在项目之初拟定，它是整个项目的驱动器。项目规划是一个反复的过程，只有当项目完成时规划才告一段落。图 4－1 表示项目规划的一般过程。

(3)项目监督和评审。项目监督是一种连续性的活动。管理人员必须密切关注项目进展情况，将实际进展和成本与原计划的进度和成本作比较。项目监督可以划分为正式监督和非正式监督。

(4)项目计划。有些机构的项目计划包含开发计划、质量计划、有效性验证计划、配置管理计划、维护计划和人员开发计划。有些机构只涉及开发过程。项目计划书的具体内容随着项目和开发机构类型不同而改变。不过多数计划书应该包括以下几个部分:引言,软硬件资源需求,项目进度,项目组织,工作分解,监控和报告机制,风险分析。

(5)项目成本管理。项目成本管理是为了确保在预算内按时、保质、经济高效地完成项目目标而展开的一种必要的管理活动,必须要加强项目实际成本的控制,一旦项目成本失控,就很难在预算内完成项目,不良的项目成本控制常常使项目处于超预算的危险境地。

(6)人力资源管理。人力资源管理是保证参加项目人员能够被最有效使用所需要的过程,是对组织的储备的人力资源开展的一系列科学规划、开发培训、合理调配、适当激励等方面的管理工作,使项目组织各方面人员的主观能动性得到充分发挥,做到人尽其才、事得其人、人事相宜,同时保持项目组织高度的团结性和战斗力,从而成功地实现项目组织的既定目标。

(7)项目总结报告。项目总结报告主要总结在本项目中哪些方法和事情使项目进行得更好,哪些为项目制造了麻烦,以后在项目中避免什么情况等。

```
确定项目的约束条件
初步评估各项项目参数
定义项目里程碑和可交付的文档
while 项目未完成或被取消 loop
  拟定项目进度表
  根据项目进度表启动各项活动
  等待(一定的时间)
  评审项目进展状况
  修正对项目参数的初步估算
  更新项目进度表
  重新协商项目约束条件和可交付的文档
  if (出现问题) then
    开始进行技术评审和可能的修正
  end if
end loop
```

图 4-1 项目规划过程

4.2 进度管理

项目进度对软件管理者的要求是十分苛刻的。管理人员必须估算完成各项活动所需要的时间和资源,并按照一定的顺序把它们紧密组织起来。项目进度包括把一个项目所有工作分解为若干独立活动,以及完成这些活动所需的时间。

4.2.1 进度管理过程

进度管理过程可用图 4-2 表示。首先必须在需求分析的基础上识别活动及活动之间的依赖关系,然后估算活动需要的资源、人员,根据实际情况为活动分配资源及人员,最后给出活动图表及条形图。

在进度管理中,必须注意有些活动是并行进行的,调度人员必须协调这些并行活动,并把整个工作组织起来，使人力资源得到充分利用。一定要避免出现因一项关键任务没有完成而使整个项目延期交付的情形。

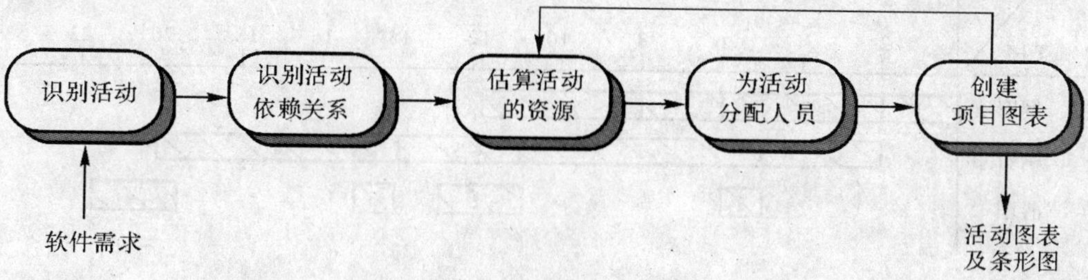

图 4－2　进度管理过程图

活动分解是进度管理过程中极为重要的一环。在进行活动分解时应注意以下几点：

(1)正常情况，各活动应至少持续 1 周。

(2)对所有活动安排一个最高的时间限制(8～10 周左右)，如一项活动持续时间超过限制，就应该再次细分。

(3)估算进度时，管理者不能想当然认为项目的每个阶段都不会出问题；估算时先假定什么问题也没有，然后再把预计出现的问题加到估计中去(＋30％)。还要考虑因偶然因素带来的意想不到的问题(＋20％)。

(4)除时间外，还必须估算完成每项任务所需的资源：人力资源和其他可能的资源。

4.2.2　常用进度表示法

1. 甘特图

甘特(Gantt)图是历史悠久、应用广泛的制定进度计划的工具。

例 4－1　假设有一座陈旧的矩形木板房需要重新油漆。木板房的第 2,4 两面墙的长度是第 1,3 两面墙的 2 倍。这项工作必须分 3 步：首先刮掉旧漆，然后刷上新漆，最后清除溅在窗户上的油漆。一共分配了 15 名工人去完成这项工作，而工具只有：5 把刮旧漆的刮板，5 把刷漆用的刷子，5 把清除溅在窗户上油漆的小刮刀。如何安排工作最有效？各道工序估计需要时间见表 4－1。

表 4－1　各道工序估计需要时间　　单位：h

	刮旧漆	刷新漆	清理
1 或 3 墙壁	2	3	1
2 或 4 墙壁	4	6	2

一种做法是，先刮掉 4 面墙的旧漆，然后给每面墙刷新漆，最后清除每个窗户上的油漆，共需时间 36 h。显然，这是效率最低的做法，任何时候都有 10 名工人闲着没事干。

另一种做法是采用“流水作业法”，其进度可用图 4－3 表示。显然，这种方法用时要短得多。

软件工程是特殊的工程，Gantt 图也可以特殊化，每个任务的开始和结束时间均先用空心三角形表示，两者用横线相连。当活动开始时，左边三角形涂黑，当活动结束时，再将右边三角形涂黑(见表 4-2)。

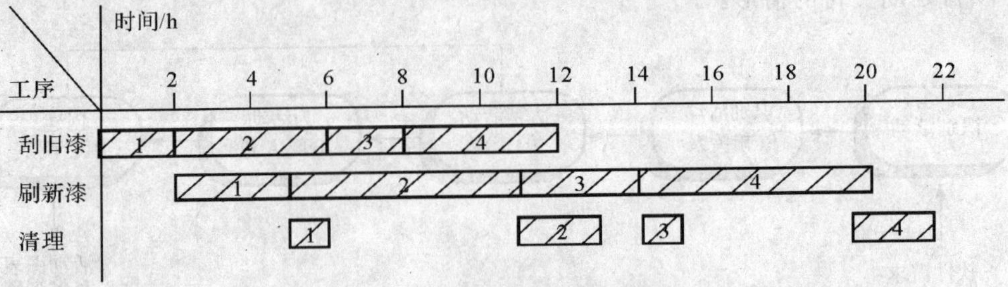

图 4-3　旧木板房刷油漆工程的 Gantt 图

表 4-2　软件工程 Gantt 图示例

任务	负责人	2009 年												2010 年					
		1	2	3	4	5	6	7	8	9	10	11	12	1	2	3	4	5	6
需求分析		▲			▲														
测试计划			▲		△														
总体设计					▲		△												
详细设计						△			△										
编码									△				△						
模块测试										△		△							
集成测试												△			△				
验收测试															△		△		
文档					▲												△		

Gantt 图中，每一任务的完成，不是以能否继续下一阶段任务为标准，而是以必须交付应交付的文档与通过评审为标准。

Gantt 图形象地描绘了任务的分解，及每个作业的开始和结束时间，优点是直观简明、容易掌握和绘制，但有 3 个缺点：

(1)不能显式地描绘各项作业间的依赖关系。

(2)进度的关键部分不明确，难以判断哪些部分是主攻和主控的对象。

(3)计划中有潜力的部分及潜力的大小不明确，往往造成潜力的浪费。

2. PERT 图与 CPM 技术

对 PERT 图作如下约定：对于某事件，箭头进入表示此作业结束，箭头离开表示此作业的开始；实线箭头表示具体存在的作业；虚线箭头表示虚拟作业，只为了表示作业之间的依赖关系。根据约定，旧木板房刷油漆工程的 PERT 图表示如图 4-4。

从图 4-4 能够看出，在 PERT 图中，箭头表示作业(如刮旧漆、刷新漆、清理等)，圆圈表示事件(一项作业的开始或结束)；事件仅是可以明确定义的时间点，它不耗费时间和资源；作业通常既消耗资源，又要持续一定时间。

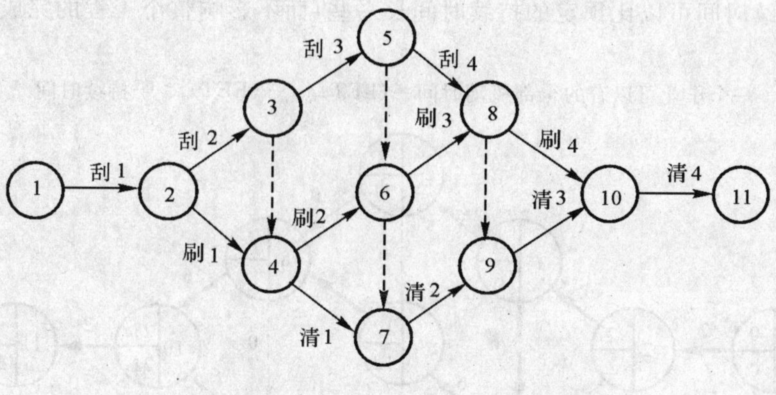

图 4-4　旧木板房刷油漆工程的 PERT 图

画出 PERT 图后，系统分析员就可以估算工程进度了，为此需要在 PERT 图上增加一些必要的信息：把每个作业估计需要时间写在表示该项作业的箭头上方。为每个事件计算两个统计数字：最早时刻(EET)和最迟时刻(LET)。这两个数字分别写在表示事件的圆圈的左上角和右下角，如图 4-5 所示。

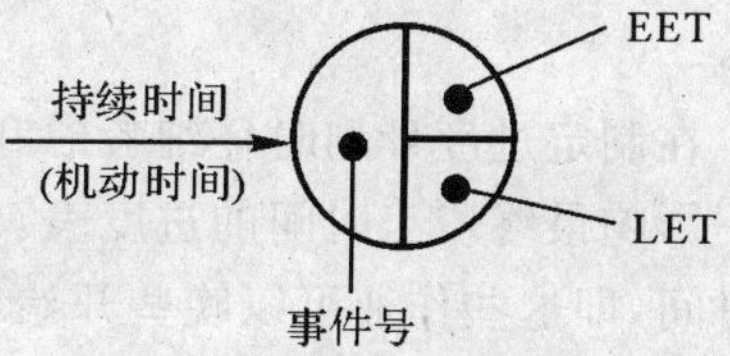

图 4-5　PERT 图的要素

事件的最早时刻是该事件可以发生的最早时间。通常 PERT 图中第一个事件的 EET 定义为 0，其他事件的 EET 从左到右按事件发生顺序计算。简单原则：考虑进入该事件的所有作业，对每个作业都计算它的持续时间与开始事件 EET 之和，选取上述和数中最大值作为该事件的 EET。

例如图 4-4 中，事件 2 只有一个作业进入，只有当 1-2 完成才开始，所以 EET＝2；事件 3 也只有一个作业进入，只有当 2-3 完成才开始，所以 EET＝2＋4＝6；事件 4 有两个作业(2-4，3-4)进入，只有当两者都完成后事件 4 才能开始，所以 EET＝max{2＋3，6＋0}＝6。

事件的最迟时刻是在不影响工程竣工时间的前提下，该事件最晚可以发生的时刻。按惯例，PERT 图中最后一个事件的 LET 就是它的 EET，其他事件的 LET 从右到左按逆作业流的方向计算。简单原则：考虑离开该事件的所有作业，从每个作业的结束时间的 LET 中减去该作业的持续时间，选取上述差数中最小值作为该事件的 LET。

例如图 4-4 中，按惯例，事件 11 的 LET 与 EET 相同，都是 23；逆作业流方向，接着是计算事件 10 的 LET，离开它的作业只有 10-11，持续时间为 2，而它的 LET 为 23，因此事件 10 的 LET＝23－2＝21；事件 9 的 LET＝21－1＝20；事件 8 有两个离开它的作业 8-9 和 8-10，因此 LET＝min{20－0，21－6}＝15。

依照上述方法不难求出 PERT 图中的所有 EET 和 LET，结果如图4-6所示。

从起点到终点，可以有许多条路径，把耗时最长的路径称作关键路径(Critical Path Method，CPM)。关键路径耗时等于整个工程的耗时，因此，要想缩短工程时间，就必须找出关键路径，并研究如何减少关键路径的耗时。关键路径的事件必须准时发生，作业的实际持续时间不能超过估计持续时间，否则工程不能按时完成。关键路径上事件的 EET＝LET。如图4-6 所示粗箭头标注的路径即为关键路径。

不在关键路径上的作业有一定程度的机动余地——实际开始时间可以比预定时间晚一

些，或者实际持续时间可以比预定的持续时间长一些，而不影响整个工程的完成时间。

一个作业可以有的全部机动时间 $=(\mathrm{LET})_{\text{结束}}-(\mathrm{EET})_{\text{开始}}-$ 持续时间

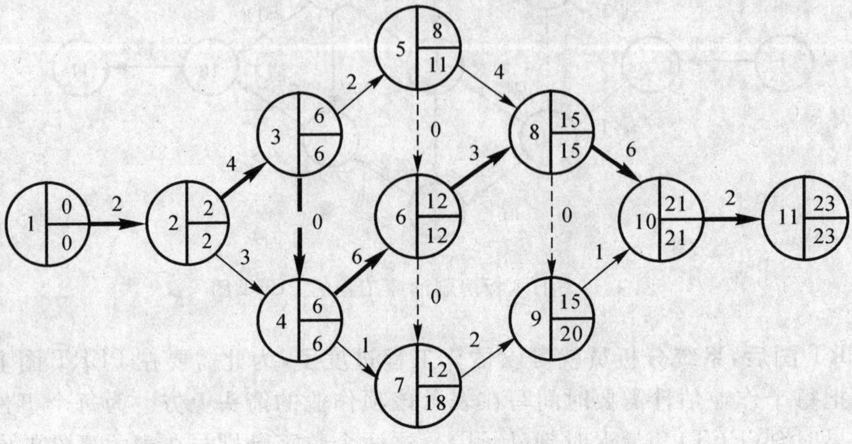

图 4-6　关键路径

在制定进度计划时仔细考虑和利用 PERT 图中的机动时间，往往能够安排出既节省资源又不影响最终竣工时间的进度表。从图 4-7 可见，清理前 3 面墙窗户的作业都有相当多的机动时间，即这些作业可以晚些开始或者持续时间长一些(少用一些资源)；此外，刮第 3、第 4 面墙上旧漆和给第 1 面墙刷新漆的作业也都有机动时间，且这些机动时间之和大于清理前 3 面墙窗户需要用的工作时间。因此，有可能仅用 10 个工人在同样时间(23 h)内完成这项工程。

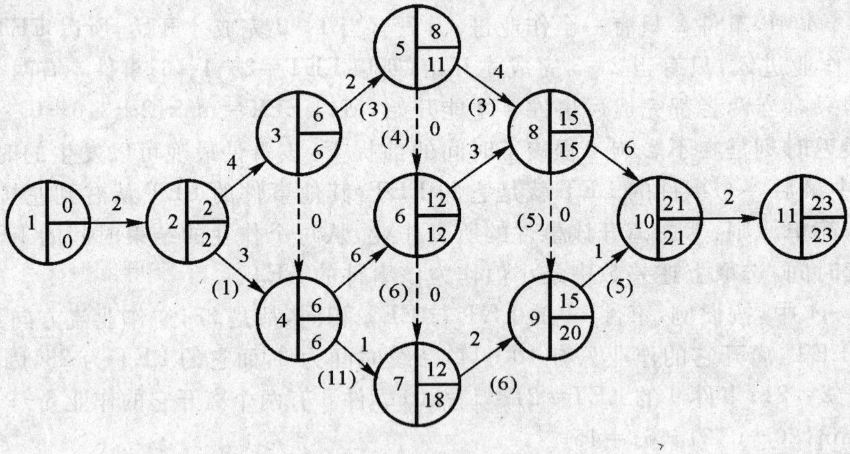

图 4-7　机动时间

按照上述思想，对图 4-3 进行修正，结果如图 4-8 所示。这个方案不仅比前面的方案节省人力，而且改正了前图的一个错误：因为给第 3 面墙刷漆的作业 4-6 不仅必须在给第 1 面墙刷完漆之后(2-4 作业结束)，而且还必须在把第 3 面墙刮净之后(2-3 作业和 3-4 虚作业结束)才能开始。全部工程需要 23 h，而不是 22 h。

经过上述分析，旧木板房刷油漆工程的完整 PERT 图如图 4-9 所示。

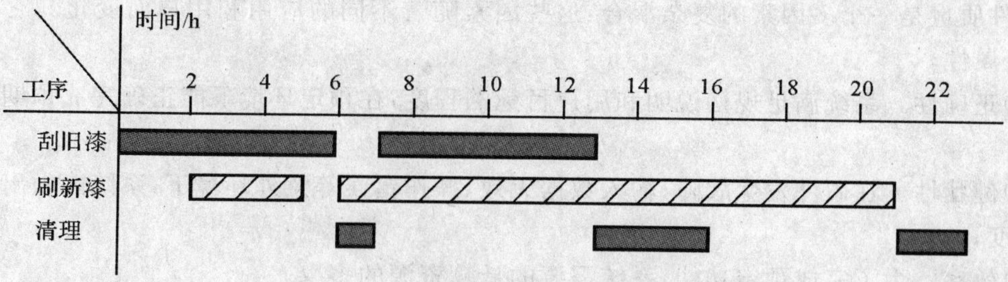

图 4－8　旧木板房刷油漆工程的进度图

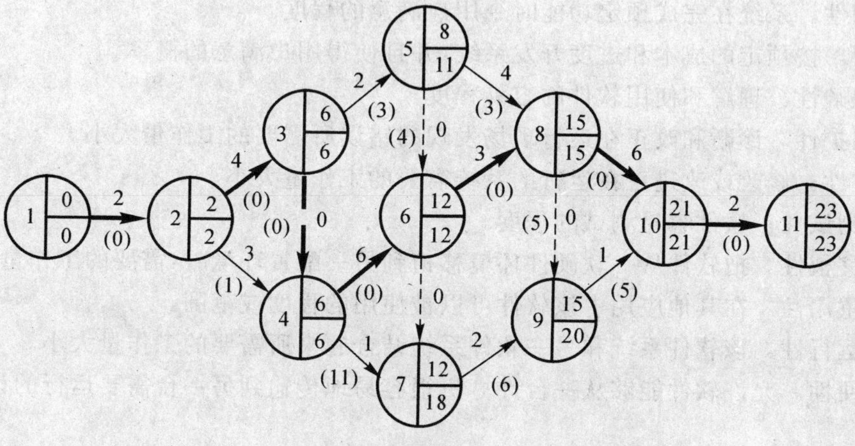

图 4－9　旧木板房刷油漆工程的完整 PERT 图

4.3　质量管理

质量是产品的生命线，不论任何产品，质量都是极端重要的。软件产品开发周期长，需耗费巨大的人力、物力，更必须特别注意保证产品质量。

4.3.1　软件质量的定义及属性

软件质量就是“软件与明确的和隐含定义的需求相一致的程度”，即软件与明确描述的功能和性能需求、文档中明确描述的开发标准以及任何专业开发的软件产品都应该具有的隐含特征相一致的程度。

上述定义强调了以下 3 个重要的方面。

(1)软件需求是进行“质量”度量的基础，不符合需求就是质量不高。

(2)规范化的标准定义了一些开发准则以指导软件开发，如果不遵照这些准则，则极有可能导致质量不高。

(3)往往会有一些隐含的需求没有明确地提出来，如软件的可维护性等，忽略了这些隐含需求，软件的质量也难以保证。

软件质量是一个多因素的复杂混合，这些因素随着不同的应用和用户而变化。它具有以下14个属性。

(1)正确性。系统满足规格说明和用户目标的程度，在预定环境下能正确完成预期功能的程度。

(2)健壮性。在硬件发生故障、输入数据无效、操作错误等意外环境下，系统能做出适当响应的程度。

(3)效率。为了完成预定功能，系统需要的计算资源的多少。

(4)完整性。对未经授权的软件使用请求或数据访问的企图，系统能够控制(或禁止)的程度。

(5)可用性。系统在完成预定功能时令用户满意的程度。

(6)风险。按预定的成本和进度开发系统，并且使得用户满意的概率。

(7)可理解性。理解和使用软件的容易程度。

(8)可维护性。诊断和改正在运行现场发现的错误所需要的工作量大小。

(9)适应性。修改或改进正在运行的系统需要的工作量大小。

(10)可测试性。软件容易测试的程度。

(11)可移植性。把软件从一软硬件环境移植到另一配置环境时，需要的工作量大小。

(12)可重用性。在其他应用中该软件可以被使用的程度或范围。

(13)互运行性。该软件系统和另一软件系统结合起来所需要的工作量大小。

(14)轻便性。允许软件能够从一台计算机很容易地传输到另一台需要运行的计算机上的能力。

4.3.2 软件质量模型

软件质量与软件的内部特性及其组合有关。要度量软件质量，就应根据这些内部特性(即软件属性)建立起软件度量模型，进而构建软件质量度量体系。

M cCall质量度量模型是M cCall等人于1979年提出的软件质量模型，针对面向软件产品的运行、修正和转移，软件质量概念包括11个特性，如图4-10所示。

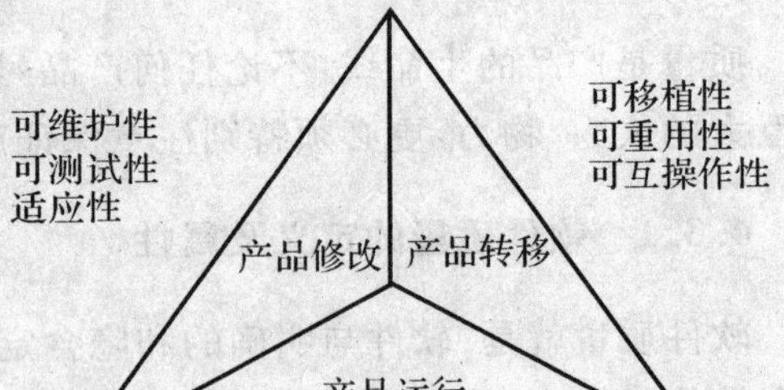

图4-10　M cCall质量度量模型

面向软件产品运行的定义。

(1)正确性。指软件满足设计说明及用户预期目标的程度。

(2)可靠性。指软件按照设计要求，在规定时间和条件下不出故障，持续运行的程度。

(3)效率。为了完成预定功能，软件系统所需的计算机资源和程序代码数量的程度。

(4)完整性。对非授权人访问软件或数据行为的控制程度。

(5)可用性。用户熟悉、使用及准备输入和解释输出所需工作量的大小。

面向软件产品修正的定义。

(1)可维护性。指找到并改正程序中的一个错误所需代价的程度。

(2)可测试性。指测试软件以确保其能够执行预定功能所需工作量的程度。

(3)适应性。指修改或改进一个已投入运行的软件所需工作量的程度。

面向软件产品转移的定义。

(1)可移植性。指将一个软件系统从一个计算机系统或环境移植到另一个计算机系统或环境中运行时所需的工作量。

(2)可重用性。指一个软件(或软件的部件)能再次用于其他相关应用的程度。

(3)可互操作性。指将一个系统耦合到另一个系统所需的工作量。

通常,对以上各个质量特性直接进行度量是很困难的,在有些情况下甚至是不可能的。因此,M cCall 定义了一些评价准则,使用它们对反映质量特性的软件属性分级,以此来估计软件质量特性的值。软件特性一般分级范围从 0(最低)到 10(最高)。主要评价准则定义如下:

(1)可跟踪性。指跟踪一个设计说明或一个实际程序部件返回到需求的能力(可追溯)。

(2)完备性。指所需功能实现的程度。

(3)一致性。指在整个软件开发项目中使用统一的设计和文档编制技术的程度。

(4)安全性。指防止软件受到意外的或蓄意的存取、使用、修改及毁坏,或防止失密的程度。

(5)容错性。是在系统出错时,能以某种预定方式,做出适当处理,得以继续执行和恢复系统的能力,它又称为健壮性。

(6)准确性。指能达到的计算或控制精度,又称为精确性。

(7)可审查性。指检查与标准是否符合的难易程度。

(8)可操作性。指软件操作的难易程度。

(9)可训练性。指软件对新用户使用该系统的辅助程度。

(10)简洁性。在不复杂、可理解的方式下,定义和实现软件功能的程度。

(11)简明性。又称可理解性,指软件易读的程度。

(12)模块性。指软件系统内部接口达到的高内聚、低耦合的程度。

(13)自描述性。对软件功能进行自身说明的程度。

(14)通用性。指软件功能覆盖面宽广的程度。

(15 可扩充性。指软件的体系结构、数据设计和过程设计的可扩充的程度。

(16)硬件独立性。指不依赖于某个特定设备及计算机而能工作的程度。

(17)通信共用性。指使用标准接口、协议和带宽的程度。

(18)数据共用性。指使用标准数据结构和数据类型的程度。

4.3.3　软件质量管理

软件质量管理就是确保软件有较少缺陷,并达到软件系统既定目标。一个机构的质量管理者的职责是确保软件产品质量达到客户要求。理论上,质量管理只包含制定软件质量规程和软件开发标准,以及检查是否所有的工程人员都遵守了这些规章和标准。但实际上,质量管理内容远不止这些。好的质量管理者致力于培养“质量文化”,让每个参与产品开发的人都有强烈的质量意识。他们鼓励团队对自己的工作质量负责，鼓励他们探求改善质量的途径和方法，鼓励团队每一成员对软件质量特征进行量化的研究。

软件质量管理由以下3个主要活动组成。

(1)质量保证(Quality Assurance,QA)。建立起机构质量规程和标准的整体框架，这是生产高质量软件的保证。

(2)质量规划(Quality Planning,QP)。从这个框架中选择适当的质量规程和标准，进行改写使之适应于特定软件项目。

(3)质量控制(Quality Control,QC)。定义并设计软件过程，确保软件开发团队严格遵守项目质量规划和标准。

质量管理应该与软件项目管理相分离，这样质量管理就不会屈从于项目预算和进度。应该由一个独立的团队专门负责质量管理，并应该向项目管理者的上级领导汇报。软件质量管理者不应该参与具体的开发工作，而应该负责整个机构的质量管理。

质量管理与软件开发的关系如图4-11所示。

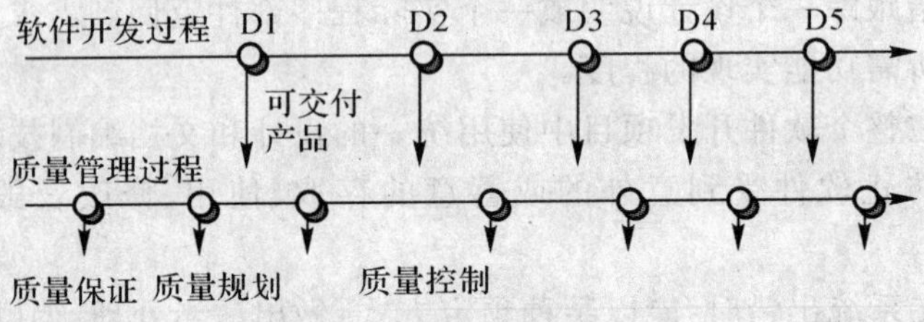

图4-11 质量管理与软件开发的关系

1.软件质量保证

QA活动为达到高质量软件提供了一个框架。QA过程包括对软件开发过程标准或软件产品标准的定义和选择。这些标准应该融合在软件开发的过程中。

在质量保证过程中要制定两种类型的标准：

(1)产品标准。定义了所有要提供的产品的特征，包括：文档标准，如生成的需求文档的结构；文档编写标准，如定义对象类时注释头的标准写法；编码标准，它规定了如何使用某种程序设计语言。

(2)过程标准。这些标准定义了软件开发必须遵循的过程，包括描述、设计、有效性验证过程的定义，以及对在这些过程中产生的文档描述。

产品标准与过程标准的区别见表4-3。

表4-3 产品标准与过程标准的区别

产品标准	过程标准	产品标准	过程标准
设计评审形式	设计评审行为	Java编程规范	项目计划批准过程
需求文档结构	提交文档给CM	项目计划格式	变更控制过程
规程标题结构	版本发放过程	变更请求形式	测试记录过程

标准在质量保证过程中起着至关重要的作用。因为标准中不仅封装了最成功的经验，可以避免重犯过去的错误，而且提供了质量保证过程的框架，质量控制的任务只要保证这些标准

严格执行就可以了。严格按照标准研发软件还有助于工作的连贯性，也就是说由一个人着手进行的工作别人可以接着做。

2. 软件质量规划

质量规划描述希望得到的产品的质量要求及其评定办法，并且定义最重要的质量属性。质量规划应该定义质量的评定过程，也应该说明采用哪个组织的标准，如果有必要还要定义新的标准。

Humphrey 的结构框架：

(1)产品介绍。说明产品、产品的意向市场及对产品性质的预期。

(2)软件计划。包括产品确切的发布日期、产品责任及产品的销售和售后服务计划。

(3)过程描述。产品的开发和管理中应该采用开发和售后服务质量过程。

(4)质量目标。包括鉴定和验证产品的关键质量属性。

(5)风险和风险管理。说明影响产品质量的主要风险和这些风险的应对措施。

质量规划时要考虑各种潜在的软件质量属性，这些属性包括：安全性、可理解性、可移植性、保密性、可测试性、可使用性、可靠性、适应性、复用性、弹性、模块性、效率、鲁棒性、复杂性、可学习性。

当然，要对任何系统的所有这些属性都重点关注是不可能的，因此质量规划的一个关键任务是挑选出关键的质量属性，然后对如何达到这些质量属性做出规划。

3. 质量控制

质量控制就是监督检查整个软件开发过程，以确保质量保证规程和标准被严格执行。

有两种质量控制的方法：

(1)质量评审。一组人对软件、文档编制及软件制作过程进行评审。

(2)自动化的软件评估。软件和文档生成后，经过一定的程序进行处理，并与用于具体项目的标准相对照。

4.4　软件成本估算

成本估算是可行性分析的重要依据，也是软件管理的重要内容，直接影响到软件开发的风险。成本估算与成本估计是软件管理的核心任务之一。软件开发成本主要是指软件开发过程中所花费的工作量及相应的代价，即主要是人的劳动的消耗。软件产品不存在重复制造过程，它的开发成本是以一次性开发过程所花费的代价来计算的。因此软件成本估算，应以软件计划、需求分析、设计、编码到测试的软件开发全过程所花费的代价为依据。

由于软件成本涉及较多变量，因而难以对其做出准确的估算。需要使用多种不同的方法对软件成本进行交叉估算，才有可能得到软件成本的较精确的估算结果。对于大型项目，由于其项目的复杂度，必须建立相应的估算模型，按照一定的方法、技术来进行估算。基本的成本估算如图 4－12 所示。

4.4.1　软件规模估算

1. 代码行技术

代码行技术是比较简单的定量估算软件规模的方法。这种方法依据以往开发类似产品的经验和历史数据，估算实现一个功能所需要的源程序行数。

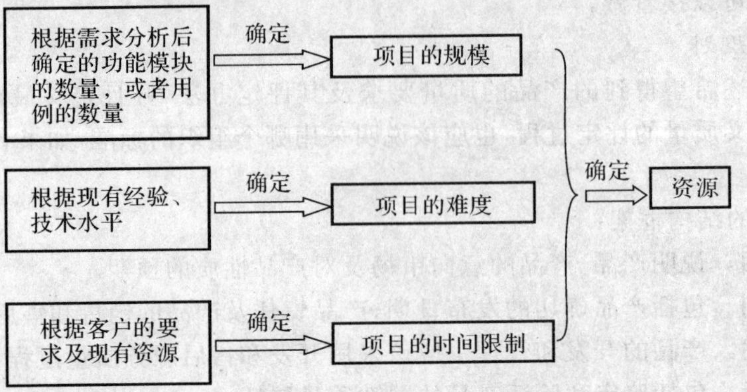

图 4-12 软件成本估算

当有以往开发类似产品的历史数据可供参考时，这种方法估算出的数值还是比较准确的。为使得对软件规模的估计值更接近实际值，可以由多名有经验的软件工程师分别作出估计。每个人都估计软件的最小规模(a)、最大规模(b)和最可能规模(m)，分别算出三者的平均值 $\overline{a}$，$\overline{b}$，$\overline{m}$，再用下式计算软件规模估算值：

$$L=\frac{\overline{a}+4\overline{m}+\overline{b}}{6}$$

在使用代码行技术估算软件规模时，若软件较小时常用的单位是代码行数(LOC)；若软件较大时常用的单位是千行代码数(KLOC)。常用的单位还有：SLOC(Single Line of Code)，KLOC(thousand Lines of Code)，LLOC(Logical Line of Code)，PLOC(Physical Line of Code)，NCLOC (Non-Commented Line of Code)，DSI(Delivered Source Instruction，交付源指令数)。

代码行技术的优点：代码是所有软件项目开发都包含的“产品”，而且代码行数很容易计算。代码行技术的缺点：源程序仅是软件配置的一个成分，用它的规模代表整个软件规模不太合理；用不同语言实现同一个软件所需的代码行数并不相同，即它依赖于所使用的编程语言；不适合于非过程语言。

2. 功能点技术

功能点技术是为克服代码行技术缺点提出的，它涉及多种因素的度量方法。功能点技术根据软件的基本功能来定义，所以在系统设计初期就能够估算出软件项目的规模。

产品信息域的 5 个特性。

(1)输入项数(Inp)。用户向软件输入的项数，这些输入给软件提供了面向应用的数据。

(2)输出项数(Out)。软件向用户输出的项数，它们向用户提供面向应用的信息。

(3)查询数(Inq)。查询即一次联机输入，它导致软件以联机输出方式产生某种即时响应。

(4)主文件数(Maf)。逻辑主文件(数据的一个逻辑集合)的数目。

(5)外部接口数(Inf)。机器可读的全部接口的数量。

功能点技术基本原理是使用 5 个信息域的“加权和”CT 与 14 个技术因素的“复杂性调节值”F_i来计算功能点 FP：

$$FP=CT\times\left(0.65+0.01\times\sum_{i=1}^{14}F_i\right)$$

估算功能点的步骤如下：

(1)计算未调整的功能点数 CT。首先把信息域的每个特性都分类为简单级、平均级或复杂级，根据等级按表 4－4 分配功能点数，然后用下式计算未调整的功能点数 CT：

$$CT=a_1\times Inp+a_2\times Out+a_3\times Inq+a_4\times Maf+a_5\times Inf$$

表 4－4　功能点分配表

特性系数 \ 复杂级别	简单	平均	复杂
输入系数 a_1	3	4	5
输出系数 a_2	4	5	7
查询系数 a_3	3	4	6
文件系数 a_4	7	10	15
接口系数 a_5	5	7	10

(2)计算技术复杂因子 TCF。软件复杂度的估算基于 14 个问题，逐一对各问题做出复杂度估计 F_i，其取值范围是 0～5。问题及取值见表 4－5。

$$DI=\sum_{i=1}^{14}F_i\qquad TCF=0.65+0.01\times DI$$

表 4－5　软件复杂度的估算

问　　题	复杂度估计值
系统需要可靠的备份和复原吗？	
需要数据通信吗？	
有分布处理功能吗？	
性能很关键吗？	
系统是否在一个已有的、很实用的操作环境中运行？	“没有影响”取值 0
系统需要联机入口吗？	“偶然的”取值 1
联机入口需要在多屏幕或多操作之间切换以完成输入？	“适中的”取值 2
系统联机需要更新主文件吗？	“普通的”取值 3
系统的输入、输出、文件或查询很复杂吗？	“重要的”取值 4
系统内部处理复杂吗？	“极重要的”取值 5
代码需要被设计成可复用的吗？	
设计中要包括转换及安装吗？	
系统的设计支持不同组织的多次安装吗？	
系统的设计有利于用户修改和使用吗？	

功能点技术没有涉及系统本身的算法复杂性，因此，它仅仅适合于算法比较简单的事务处理系统软件的规模度量，对算法较复杂的大型软件系统并不适应。

4.4.2 工作量估算

软件估算模型使用由经验导出的公式来预测软件开发工作量，工作量是软件规模（LOC或FP）的函数，工作量的单位通常是人月（pm）。

由于支持大多数估算模型的经验数据，都是从有限个项目的样本集中总结出来的，因此，没有一个估算模型可以用于所有类型的软件和开发环境。

1. 静态单变量模型

$$E = A + B \times (ev)^{c}$$

其中，A，B，C是由经验数据导出的常数；E是以人月为单位的工作量，ev是估算变量（KLOC或FP）。

现在给出典型的静态单变量模型。

(1)面向KLOC的估算模型。

1)Walston_Felix模型（IBM模型）　$E = 5.2 \times KLOC^{0.91}$

2)Bailey_Basili模型　$E = 5.5 + 0.73 \times KLOC^{1.16}$

3)Boehm简单模型　$E = 3.2 \times KLOC^{1.05}$

4)Doty模型（KLOC>9时适合）　$E = 5.288 \times KLOC^{1.047}$

(2)面向FP的估算模型。

1)Albrecht&Gaffney模型　$E = -13.39 + 0.0545FP$

2)Maston，Barnett和Mellichamp模型　$E = 585.7 + 15.12FP$

从上面可以看出，对于相同的KLOC或FP，用不同的模型估算的结果各不相同。主要原因是这些模型都仅仅是依据若干领域中有限个项目的经验数据推导出来的，适应范围有限。因此，必须根据当前项目特点选择适应的估算模型，并依据需要对相应模型作出调整。

2. 动态多变量模型

动态多变量模型，即软件方程式，它是根据4 000多个当代软件项目中收集的生产率数据推导出来的。该模型把工作量看作是软件规模和开发时间的函数，其形式为

$$E = (LOC \times B^{0.333}/P)^{3} \times (1/t)^{4}$$

其中：E是以人月或人年为单位的工作量；t是以月或年为单位的项目持续时间；B是特殊因子，它随着对测试、质量保证、文档及管理技术的需求的增加而缓慢增加（对于较小程序（KLOC=5～15），B=0.16；而对于超过70KLOC的程序，B=0.39）；P是生产率参数，它反映下述因素对工作量的影响：总体过程成熟度及管理水平，使用良好的软件工程实践的程度，使用程序设计语言的级别，软件环境状态，软件项目组的经验和技术，应用系统的复杂性等。

P的取值：开发实时嵌入式软件时，P的典型值为2 000；开发电信系统和系统软件时，P=10 000；对于商业应用软件来说，P=28 000。

从上式可以看出，开发同一个软件产品（即LOC固定）的时候，如果把项目持续时间延长，则可降低完成项目所需要功能的工作量。

3. COCOMO模型

COCOMO模型（Constructive Cost Model）是Boehm于1981年在静态单变量模型基础上提出的"构造性成本模型"。1997年Boehm等人提出修订版COCOMO2模型。依据系统

规模和考虑因素的多少，有3种类型的COCOMO模型：基本COCOMO模型、中间COCOMO模型、详细COCOMO模型。

(1)基本COCOMO模型。基本COCOMO模型是一个静态单变量模型，它把软件系统所需要的成本看作是程序大小单一变量(KLOC)的(经验)函数，用于系统级的粗略估算。

$$\text{工作量}\ E = C \times KLOC^{a} \quad (\text{人月}|\text{人年})$$

$$\text{开发时间}\ TDEV = cE^{d} \quad (\text{月}|\text{年})$$

基本COCOMO模型的参数见表4-6。

表4-6　基本COCOMO模型参数表

软件类型	C	a	c	d	适应范围
独立型	2.4	1.05	2.5	0.38	各类应用软件
半独立型	3.0	1.12	2.5	0.35	各类实用程序、编译程序等
嵌入型	3.6	1.20	2.5	0.32	实时处理、控制程序、操作系统

(2)中间COCOMO模型。中间COCOMO模型是一个静态多变量模型，它把软件系统所需要的成本看作是程序大小和一系列成本驱动属性的函数。估算方程：

$$E = C \times KLOC^{a} \times \prod_{i=1}^{15} f_i$$

其中，E是开发工作量；C是模型系数；KLOC是估计代码行数；a是模型指数；f_i是成本因素。

中间COCOMO模型的参数见表4-7。

表4-7　中间COCOMO模型参数表

软件类型	C	a
独立型	3.2	1.05
半独立型	3.0	1.12
嵌入型	2.8	1.20

每个成本因素F_i根据它的重要程度和影响大小赋予一定的值，可把这些成本因素划分为(共15个，见表4-8)产品因素、计算机因素、人员因素、项目因素。

$$\text{工作量调节因子}\ EAF = \prod_{i=1}^{15} f_i$$

表4-8　成本因素

成本因素	级别					
	很低	低	正常	高	很高	极高
软件可靠性(RELY)	0.75	0.88	1.00	1.15	1.14	
数据库规模(DATA)		0.94	1.00	1.08	1.16	
软件复杂性(CPLX)	0.70	0.85	1.00	1.15	1.30	1.65
执行时间约束(TIME)			1.00	1.11	1.30	1.66
内存约束(STOR)			1.00	1.06	1.21	1.56

续表

成本因素	级别					
	很低	低	正常	高	很高	极高
软件开发环境的变化(VIRT)		0.87	1.00	1.15	1.30	
开发环境的响应速度(TURN)		0.87	1.00	1.07	1.15	
系统分析员的能力(ACAP)	1.46	1.19	1.00	0.86	0.71	
应用经验(AEXP)	1.29	1.13	1.00	0.91	0.82	
程序员水平(PCAP)	1.42	1.17	1.00	0.86	0.70	
开发环境的经验(VEXP)	1.21	1.10	1.00	0.90		
程序设计语言的经验(LEXP)	1.14	1.07	1.00	0.95		
程序设计实践(MODP)	1.24	1.10	1.00	0.91	0.82	
软件工具的使用(TOOL)	1.24	1.10	1.00	0.91	0.83	
开发进度的要求(SCED)	1.23	1.08	1.00	1.04	1.10	

(3)详细 COCOMO 模型。详细 COCOMO 模型除了包括中级 COCOMO 模型中所考虑的因素以外,还对工作量调节因子在软件过程中每个步骤的影响作出详细评估。该模型则将软件分为系统、子系统、模块 3 个层次。

基本 COCOMO 模型用于系统开发的初期,估算整个系统(包括维护)的工作量和软件开发所需要的时间。中间 COCOMO 模型用于估算各个子系统的工作量和开发时间。详细 COCOMO 模型用于估算独立的软部件。

4.5 人员管理

人员是软件机构中最重要的资产,他们代表着智力资本。合理地调配人员是成功完成软件项目的切实保证。因此软件项目管理的关键是人员管理。项目管理者必须利用其团队成员,用可能最有效的方式解决技术和非技术上的问题。软件机构要尊重员工,管理者要激励员工。

软件项目成功的关键是能够将高素质的软件开发人员合理地组织起来,使他们有效地分工协作,共同完成开发工作。经验表明,人员组织的好坏决定着生产率的高低和产品质量的优劣。

4.5.1 项目组的组织原则

软件开发小组的规模不宜太大,人数不能太多,一般 3~5 人左右为宜。切忌在开发过程中增加人员,这将使人员之间的联系增多,造成通信成本的增加而导致效率降低。

例 4-2 设一开发小组有 4 个软件工程师,开发效率为 5 000 行/年,共有 6 条通信路径,每条路径降低生产率 250 行/年,则小组生产率为

$$5\,000\times4-250\times6=18\,500(\text{行/年})$$

为了加快进度，新增加 2 人，每人效率为 840 行/年，通信路径增加到 15 条，此时的小组生产率为

$$5\,000\times4+840\times2-250\times15=17\,930\ (\text{行/年})$$

即新增加人，并未提高生产率。

Brooks 定律：

(1)向一个进度已经落后的项目增派开发人员，可能使项目完成得更晚。

(2)人与月是不能互换的。

(3)开发人员以算术级数增加，人员之间交换意见的路径数将以几何级数增加。

4.5.2　项目组的组织方式

软件项目组的组织方式很多，如民主制程序员组、主程序员组、现代程序员组等。具体项目组组织方式的选择，取决于所承担的项目特点、以往组织经验及管理者的看法和喜好。

1. 民主制程序员组

(1)小组成员完全平等，享有充分民主，通过协商做出决策。

(2)小组成员之间的通信是平行的，如果小组有 n 个成员，则可能的通信信道为 $n(n-1)/2$ 条。

(3)民主制程序员组通常采用非正式的组织方式，虽然名义上有一个组长，但其与组内其他成员完成同样的任务。

(4)由小组全体成员讨论协商决定应该完成的工作，并依据各成员能力和经验分配适当的任务。

在民主制程序员组中，组员对发现程序错误持积极的态度，这种态度有助于更快地发现错误，从而导致高质量的代码；组员享有充分民主，小组有高度凝聚力，组内学习气氛浓厚，有利于攻克技术难关。如果组内多数成员是经验丰富、技术熟练的程序员，采用该组织方式是非常有效的。但是，在组内多数成员技术水平不高或缺乏经验情况下采用该组织方式，将会因为没有明确的权威指导项目进展，小组成员间缺乏必要的协调，而导致项目失败。适合于研制周期长、难度大的项目。日本大多数软件开发公司都采用这种形式。

2. 主程序员组

项目开发普遍存在以下事实：软件开发人员多数比较缺乏经验；程序设计过程有许多事务性的工作；多渠道通信很浪费时间，降低程序员的生产率。

IBM 在 20 世纪 70 年代初期开始使用主程序员组的组织方式，如图 4-13 所示。

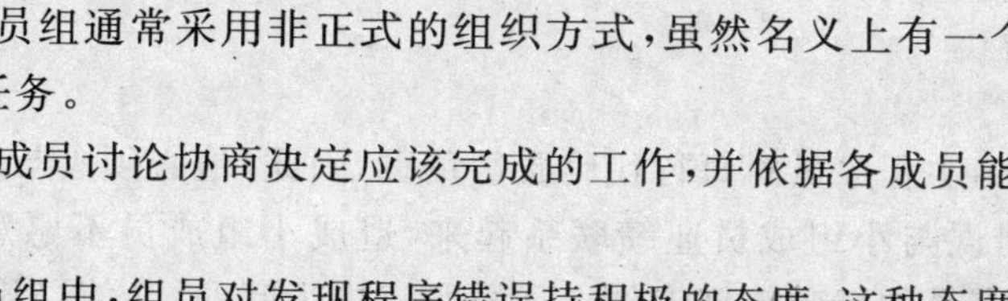

图 4-13　主程序员组

编程秘书负责完成与项目有关的全部事务性工作，如，维护项目资料库和项目文档，编译、链接、执行源程序和测试用例。主程序员既是成功的管理人员，又是经验丰富、技术好、能力强

的高级程序员，负责体系结构设计和关键部分的详细设计，并且负责指导其他程序员完成详细设计和编码工作。后备程序员也应该技术熟练而且富于经验，他协助主程序员工作并且在必要时（主程序员生病、出差或跳槽）接替主程序员的工作。所以后备程序员必须和主程序员一样优秀，一样深入了解项目。

主程序员组使用经验丰富、技术好、能力强的程序员作为主程序员。同时，利用人和计算机在事务性工作方面给主程序员提供充分支持，而且保证所有通信都通过一两个人进行。这种组织方式类似于外科手术小组的组织：主刀大夫对手术全面负责，并且完成定制手术方案、动手术等关键工作，同时麻醉师、护士等技术熟练的专门工作人员协助配合主刀大夫工作，此外，必要时还要聘请领域专家予以协助。

主程序员组的重要特征。

(1)专业化。该组每名成员仅完成他们受过专业训练的那些工作。

(2)层次性。主程序员负责指挥每名成员工作，对软件项目全面负责。

主程序员组的不足：虽然主程序员组有很多优点，但是，还应看到这种组织方式固有的不切实际的地方；主程序员既是高级程序员又是优秀管理者，但现实中这种人才很难见到。后备程序员更难找。人们希望后备程序员像主程序员一样优秀，但他们必须坐在"替补席"上，拿着较低的工资等待接替主程序员。编程秘书也很难找。专业的软件技术人员一般都厌烦日常的事务性工作。

3.现代程序员组

使用主程序员组时，主程序员对每行代码质量负责，因此，他必须参与所有代码审查工作。他往往会把发现程序错误与小组成员业绩联系起来，造成小组成员不愿意发现错误的心理。解决办法是：取消主程序员的行政管理工作。这样既解决了问题，又使寻找主程序员的人选不再那么困难。

由于项目组人员不宜过多，当软件规模较大时，应该把程序员划分成若干小组，宜采用图4-14所示的组织结构。

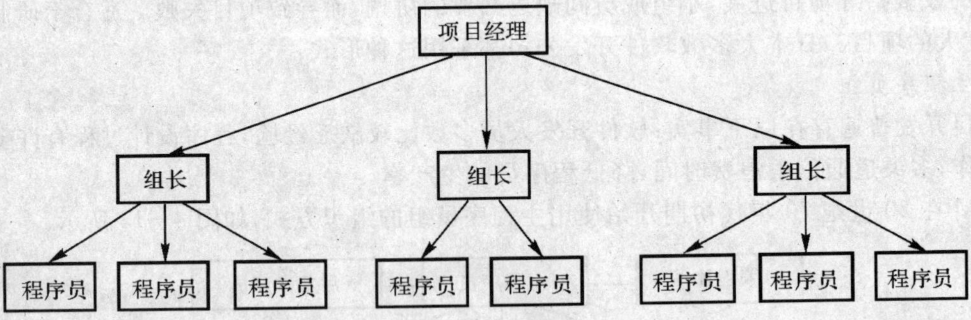

图4-14 现代程序员组

为了更好地把主程序员组和民主程序员组的优点结合起来，在合适的时候采用分散决定的方法，即集中指导下的发扬民主，组织结构如图4-15所示。

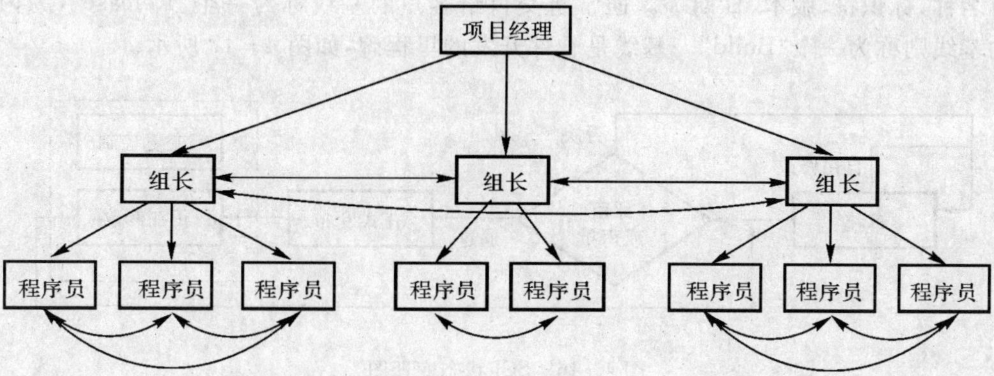

图 4-15　集中民主结构

4.6　配置管理

任何软件开发都是迭代过程，因此在软件开发过程中，变化既是必要的，又是不可避免的。同时，变化也很容易失去控制。如果不能适当地控制管理这些变化，势必导致混乱并产生严重的错误。

软件配置管理(SCM)，是在软件整个生命周期内管理变化的一组活动，是对工作成果的一种有效保护。其目标是使变化更准确且容易被适应，在必须变化时减少所需要花费的工作量。软件配置管理是在软件项目启动时就开始，并且一直持续到软件退役才终止的一组追踪和控制软件变动的保护性活动。

4.6.1　基本概念

1. 软件配置的概念

软件开发过程的工作成果。

(1)计算机程序(源代码和可执行程序)。

(2)描述计算机程序的文档(供技术人员或用户使用)。

(3)数据(包括程序内部和外部定义的数据)。

上述这些项组成了软件过程中产生的全部信息，把它们统称为软件配置，其中每一项即一个软件配置项(Software Configuration Item，SCI)。SCI 是纳入配置管理范畴的工作成果，是配置管理的基本单位。SCI 的主要属性包括：名称、标识符、状态、版本、作者、日期等。SCI 的状态有：草稿(Draft)、正式发布(Released)和正在修改(Changing)，其相互之间的转换如图 4-16 所示。

2. 基线(Baseline)

IEEE 把基线定义为："已经通过正式复审和批准的某规约或产品，因此它可以作为进一步开发的基础，并且只能遵循正式的变化控制过程得到改变"。简而言之，基线是由通过正式评审的一组软件配置项组成的。在软件配置项变成基线之前，可以迅速而非正式地修改它。一旦建立了基线以后，基线中的配置项就被"冻结"了，不能再被任何人随意修改。基线的主要属性有名称、标识符、版本、日期等。通常将交付给客户的基线称为一个"Release",为内部开发用的基线则称为一个"Build"。基线是软件开发的里程碑,如图 4-17 所示。

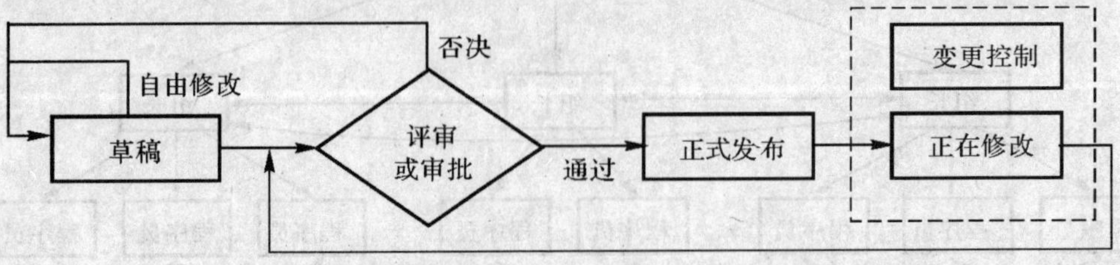

图 4-16 SCI 状态变迁图

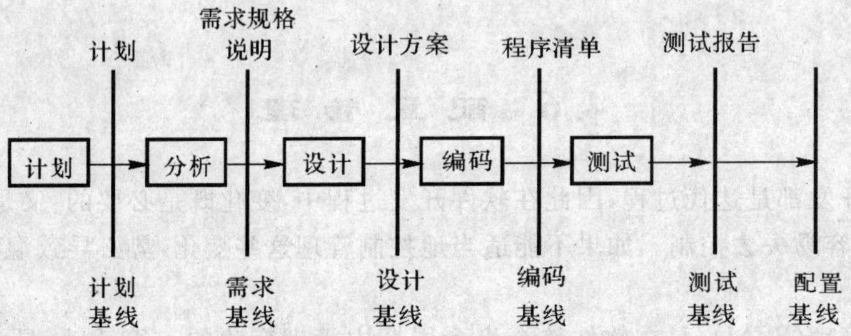

图 4-17 基线

3. 项目里程碑

一个项目里程碑就是一个软件过程活动的终结。在每个里程碑都应该有一个正式的可以提交给管理层的输出结果。里程碑应代表该项目的一个特定的逻辑意义上的阶段的终结。里程碑的两个必要特征:与软件开发进展相关联,在完成时必须非常明显。

可交付的文档是交付给客户的项目成果,通常是在项目的描述、设计等主要项目阶段结束时交付。可交付的文档也是里程碑,但里程碑不一定要交付。里程碑是项目内部的阶段性成果,供项目管理者检查项目进展情况。

软件过程中的里程碑:要建立里程碑,软件过程就一定要分解成一系列相关的基本活动,而每一个这样的基本活动都要建立相应的输出结果。以需求工程为例(建立原型来帮助验证需求),如图 4-18 所示。

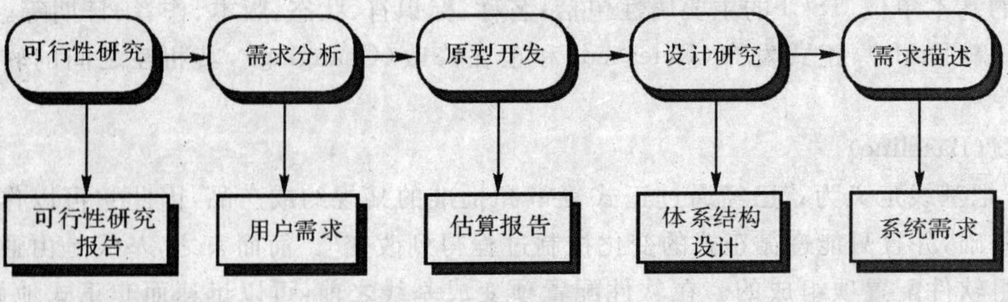

图 4-18 项目里程碑

4.6.2　软件配置管理活动

软件配置管理是软件质量保证的重要一环，它主要包含如下任务：

(1)配置项标识。

(2)变动控制。

(3)版本控制。

(4)配置审计。

(5)配置状态报告。

4.6.3　软件配置管理流程

软件配置管理流程如图 4－19 所示。

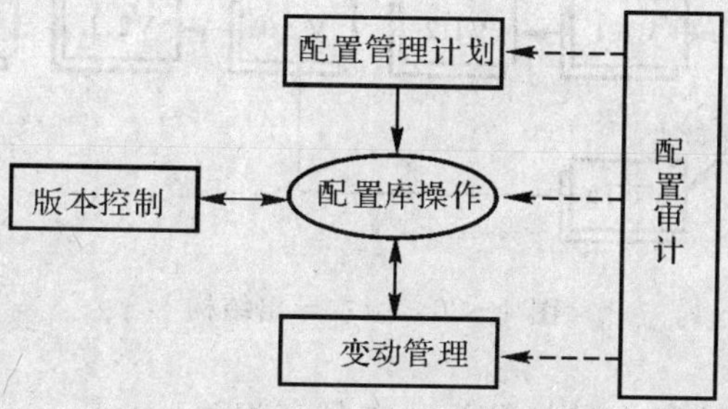

图 4－19　软件配置管理流程图

1. 配置管理计划

(1)人员与职责。

(2)软硬件资源。

(3)配置项计划。

(4)基线计划。

(5)配置库备份计划。

(6)版本控制规划。配置管理员简述本项目的版本控制规则。

(7)变更控制规划。配置管理员简述本项目的变更控制规则。

(8)审批。CCB 负责人(或项目经理)审批本计划。

2. 配置项标识

(1)目标。明确项目生存周期内所要产生的文档、程序以及确定文档、程序的名称和命名规则。

(2)内容。单独命名每个配置项，然后采用面向对象方法把所识别的配置项组织起来。每个配置项都拥有一组能唯一标识它的特征：名字、描述、资源列表和“实现”。

3. 变动控制

变动控制是在生存期中对 SCI 的变动建立评审及核准的机制，其目的是防止 SCI 被随意修改而导致混乱。为提高效率，对于处于“草稿”状态的 SCI，不必进行变更控制，因为草稿本来就要不断地修改。当 SCI 处于“正式发布”状态，或该 SCI 已经成为某个基线的一部分，若要修改，必须按照变更控制规则执行。当变更被核准后，就把软件移交给开发或维护团队，以实现变更。当软件变更时，每个组件的变更记录都应该维护，这称为组件的导出历史。

4. 版本控制

版本控制的目的是按照一定的规则保存 SCI 的所有版本，避免发生版本丢失或混淆等现象，并且可以快速准确地查找到 SCI 的任何版本。

(1)版本标识。一个大型系统内有数以百计的软件组件，其中每种组件都可能有许多不同的版本。版本标识过程必须定义一种明确标识软件组件版本的方式。简单的版本编号方式是线性导出 V1，V1.1，V1.2，V2.1，V2.2 等。实际导出结构是树型或网络型，而不是顺序型的，如图 4-20 所示。

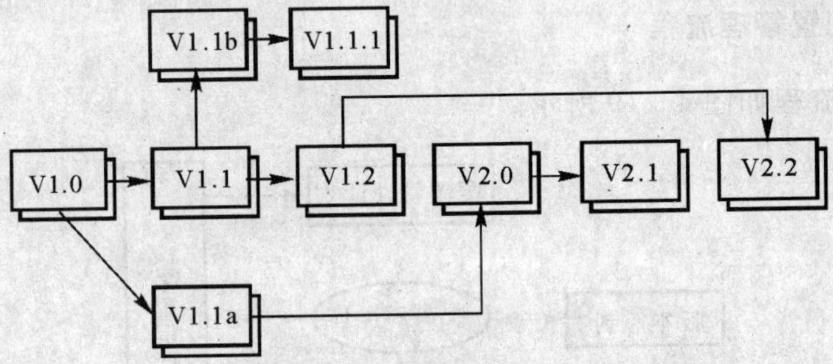

图 4-20　版本导出结构

(2)版本导出规则。SCI 版本号与 SCI 状态紧密相关。

1)处于“草稿”状态的 SCI 版本号格式为：0. YZ。

①YZ 数字范围为 01～99。

②随着草稿的不断完善，“YZ”值应递增，初值和增幅由规则定。

2)处于“正式发布”状态的 SCI 版本号格式为：X. Y。

①X 为主版本号，取值 1～9；Y 为次版本号，取值 1～9。

②SCI 第一次“正式发布”时，版本号为 1.0。

③如果 SCI 版本升级幅度较小，一般只增加 Y 值，X 值保持不变，只有 SCI 版本升级幅度较大，才允许增加 X 值。

3)处于“正在修改”状态的 SCI 版本号格式为：X. YZ。

①SCI 正在修改时，一般只增大 Z 值，X. Y 值保持不变。

②当 SCI 修改完毕，状态重新成为“正式发布”时，将 Z 值设为 0，增加 X. Y 值。

(3)发布版本。系统的发布版本是分发给客户的系统版本。系统的发布版本不仅仅是系统的可执行代码，还包括配置文件、数据文件、安装程序、电子和书面文档、包装和相关的宣传。发布管理者不能想当然认为客户总是想安装新的系统版本，因此系统的新版本不能依赖于以前的版本。

看一个例子，考虑以下情况：

1)系统的发布版本 1 发布并投入使用。

2)发布版本 2 随后发布。由于发布版本 2 需要安装新的数据文件，而有些客户不需要发布版本 2 所提供的功能，而仍使用发布版本 1。

3)发布版本 3 需要发布版本 2 中的数据文件，没有新的数据文件。

发布人员不能认为发布版本 3 所需要的文件已经安装在所在地点。有些地点可能从发布版本 1 直接到发布版本 3,跳过了发布版本 2。有些地方则可能已经根据具体情况对发布版本 2 有关的数据文件作了修改。因此数据文件必须随同系统的发布版本 3 一起发布和安装。

5. 配置审计

配置审计主要目的是要保证基线在技术上、管理上的完整性,保证对 SCI 的变动是服从需求规定的。配置审计工作是变动控制委员会批准 SCI 的先决条件。在 SLC 间,不断进行配置审计。

6. 配置状态报告

建立并发布配置状况报告(Configuration Status Reporting,CSR)是软件配置管理的一项重要任务。CSR 主要是回答“发生了什么事情”“谁做的”“何时发生的”“有什么影响”等问题。通过 CSR 记录和报告的复查,便能确定何时做过何种变动,何种元素被添加到已批准的基线及在给定时刻软件配置处于何种状态等。

4.6.4　配置管理工具

1. SourceSafe

(1)Microsoft Visual Studio 套件之一。

(2)简单易用,一学就会。

(3)是国内最流行的配置管理工具。

2. CVS

(1)Concurrent Version System(并行版本系统)的简称。

(2)开源工具,服务器用 Java 编写,用于 UNIX,LINUX。

(3)客户端很杂,安装使用不便。

3. ClearCase

(1)Rational 产品。

(2)是软件行业公认的功能最强大、价格最昂贵的配置管理软件。

(3)不参加培训,基本不可能无师自通。

4.7　风险管理

所有风险分析活动都只有一个目的——辅助项目组建立处理风险的策略。一个有效的策略必须考虑 3 个问题:风险避免、风险监控、风险管理及意外事件计划。

如果软件项目组对于风险采取主动的方法,则避免永远是最好的策略。这可以通过建立一个风险缓解计划来达到。

例如,频繁的人员流动被标注为一个项目风险,基于以往的历史和管理经验,人员流动的概率为 70%,而影响被预测为对于项目成本及进度有严重的影响。为了缓解这个风险,项目管理者必须建立一个策略来降低人员流动。可能采取的策略如下:

(1)与现有人员一起探讨一下人员流动的原因(如恶劣的工作条件,低报酬,竞争激烈)。

(2)在项目开始之前,采取行动以缓解那些在管理控制之下的原因。

1)一旦项目启动,假设会发生人员流动并采取一些技术措施以保证当人员离开时的工作连续性。

2)对项目进行良好组织,使得每一个开发活动的信息能被广泛传播和交流。

3)定义文档的标准,并建立相应的机制,以确保文档能被及时建立。

4)对所有工作进行详细复审,使得不止一个人熟悉该项工作。

5)对于每一个关键的技术人员都指定一个后备人员。

随着项目的进展,风险监控活动开始进行。项目管理者监控某些因素,这些因素可以提供风险是否正在变高或变低的指示。在上例中,应该监控下列因素:项目组成员对项目压力的一般态度,项目组的凝聚力,项目组成员彼此之间的关系,与报酬和利益相关的潜在问题,在公司内及公司外工作的可能性。

除了监控上述因素之外,项目管理者还应该监控风险缓解步骤的效力。例如,上例中,风险缓解步骤要求定义文档的标准,并建立相应的机制,以确保文档能被及时建立。如果有关键的人物离开了项目组,这是保证工作连续性的机制。项目管理者应该仔细地监控这些文档,以保证文档内容正确,当新员工加入该项目时,能为他们提供必要的信息。

风险管理及意外事件计划假设缓解工作已经失败,风险变成了现实。继续前面的例子,假定项目正在进行中,有一些人宣布将要离开。如果按照缓解策略行事,则有后备人员可用,因为信息已经文档化,有关知识已经在项目组中广泛进行了交流。此外,项目管理者还可以暂时重新将资源调整到那些需要人的地方去,并调整项目进度,从而使新加入的成员能够“赶上进度”。同时,要求那些要离开的人员停止工作,进入“知识交接模式”。

监控和管理步骤(RMMM 步骤)将导致额外的项目开销。因此,风险管理的部分任务是评估何时由 RMMM 步骤所产生的效益低于实现它们所花费的成本。本质上是讲,项目计划者执行一个典型的成本-效益分析来估算项目开销变化情况。

对于一个大型项目,可能会标识出 30～40 种风险。如果为每种风险定义 3～7 个风险管理步骤,则风险管理本身就可能变成一个“项目”。经验表明:整个软件风险的 80%(即可能导致项目失败的 80%潜在的因素)能够由仅仅 20%的已知风险来说明。早期风险分析步骤中所实现的工作能够帮助计划者确定哪些风险在所说的 20%中。

4.7.1 安全性风险和危险

风险不仅限于软件项目本身。在软件已经能够交付客户之后,仍有可能发生风险。这些风险一般与领域中的软件失败相关。

虽然一个良好的系统发生错误的概率很小,但是基于计算机的控制及监督系统中未被发现的错误可能会导致巨大的经济损失,或者更加严重。

当软件被用作控制系统的一部分时,复杂性会以数量级增加。由于人的错误所引起的微小的设计缺陷,在使用软件时会变得难以发现。

软件安全和危险分析是属于软件质量保证活动,它主要是用来标识和评估可能对软件产生负面影响并使整个系统失败的潜在危险。如果能够在软件工程的早期阶段标出危险,则可以指定软件设计特征来消除或控制潜在的危险。

4.7.2 RMMM 计划

风险管理策略可以包含在软件项目计划中,或者风险管理步骤也可以组织成一个独立的风险缓解、监控和管理计划(RMMM 计划)。RMMM 计划将所有风险分析文档化,并由项目管理者作为整个项目计划中的一部分来使用。RMMM 计划的大纲如下:

1　引言

　1.1　文档的范围和目的

　1.2　主要风险综述

　1.3　责任

　　(1)管理者

　　(2)技术人员

2　项目风险表

　2.1　终止线之上所有风险的描述

　2.2　影响概率及影响的因素

3　风险缓解、监控和管理

　3.1　缓解

　3.2　一般策略

　3.3　缓解风险的特定步骤

　3.4　监控

　3.5　被监控的因素

　3.6　监控办法

　3.7　管理

　3.8　意外事件计划

　3.9　特殊的考虑

4　RMMM 计划的迭代时间安排表

5　总结

4.8 小　结

随着软件规模的不断扩大,人们越来越关注对软件开发过程的管理,只有有效、科学的管理开发过程才能更好地保证软件的质量。本章重点讨论了软件项目管理中的项目规划、进度管理、质量管理、配置管理、风险管理、人员管理、成本估算等必要环节,详细阐述在这些环节中用到的管理工具和技术。

习　题　4

一、选择题

1. 在屏蔽硬件错误的冗错技术中,冗余附加技术有__________。

A. 三模冗余　　B. 信息冗余

C. 冗余备份程序的存储及调用　　D. 关键程序和数据的冗余存储和调用

2. 提高软件质量和可靠性的技术大致可分为两大类,其中一类就是避开错误技术,但避开错误技术无法做到完美无缺和绝无错误,这就需要__________。

A. 消除错误　　B. 检测错误　　C. 避开错误　　D. 容错

3. ________是以提高软件质量为目的的技术活动。

A. 技术创新　　B. 测试　　C. 技术创造　　D. 技术评审

二、填空题

1. 外部规格说明是从用户角度来看的规格，包括硬件/软件系统设计和________。

2. 结构冗余是通常用的冗余技术。按其工作方式，它分为静态冗余、________和________3种。

三、简答题

1. 如何定义软件质量？

2. 提高软件质量和可靠性的技术有哪几类？实现容错的一般方法有哪些？

3. 软件项目管理包括哪些内容？

4. 如何理解软件配置管理的含义？

5. 软件配置管理的作用是什么？

6. 简述软件配置管理的过程。

7. 软件的安全性分析包含哪些内容？

8. 进行安全设计时需要考虑哪些因素？

9. 解释最好的程序设计者为什么不一定能成为最好的软件管理者。假如你就是软件项目的负责人，思考如何才能更有效地组织人员进行软件开发。

10. 软件质量保证应做好哪几方面的工作？

11. 如何做好软件质量保证工作？

12. 软件质量与软件质量保证的含义是什么？

13. 什么是软件安全性？软件安全性与软件可靠性有什么不同？为什么有了软件可靠性还要考虑软件安全性？软件安全性应从哪些方面去考虑？

14. 在软件开发中，在重视技术问题的同时，为什么还要重视管理问题？两者哪个重要？有哪些主要的管理问题？

第 5 章　军用软件过程管理和过程改进

随着军队信息化的发展,军用软件的需求越来越多,规模也越来越庞大。软件开发的情况很难预测,大型军用软件的研发团队往往是由多个单位的人员共同组成的,地域及人事上的不便使得软件的变更管理、版本控制及模块整合都难以完成;小型软件相对来说开发人员较少,开发费用较少,周期较短,但在软件开发过程中也经常会出现一些问题,如:文档缺乏、个人风格太重、人员流动带来经验损失、项目管理及开发经验很少被重用、软件项目费用超出预算等。这些都是限制军用软件发展的瓶颈,数据表明大部分的软件质量问题都是由于管理不善而引起的。因此,如何根据研发团队自身的特点进行有效的软件过程管理和软件过程改进是目前军用软件研发面临的亟待解决的问题。

软件过程管理就是要把整个软件的生命周期,从产品立项到产品维护,定出一个明确合理的工程过程并加以管理。软件过程改进(SPI)则是对具体应用领域中软件生命周期的各个阶段运作流程进行不断改善使其适合研发团队自身的开发模式并产生巨大的生产力。缺少了过程管理与改进,就无法消除软件危机,更无法提高研发团队开发制造软件的能力。

5.1　基 本 概 念

5.1.1　软件过程的定义

《牛津简明词典》中,“过程”被定义为活动与操作的集合,例如一系列的生产阶段或操作。《韦氏大词典》定义“过程”是用于产生某结果的一整套操作、一系列的活动、变化以及作为最终结果的功能。

那么什么是软件过程呢? 这个问题是实施软件过程管理与改进的基础。有些人认为过程就是建立一些制度文档,然后大家执行;还有的人认为过程就是 RUP,XP 等等一些通用的标准,然后照搬过来执行。当然不能说这种理解就是错误的,但却是很肤浅的。SEI - CMM 定义过程是用于软件开发及维护的一系列活动、方法及实践。简单来讲软件过程是开发和维护软件及其相关产品所涉及的一系列活动。过程是活动的集合,活动是任务的集合,任务是把输入转换为输出的操作,如图 5 - 1 所示。

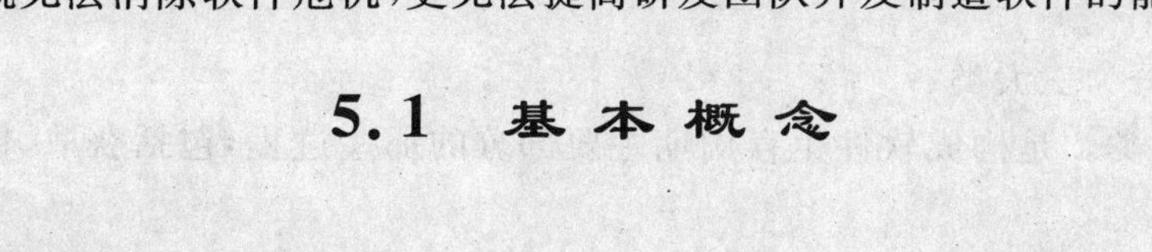

图 5 - 1　软件过程的简单描述

软件过程提供了一个框架，在该框架下可以建立一个软件开发的综合计划，如图5-2所示。

(1)若干框架活动适用于所有软件项目，而不在乎其规模和复杂性。

(2)若干不同任务的集合(每一个集合都由任务、里程碑、交付物以及SQA点组成)，使得框架活动适应于不同软件项目的特征和项目组的需求。

(3)若干保护性活动(如软件质量保证、软件配置管理、测试与度量)贯穿于整个过程模型之中。保护性活动独立于任何一个框架活动，且贯穿于整个过程之中。

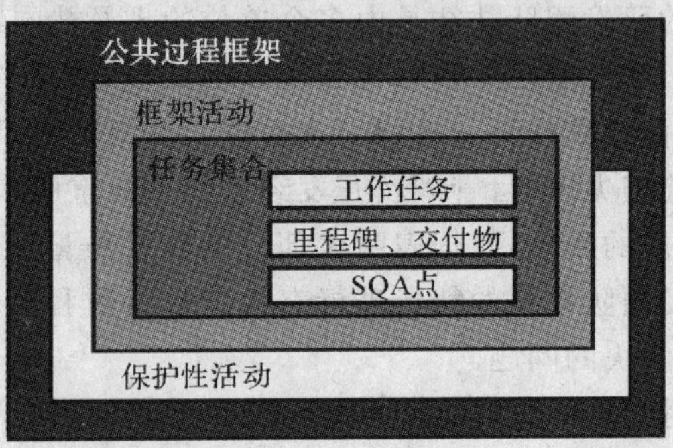

图5-2　公共过程框架

软件过程可分为三大类：

(1)基本过程类。是构成软件生存周期主要部分的那些过程，包括获取、供应、开发、运行、维护等过程。

(2)支持过程类。可穿插到基本过程中提供支持的一系列过程，包括文档开发、配置管理、质量保证、验证、确认、联合评审、审计、问题解决等过程。

(3)组织过程类。一个组织用来建立、实施一种基础结构，并不断改进该基础结构的过程，包括管理、基础设施、改进、培训等过程。

ISO/IEC 15504软件生存周期过程定义如图5-3所示。

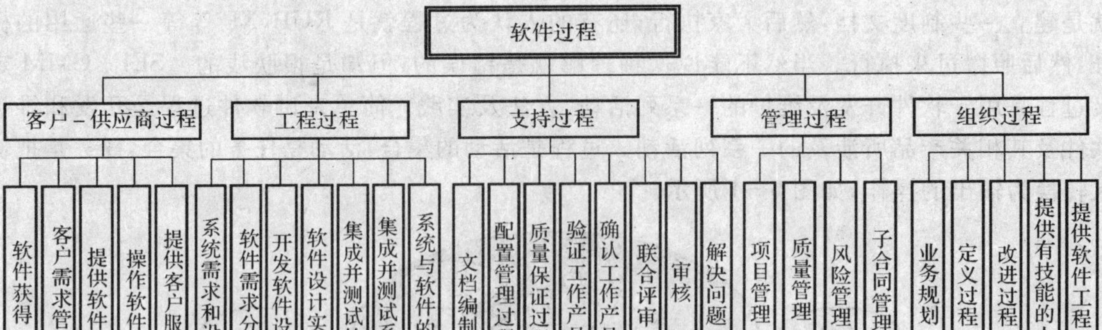

图5-3　ISO/IEC 15504软件生存周期过程

软件过程从本质上来讲就是软件开发的文化，通过这种开发文化来把技术和人进行充分的融合，从而使二者发挥出最佳的作用，文档和制度仅仅是这种文化的外部表现，真正核心的力量来源于这种文化所带来的凝聚力。不能把软件过程简单地理解为软件产品的开发流程。

5.1.2　软件过程模型

软件过程模型是软件开发的指导思想和全局性框架，软件过程模型的提出和发展反映了人们对软件过程的某种认识观，体现了人们对软件过程认识的提高和飞跃。

常见的过程模型有以下几种。

(1)瀑布模型。强调阶段的划分及其顺序性、各阶段工作及其文档的完备性，是一种严格线性的、按阶段顺序的、逐步细化的开发模式。该模型确定了需求分析的绝对重要性，但是在实践中要想获得完善的需求说明是非常困难的；反馈信息慢。

(2)原型模型。建造原型仅是为了定义需求，之后就该被抛弃(或至少部分抛弃)；实际的软件在充分考虑了质量和可维护性之后才被开发。

(3)增量模型。以功能递增的方式进行软件开发；能较快地产生可操作的系统；在每一步递增中，都可以把用户/开发者的经验结合到不断求精的产品中；可改善测试效果和降低软件开发总成本。

(4)螺旋模型。把软件开发过程组成为一个逐步细化的定义周期(螺旋周期)序列，每经历一个周期，系统就得到进一步的细化和完善；本质上，具有上述特征的螺旋是一直运转的直到软件退役。有时这个过程处于睡眠状态，但任何时候出现了改变，过程都会从合适的入口点开始；紧密围绕开发中的风险问题，用风险分析推动软件设计向深一层扩展、求精；强调持续地判断、确定和修改用户任务目标，并按成本、效益来分析候选的软件产品性质对任务目标的贡献；可结合采用多种软件开发方法，但究竟结合哪一种方法仍由风险分析来决定。

(5)形式化方法模型。该方法的主要目的是要把软件开发过程建立在严密可行的数学基础之上，从而提高软件质量和软件生产率。它是事后的或并行的一种辅助手段，用以对系统的性能进行严格的验证；集成到软件开发过程中，希望在严格的形式系统的基础上，实现从需求规约到程序代码的转换和过渡。

5.1.3　软件过程管理

从大量项目实践中归纳总结出的行之有效的过程称为最佳实践(Best Practices)。

软件过程管理就是对最佳实践进行有效的积累，形成可重复的软件过程，使最佳实践在组织范围内共享。软件过程管理可将个人能力转变为研发团队的能力。

软件过程管理的主要内容包括过程定义和过程改进。过程定义是指对最佳实践进行总结，形成一套稳定的、可重复的软件过程。过程改进是指根据实践中对软件过程的使用情况，对软件过程中的偏差和不足之处进行不断优化。

通过过程定义，研发团队能总结归纳出属于并符合自身发展的软件开发文化，这是实施软件过程管理的基本目标，也是进行过程改进的基础。过程改进是对特定过程定义的改进，两者相辅相成，构成一个不断持续发展的良性循环。

软件机构形成一套完整而成熟的软件过程不是一蹴而就的，它需要一个从无序到有序，从特殊到一般，从定性到定量，最后再从静态到动态的历程，或者说软件机构在形成成熟的软件过程之前必须经历一系列的成熟阶段。因此有必要建立一个软件过程成熟度模型来对过程作出一个客观、公正的评价，以促进软件开发组织改进软件过程。

软件过程成熟度是指一个特定的软件过程被显式定义、管理、度量、控制和执行的程度。成熟度可以用于指示研发团队加强其软件过程能力的潜力。当某研发团队达到了一定的软件过程成熟级别后，它将通过制定策略、建立标准和确立机构结构使它的软件过程制度化。而制度化又促使研发团队通过建立基础设施和团队文化来支持相关的方法、实践和过程。从而使之可以持续并维持一个良性循环。

软件过程管理与软件项目管理是互相依赖、互相促进的。两者之间的关系如图 5-4 所示。只有在大量的项目管理实践中才能归纳总结出行之有效的过程，日积月累形成的可重复的软件过程构成组织级的过程资产。这样当有新的项目出现时，就可以在这些过程资产的基础上完成具体的项目研发，提高研发效率，保证研发质量。同时，在新的项目管理实践中不断完善和改进这些过程资产。

图 5-4　过程管理与项目管理的关系

5.2　经典的软件过程管理方法论

5.2.1　产品及周期优化方法论(PACE)

1986 年，PRTM 公司创始人迈克尔·E·麦克哥拉斯(Michael E. McGrath)等团队成员联合提出了产品开发流程的 PACE(Product and Cycle-time Excellence，产品及周期优化法)这一概念。PACE 是当前企业流行的集成产品开发(IPD)方法的理论基础。许多公司将其作为最实用模型用于改进产品开发流程。世界 500 强中近 80%的公司在推行该法。

通过多年的发展和完善，现在 PACE 已经成为产品开发的事实上的标准的流程参考模式，被誉为产品开发领域的管理圣经。它所提供的是一个通用框架、标准术语、适用于全行业的流程基准、一个更新最佳时间方法，以及一个持续完善的流程。

PACE 是一个为产品开发制作的流程参考模式。它是经过检验的、以广泛的经验和对最佳实践的理解为基础的方法。PACE 将产品开发中的关键因素综合在一起，并弥补许多现有产品开发流程的缺陷。

据统计，美国各公司 1995 年投资的研发费用约 1 000 亿美元，利用 PACE 的部分占了 150 亿美元，是总投资的 15%，包括 IBM、Motorola、杜邦、华为、阿尔卡特等在内的许多公司已把 PACE 的各种理念方法付诸实施，在研究开发、管理等方面推行 PACE 的管理方法。

1. PACE 的基本思想

(1)产品开发是由决策流程来推动的，是一个可以管理、可以改善的流程，并非只有靠天才和运气。

(2)产品开发过程需加以定义和实施，以保证企业相关人员都能有共同的认识，知道如何协调和配合。

(3)产品开发是一个分 4 个层次和 3 级进度表的结构化流程，需纳入一个逻辑流程框架中，问题必须通过综合的方法来解决，孤立而零散的改进方式是不可取的。

(4)在 4 个流程演进的每个阶段都需要按部就班，将下一阶段的某一要素过早地引入到现阶段毫无意义，就如同给一辆自行车加上涡轮增压器一样，无助于速度的提高，反而增加了重量。

(5)产品开发需在一个公共决策流程中予以管理，高层管理者的管理重心就是决策和均衡开发进程的关键点。

(6)产品开发项目小组与管理高层需建立新的组织模型(核心小组法)，产品开发团队应有一位经授权的产品经理和若干跨职能的成员，管理高层转为产品审批/管理委员会。

(7)强调设计手段及自动化开发工具必须有起支持作用的基础设施才能发挥效力，产品开发流程的改进，不能依赖被誉为“银弹”的设计手段和自动化开发工具。

2. PACE 的系统结构

PACE 是一个用于产品开发流程的目标，也是一幅蓝图，或是一个参考模式。它对产品开发的定义是：PACE 是一个综合流程，在这个流程中，子流程、组织结构、开发活动、技术以及工具共同运作在一个单一的总体框架中。PACE 的系统结构可以看作是 7 个互相关联的因素，它们组合在一起，既用于项目管理，也用于跨项目管理。这 7 个要素分别是：阶段评审流程、核心小组、结构化开发流程、开发工具和技术、产品策略、技术管理、流程管理。

4 个项目管理要素(阶段评审流程，核心小组，结构化开发流程，开发工具和技术)形成了 PACE 的基础，这些要素对于每一个产品开发项目都是必要的，掌握这些要素可以使一个公司缩短产品投放市场的时间，准确安排项目完成的时间进度，提高 R&D 工作效率，减少对不进入市场的产品的投资。虽然这些要素可以分别进行描述，但只有在整个流程的框架内才会有效。任何一个要素的成功都依赖于整个产品开发流程中的其他要素。

如果高级管理层作出尽可能最佳的决策而公司又不能有效地实施，那么新产品的开发将失败。对于执行跨职能要求来说，核心小组或相应的高效小组起关键作用。如果核心小组要为每一个新产品重复制定开发步骤，那么，无论它多么能干，都需要相当长的时间才能开发出产品。一个通用的结构化开发流程使核心小组能够吸取以前项目的教训，以免再犯同样的错误。像 QFD 和 DFM 这些技术，如果没有应用环境，就不能真正地起到作用。QFD 既需要一个小组将它付诸实施，同时也需要一个流程来确定应该什么时候运用它。DFM 则要求早期在产品设计时制造部门就要参与进来。而它的参与又要求有一个小组能使它产生作用。当流程本身不清楚时，那些使开发流程自动化的工具经证明是非常低效的。这与制造是相似的，在制造业中，许多公司在自动化设备方面投入巨额资本，比如，投资于物料处理和高速制造系统，结果却发现即时生产以及制造系统建立时间的减少根本就不需要这些巨额投资。它传达的信息是一样的：要想自动化真正奏效，首先需要将流程结构化、简单化。

在掌握了项目管理要素后，一个公司通常要提出新的问题，即如何才能发现最好的产品机遇？如何能更好地将技术开发综合起来？如何从战略和策略的角度为各个项目中配置资源？下面 3 个要素：产品策略、技术管理、流程管理，提供了必要的基本管理框架来综合管理所有的产品开发项目，通过掌握这些要素，可以使企业发现更好的产品机遇，更好地将技术开发综合起来，并从战略和策略的角度为各个项目配置资源。

3. 产品开发流程向 PACE 演化的 5 个阶段

向 PACE 的演化共分为 5 个阶段，如图 5－5 所示，不同的阶段，产品开发周期和开发效率有明显的差别，阶段越高，开发结果的可预测性也越强。

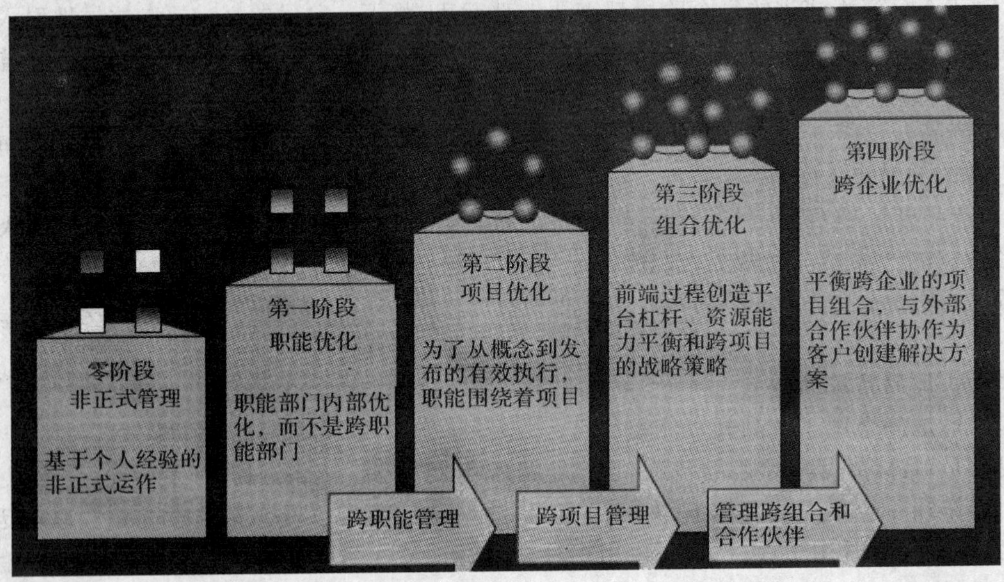

图 5－5　PACE 的 5 个演化阶段

零阶段是一个非正式的阶段，所有的开发项目都得从头做起。开发流程没有被结构化和明确定义，没有任何可供参考的项目组织结构模型，产品战略、技术管理和流程管理都没有正规的流程。处于零阶段的产品开发组织很难持续将成功的产品推向市场，因此也很难维持竞争力。对某一单个的开发项目而言，开发周期根本无法预期，大部分的项目都没法最后完成。

第一阶段的主要特征是各职能领域流程的成熟和优化。与零阶段只有非正式的、混乱的流程不同，第一阶段在各个职能层面上，都有成文的、可重复的流程在发挥作用；组织结构是职能型的，非常重视追求单个职能部门的优化，因而也需要投入很多精力来加强职能部门之间的联系。处于第一阶段的开发组织肯定有新产品上市，但其开发周期相当长，大约是处于第二阶段的开发组织的两倍；制定管理决策时效率不高，使得有些项目迟迟未能取消，开发的浪费远远超过了第二阶段。

在第二阶段，已经有了一个简单的跨职能的开发流程，这一流程的定义清晰、结构简单，并最大程度地包括了各职能之间的并发性和重叠；该流程被广泛应用于全部的合理项目。显然，从第一阶段到第二阶段的演变是产品开发组织跨出的一大步；要保持竞争力，就必须要走这一步。但第二阶段尚无成熟的流程来解决一些跨项目的问题，并且缺乏特定的机制去系统地消化和解决这些问题，针对每个问题制定相应的处理流程，就成了第三阶段所面临的主要挑战。

第三阶段实现了 PACE 的一些跨项目要素，这些要素可以帮助产品开发组织将产品开发与其长远的战略愿景保持一致，并优化其开发组合。在这一阶段，引入了几个新的流程并与第二阶段的流程有机地结合在一起，显而易见，新的流程包括产品战略流程和技术规划流程；在第二阶段时便有了初步的管道管理，在此阶段需要进一步的细化；在第二阶段建立的一些PACE项目管理要素，在此阶段也得到进一步改进和梳理。处于第三阶段的公司将新产品开发流程视为它们的战略优势，这样的态度促使公司投入更多的时间和精力以维持在这方面的领导地位，这些公司在同行中开发周期最短，市场占有率也随之上升。

第四阶段平衡跨企业的项目组合，与外部合作伙伴协作为客户创建解决方案。

任何企业，它所能承受变化的程度有限，因此演化过程应该逐步完成。新产品开发流程演化需要一定的时间来适当落实各阶段的要素，而要使这些要素成为组织正常运作自然而然的一部分也同样需要很长时间。演化的关键是要认识和了解对向下一阶段进展至关重要的一批要素，并将工作重点放在实现这些要素上。

4. PACE 的优缺点分析

PACE 适合指导大型企业的“软硬件产品研发和制造”流程改进，由于涉及面很广，实施过程中会遭遇重重困难，可能导致半途而废；投入经费巨大，见效时间比较长；如果成功，则会有巨大的长期效益，但是失败的可能性比成功的可能性高得多。

5.2.2　CMM/CMMI

软件能力成熟度模型(CMM/CMMI)，是由美国卡内基梅隆大学软件工程研究所(CMU SEI)研究出的一种用于评价软件承包商能力并帮助改善软件质量的方法，其目的是帮助软件企业对软件工程过程进行管理和改进，增强开发与改进能力，从而能按时地、不超预算地开发出高质量的软件。CMMI 能帮助我们整合以往各自为政的组织功能，建立过程改进的目标与优先级，指导我们进行质量改进，并且还提供了评价现有过程的参照点。其所依据的思想是：只要集中精力持续努力去建立有效的软件工程过程的基础结构，不断进行管理的实践和过程的改进，就可以克服软件开发中的困难。

CMM/CMMI 是目前国际上最流行、最实用的一种软件生产过程标准，已经得到了国际软件产业界的认可，成为当今(企业)从事规模软件生产不可缺少的一项内容。CMM 与CMMI的区别见表 5－1。

表 5－1　CMM 与 CMMI 比较

CMM	CMMI	CMM 与 CMMI 区别
需求管理 RM	需求管理 RM	要与需求开发并行工作；明确要求需求的可追溯性
软件项目策划 SPP	项目策划 PP	强调相关人员的参与；要有具体的任务分解表 WBS；关注项目技巧的获得；项目数据的数据管理
软件项目跟踪与监控 SPTO	项目监督与控制 PMC	强调对风险和相关人员参与的监督；监控具体实践级别上的约定
软件子合同管理 SSM	供应商合同管理 SAM	引入了原“子商管理”和“组间协调”的思想；强调合同的概念
软件质量保证 SQA	过程和产品质量保证 PPQA	要正式建立评价标准；强调对过程及工作产品的客观评价

续表

CMM	CMMI	CMM 与 CMMI 区别
软件配置管理 SCM	配置管理 CM	配置管理系统包括存储介质，规程和登陆配置系统的工具；软件库被配置管理系统代替
	度量与分析 MA	新的过程区域；比原来共同特性中的度量与分析部分要求要多；要求组织能够系统地开发并发展自己的度量

1. CMM 的一些基本概念

(1)软件过程。人们用于开发和维护软件及其相关过程的一系列活动，包括软件工程活动和软件管理活动。

(2)软件过程能力。描述(开发组织或项目组)遵循其软件过程能够实现预期结果的程度，它既可对整个软件开发组织而言，也可对一个软件项目而言。

(3)软件过程性能。表示(开发组织或项目组)遵循其软件过程所得到的实际结果，软件过程性能描述的是已得到的实际结果，而软件过程能力则描述的是最可能的预期结果，它既可对整个软件开发组织而言，也可对一个特定项目而言。

(4)软件过程成熟度。一个特定软件过程被明确和有效地定义、管理和控制的程度。

(5)软件能力成熟度等级。软件开发组织在走向成熟的过程中几个具有明确定义的表示软件过程能力成熟度的平台。

(6)关键过程域。每个软件能力成熟度等级包含若干个对该成熟度等级至关重要的过程域，它们的实施对达到该成熟度等级的目标起到保证作用。这些过程域就称为该成熟度等级的关键过程域，反之非关键过程域是指对达到相应软件成熟度等级的目标不起关键作用。

(7)关键实践。对关键过程域的实践起关键作用的方针、规程、措施、活动以及相关基础设施的建立。关键实践一般只描述做什么而不强制规定如何做。整个软件过程的改进是基于许多小的、渐进的步骤，而不是通过一次革命性的创新来实现的，这些小的渐进步骤就是通过一些关键实践来实现的。

(8)软件能力成熟度模型。随着软件组织定义、实施、测量、控制和改进其软件过程，软件组织的能力也伴随着这些阶段逐步前进，完成对软件组织进化阶段的描述模型。

2. CMM 模型概要

软件开发的风险之所以大，是由于软件过程能力低，其中最关键的问题在于软件开发组织不能很好地管理其软件过程，从而使一些好的开发方法和技术起不到预期的作用。而且项目的成功也是通过工作组的不断努力，所以仅仅建立在特定人员上的成功不能为全组织的生产和质量的长期提高打下基础，必须在建立有效的软件工程实践和管理实践的基础设施方面，坚持不懈地努力，才能不断改进，才能持续地成功。

CMM 提供了一个框架，将软件过程改进的进化步骤组织成 5 个成熟等级，为过程不断改进奠定了循序渐进的基础。这 5 个成熟度等级定义了一个有序的尺度，用来测量一个组织的软件过程成熟度和评价其软件过程能力，这些等级还能帮助组织对其改进工作排出优先次序。成熟度等级是已得到确切定义的，也是在向成熟软件组织前进途中的平台。每一个成熟度等级为连续改进提供一个基础。每一等级包含一组过程目标，通过实施相应的一组关键过程域达到这一组过程目标，当目标满足时，能使软件过程的一个重要成分稳定。每达到成熟框架的一个等级，就建立起软件过程的一个相应成分，使组织的能力不断增大。

表 5-2 给出了 CMM 模型概要，表中的 5 个等级各有其不同的行为特征。

表 5-2　CMM 模型概要

过程能力等级	特点	关键过程域
1　初始级	软件过程是无序的，对过程几乎没有定义，成功取决于个人努力。管理是反应式（消防式）的	
2　可重复级	建立了基本的项目管理过程来跟踪费用、进度和功能特性。制定了必要的过程纪律，能重复先前类似应用项目取得成功	需求管理，软件项目计划，软件项目跟踪和监督，软件子合同管理，软件质量保证，软件配置管理
3　已定义级	已将软件管理和工程文档化、标准化，并综合成该组织的标准软件过程。所有项目均使用经批准、剪裁的标准软件过程来开发和维护软件	组织过程定义，组织过程焦点，培训大纲，集成软件管理，软件产品工程，组织协调，同行专家评审
4　已定量管理级	收集对软件过程和产品质量的详细度量，对软件过程和产品都有定量的理解和控制	定量的过程管理，软件质量管理
5　优化级	过程的量化反馈和新思想、新技术促进过程不断改进	缺陷预防，技术变更管理，过程变更管理

软件机构的最终质量保证模式可以用图 5-6 说明。图 5-6 给出了软件质量计划、质量控制、质量改进的一个简单循环，它归纳出了 CMM 的真正内核，所以，可以说 CMM 的模型是一种新兴管理思想——连续改进（Continuos Improvement）循环——的体现。

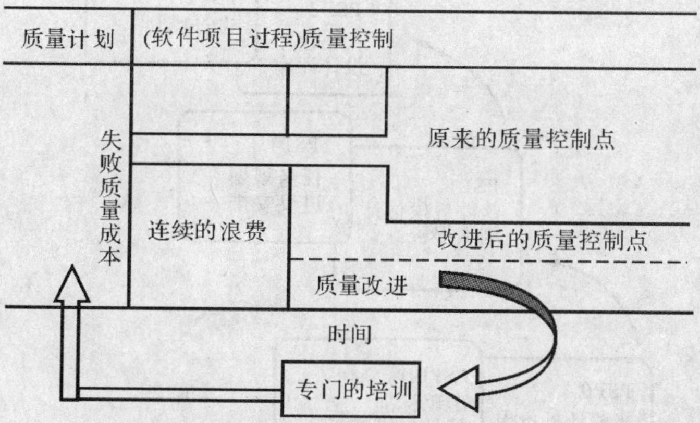

图 5-6　CMM 质量保证模式

3. CMM/CMMI 优缺点分析

CMM 是迄今为止学术界和工业界公认的有关软件工程和管理实践的最好的软件过程，它为评估软件组织的生产能力提供了标准，也为提高软件组织的生产过程指明了方向。但

CMM仅仅对等级评估做了强制要求，对如何进行软件过程没有强制要求；对软件项目管理和机构过程管理论述很深入，但对软件开发的核心工作却一笔带过；按照CMM进行软件过程改进需要大量的人力、物力，还有时间。

5.2.3 PSP和TSP

1. 个体软件过程PSP

个体软件过程(Personal Software Process，PSP)是由美国Carnegie Mellon大学软件工程研究所(CMU/SEI)的Watts s. Humphrey于1995年领导开发的，它的推出，在软件工程界引起了极大的轰动，可以说是由定向软件工程走向定量软件工程的一个标志。PSP是一种可用于控制、管理和改进个人工作方式的自我改善过程，是一个包括软件开发表格、指南和规程的结构化框架。

PSP为基于个体和小型群组软件过程的优化提供了具体而有效的途径，例如如何制定计划，如何控制质量，如何与其他人相互协作等。在软件设计阶段，PSP的着眼点在于软件缺陷的预防，其具体办法是强化设计结束准则，而不是设计方法的选择。

PSP的研究结果表明，绝大多数软件缺陷是由于对问题的错误理解或简单的失误所造成的，只有很少一部分是由于技术问题而产生的。而且根据多年来的软件工程统计数据表明，如果在设计阶段注入一个差错，则这个差错在编码阶段引发了3～5个新的缺陷，要修复这些缺陷所花的费用要比修复这个设计缺陷所花的费用多一个数量级。因此，PSP保障软件产品质量的一个重要途径是提高设计质量。

(1)PSP的演化。PSP的演化过程如图5-7所示。

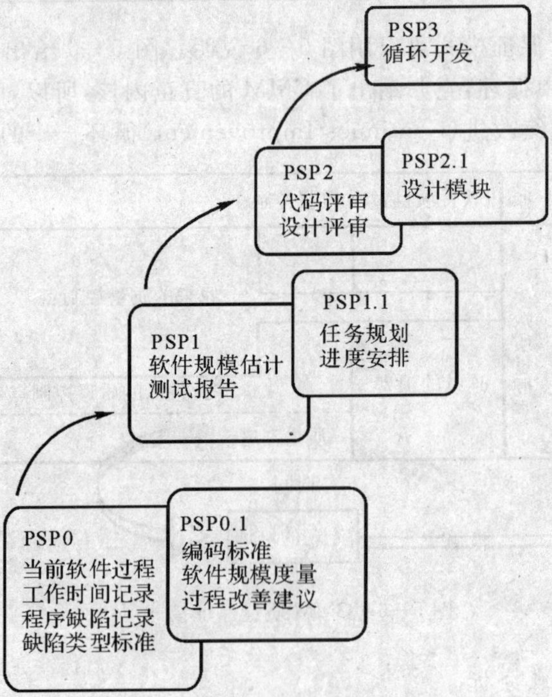

图5-7 PSP的演化过程

(2)PSP 的内容。PSP 与具体的技术(程序设计语言、工具或者设计方法)相对独立,其原则能够应用到几乎任何的软件工程任务之中。PSP 能够说明个体软件过程的原则,帮助软件工程师作出准确的计划,确定软件工程师为改善产品质量要采取的步骤,建立度量个体软件过程改善的基准,确定过程的改变对软件工程师能力的影响。

(3)PSP 支持环境。北京航空航天大学软件工程研究所研制的基于 Internet 的"个体软件过程支持环境",支持个体软件过程的定义、运作、度量、分析和优化,支持 PSP 在实际软件开发项目中的应用,支持 PSP 概念和方法的推广普及,支持软件工作人员软件工程方面素质的提高。

(4)PSP 的作用。

1)使用自底向上的方法来改进过程,向每个软件工程师表明过程改进的原则,使他们能够明白如何有效地生产出高质量的软件。

2)为基于个体和小型群组软件过程的优化提供了具体而有效的途径。其研究与实践填补了 CMM 的空白。

3)帮助软件工程师在个人的基础上运用过程的原则,借助于 PSP 提供的一些度量和分析工具,了解自己的技能水平,控制和管理自己的工作方式,使自己日常工作的评估、计划和预测更加准确而有效,进而改进个人的工作表现,提高个人的工作质量和速度。

2. 群组软件过程 TSP

群组软件过程(Team Software Process,TSP)致力于开发高质量的产品,建立、管理和授权项目小组,并且指导他们如何在满足计划费用的前提下,在承诺的期限范围内,不断开发出高质量的产品。

TSP 指导项目组中的成员如何有效地规划和管理所面临的项目开发任务,并且告诉管理人员如何指导软件开发队伍始终以最佳状态来完成工作。TSP 实施集体管理与自我管理相结合的原则,最终目的在于指导开发人员如何在最少的时间内,以预定的费用生产出高质量的软件产品,所采用的方法是对群组开发过程的定义、度量和改进。

(1)实现 TSP 方法需要具备的条件。

1)需要有高层主管和各级经理的支持,以取得必要的资源。

2)整个软件开发小组至少应在 CMM 的第二级(可重复层)。

3)全体软件开发人员必须经过 PSP 的培训,并有按 TSP 工作的愿望和热情。

4)开发小组成员应在 2～20 个人之间。

在实施 TSP 的过程中,首先要有明确的目标,开发人员要努力完成已经接受的委托任务。在每一阶段开始,要做好工作计划。如果发现未能按期按质完成计划,应立即分析原因,以判定问题是由于工作内容不合适或工作计划不实际所引起,还是由于资源不足或主观努力不够所引起。开发小组一方面应随时追踪项目进展状态并进行定期汇报,另一方面应经常评审自己是否按 PSP 的原理工作。开发小组成员应按自我管理的原则管理软件过程,如发现过程不合适,应及时改进,以保证用高质量的过程来产生高质量的软件。项目开发小组则按集体管理的原则进行管理,全体成员都要参加和关心小组的规划、进展的追踪和决策的制定等项工作。

(2)按 TSP 原理对开发小组的基本度量要素。

1)所编文档的页数。

2)所编代码的行数。

3)花费在各开发阶段或各开发任务上的时间(以 min 为单位)。

4)在各个开发阶段中引入和改正的差错数目。

5)在各个阶段对最终产品增加的价值。

(3)度量TSP实施质量的过程质量元素。

1)软件设计时间应大于软件实现时间。

2)设计评审时间至少应占一半以上的设计时间。

3)代码评审时间至少应占一半以上的代码编制时间。

4)在编译阶段发现的差错不超过10个/KLOC

5)在测试阶段发现的差错不超过5个/KLOC。

5.2.4 项目管理知识体系(PMBOK)

项目管理协会(Project Management Institution, PMI)于1966年在美国宾州成立,是目前全球影响最大的项目管理专业机构,其组织的项目管理专家(Project Management Professional, PMP)认证被广泛认同。PMI的突出贡献是总结了一套项目管理知识体系(Project Management Body of Knowledge, PMBOK)。

PMBOK总结了项目管理实践中成熟的理论、方法、工具和技术,也包括一些富有创造性的新知识。PMBOK把项目管理知识划分为9个知识领域(集成、范围、时间、成本、质量、人力资源、沟通、风险和采购),每个知识领域包括数量不等的项目管理过程。

项目是由各种过程组成的,这些过程可分为两类:与项目管理有关的过程,涉及项目组织和管理;与产品有关的过程,涉及具体的项目产品生成。这两类过程结合起来,才能完成整个项目活动。PMBOK主要讨论项目管理过程。

以前PMBOK包括37个过程,在新推出的PMBOK 2000中新增了2个风险管理的过程,一共39个。PMBOK把项目管理过程分为以下5类。

(1) 启动。成立项目组开始项目或进入项目的新阶段。启动是一种认可过程,用来正式认可一个新项目或新阶段的存在。

(2) 计划。定义和评估项目目标,选择实现项目目标的最佳策略,制定项目计划。

(3) 执行。调动资源,执行项目计划。

(4) 控制。监控和评估项目偏差,必要时采取纠正行动,保证项目计划的执行,实现项目目标。

(5) 结束。正式验收项目或阶段,使其按程序结束。

每个管理过程包括输入、输出、所需工具和技术。各个过程通过各自的输入和输出相互联系,构成整个项目管理活动。

根据重要程度,PMBOK又把项目管理过程分为核心过程和辅助过程两类。核心过程指那些大多数项目都必须具有的项目管理过程,这些过程具有明显的依赖性,在项目中的执行顺序也基本相同。辅助过程指那些视项目实际情况可取舍的项目管理过程。在PMBOK 2000中,核心过程共17个,辅助过程共22个。

总之,PMBOK 2000一共包括39个项目管理过程,按所属知识领域分为9类,按时间逻辑分为5类,按重要程度分为2类,见表5-3,其中斜体为辅助过程。

PMI的项目管理知识体系(PMBOK)基本覆盖了项目管理实践中的基本管理过程,但是,这些项目管理过程必须和实际项目的具体产品开发过程结合起来,才能完成整个项目活动。

表 5－3　PMBOK 2000 项目管理过程

	启动	计划	执行	控制	结束
综合管理		项目计划编制	项目计划执行	综合变更控制	
范围管理	启动	范围规划 范围定义		范围审核 范围变更控制	
时间管理		活动定义 活动排序 活动周期估计 进度安排		进度控制	
成本管理		资源计划 成本估计 成本预算		成本控制	
质量管理		质量计划	质量保证	质量控制	
人力资源管理		组织计划 人员获取	团队建设		
沟通管理		沟通计划	信息分发	绩效报告	行政收尾
风险管理		风险管理计划 风险识别 定性风险分析 定量风险分析 风险响应计划		风险监控	
采购管理		采购计划 招标计划	招标 选择供应商 合同管理		合同收尾

PMBOK 优缺点分析：PMBOK 论述的方法适用于任何行业的项目管理，但是对软件项目管理而言，其针对性不够；PMBOK 的方法局限于项目管理，对软件研发管理显得不够用；PMBOK 的"成本管理"和"人力资源管理"可以弥补 CMM/CMMI 的不足。

5.2.5　敏捷开发与极限编程(XP)

1.敏捷软件开发方法

2001 年，为了解决许多公司的软件团队陷入不断增长的过程泥潭，一批业界专家一起概括出了一些可以让软件开发团队具有快速工作、响应变化能力的价值观和原则，他们称自己为敏捷联盟。敏捷开发过程的方法很多，主要有：SCRUM，Crystal，特征驱动软件开发(Feature Driven Development，FDD)，自适应软件开发(Adaptive Software Development，ASD)，以及最重要的极限编程(Extreme Programming，XP)。极限编程是于 1998 年由 Smalltalk 社群中的大师级人物 Kent Beck 首先倡导的。

敏捷软件开发宣言：

个体和交互　　胜过　过程和工具

可以工作的软件　　胜过　　面面俱到的文档

客户合作　　胜过　　合同谈判

响应变化　　胜过　　遵循计划

虽然右项也有价值，但是左项具有更大的价值。

(1)通过尽早的、持续的交付有价值的软件来使客户满意。

(2)即使到了开发的后期，也欢迎改变需求。敏捷过程利用变化来为客户创造竞争优势。

(3)经常性地交付可以工作的软件，交付的间隔可以从几个星期到几个月，交付的时间间隔越短越好。

(4)在整个项目开发期间，业务人员和开发人员必须天天都在一起工作。

(5)围绕被激励起来的个体来构建项目。给他们提供所需的环境和支持，并且信任他们能够完成工作。

(6)在团队内部，最具有效果并富有效率的传递信息的方法，就是面对面的交谈。

(7)工作的软件是首要的进度度量标准。

(8)敏捷过程提倡可持续的开发速度。责任人、开发者和用户应该能够保持一个长期的、恒定的开发速度。

(9)不断地关注优秀的技能和好的设计会增强敏捷能力。

(10)简单是最根本的。

(11)最好的构架、需求和设计出于自组织团队。

(12)每隔一定时间，团队会在如何才能更有效地工作方面进行反省，然后相应地对自己的行为进行调整。

当软件随开发需求的变化而变化时，软件设计会出现以下各种问题。

(1)僵化性。很难对系统进行改动，因为每个改动都会迫使许多对系统其他部分的改动。

(2)脆弱性。对系统的改动会导致系统中和改动的地方在概念上无关的许多地方出现问题。

(3)牢固性。很难分解系统，使之成为一些可在其他系统中重用的组件。

(4)黏滞性。做正确的事情比做错误的事情要困难。

(5)不必要的复杂性。设计中包含有不具任何作用的基础结构。

(6)不必要的重复性。设计中包含有重复的结构，而该重复的结构本可以使用单一的抽象进行统一。

(7)晦涩性。很难阅读、理解。没有很好地表现出意图。

敏捷团队依靠变化来获取活力。团队几乎不进行预先设计，因此，不需要一个成熟的初始设计。他们更愿意保持设计尽可能地干净、简单，并使用许多单元测试和验收测试作为保障。这保持了设计的灵活性、易于理解性。团队利用这种灵活性，持续地改进设计，以便于每次迭代结束生成的系统都具有最适合于那次迭代中需求的设计。为了解决软件设计中的问题，敏捷开发采取了以下面向对象的设计原则来加以避免。

(1)单一职责原则(SRP)。就一个类而言，应该仅有一个引起它变化的原因。

(2)开放-封闭原则(OCP)。软件实体应该是可以扩展的，但是不可修改。

(3)Liskov 替换原则(LSP)。子类型必须能够替换掉它们的基类型。

(4)依赖倒置原则(DIP)。抽象不应该依赖于细节,细节应该依赖于抽象。

(5)接口隔离原则(ISP)。不应该强迫客户依赖于它们不用的方法。接口属于客户,不属于它所在的类层次结构。

(6)重用发布等价原则(REP)。重用的程度就是发布的程度。

(7)共同封闭原则(CCP)。包中的所有类对于同一类性质的变化应该是共同封闭的。一个变化若对一个包产生影响,则将对该包中的所有类产生影响,而对于其他的包不造成任何影响。

(8)共同重用原则(CRP)。一个包中的所有类应该是共同重用的。如果重用了包中的一个类,那么就要重用包中的所有类。

(9)无环依赖原则(ADP)。在包的依赖关系图中不允许存在环。

(10)稳定依赖原则(SDP)。朝着稳定的方向进行依赖。

(11)稳定抽象原则(SAP)。包的抽象程度应该和其稳定程度一致。

上述中的包的概念是:包可以用作包容一组类的容器,通过把类组织成包,可以在更高层次的抽象上来理解设计,也可以通过包来管理软件的开发和发布。目的就是根据一些原则对应用程序中的类进行划分,然后把那些划分后的类分配到包中。

敏捷设计是一个过程,不是一个事件。它是一个持续的应用原则、模式以及用实践来改进软件的结构和可读性的过程。它致力于保持系统设计在任何时候都尽可能地简单、干净和富有表现力。

2. 极限编程(XP)

极限编程(XP)是敏捷方法中最著名的一个。它是由一系列简单却互相依赖的实践组成的。这些实践结合在一起形成了一个胜于部分结合的整体。下文是极限编程的有效实践。

(1)完整团队 XP 项目的所有参与者(开发人员、客户和测试人员等)一起工作在一个开放的场所中,他们是同一个团队的成员。这个场所的墙壁上随意悬挂着大幅的、显著的图表以及其他一些显示他们进度的东西。

(2)计划是持续的、循序渐进的。每 2 周,开发人员就为下 2 周估算候选特性的成本,而客户则根据成本和价值来选择要实现的特性。

(3)客户测试作为选择每个所期望的特性的一部分,客户可以根据脚本语言来定义出自动验收测试来表明该特性可以工作。

(4)简单设计团队保持设计恰好和当前的系统功能相匹配。它通过了所有的测试,不包含任何重复,表达出了编写者想表达的所有东西,并且包含尽可能少的代码。

(5)所有的产品软件都是由两个程序员、并排坐在一起在同一台机器上编程。

(6)编写单元测试是一个验证行为,更是一个设计行为。同样,它更是一种编写文档的行为。编写单元测试避免了相当数量的反馈循环,尤其是功能验证方面的反馈循环。程序员以非常短的循环周期工作,他们先增加一个失败的测试,然后使之通过。

(7)随时利用重构方法改进已经腐化的代码,保持代码尽可能地干净、具有表达力。

(8)团队总是使系统完整地被集成。一个人编程后,其他所有人负责代码集成。

(9)任何结对的程序员都可以在任何时候改进任何代码。没有程序员对任何一个特定的模块或技术单独负责,每个人都可以参与任何其他方面的开发。

(10)系统中所有的代码看起来就好像是被单独一人编写的。

(11)将整个系统联系在一起的全局视图是系统的未来影像，是它使得所有单独模块的位置和外观变得明显直观。如果模块的外观与全局视图不符，那么该模块是错误的。

(12)团队只有持久才有获胜的希望。他们以能够长期维持的速度努力工作，他们保存精力，他们把项目看作是马拉松长跑，而不是全速短跑。极限编程是一组简单、具体的实践，这些实践结合在一起形成了一个敏捷开发过程。极限编程是一种优良的、通用的软件开发方法，项目团队可以拿来直接使用，也可以增加一些实践，或者对其中的一些实践进行修改后再使用。

3.敏捷开发优缺点分析

敏捷开发方法表达了“简单、快速、实用”的软件开发思想，它不是成熟的理论，也不是事实上的标准。敏捷开发对于提高个人、小型团队的工作效率很有帮助。但若用它指导大型、中型软件机构的研发管理是有很高风险的。

5.2.6 RUP和面向对象方法论

关于RUP理论，本书2.3.3及3.1节已做出详细介绍，这里不再复述，只给出优缺点分析。

RUP优缺点分析：RUP及其配套软件工具是重量级的软件研发管理解决方案，它面向的是高端用户，对用户的财力、开发和管理能力要求很高。要求使用者熟悉UML，而且项目经理和开发组长要有能力控制迭代过程。

5.2.7 集成化研发流程(IDP)

企业应当根据自身的情况，既要裁剪CMMI过程域和实践，又要补充CMMI没有涉及的过程域和实践，研制出适合本企业的容易执行的软件过程规范。

IDP(Integrated Development Processes)是一种基于CMMI的集成化软件研发流程。IDP由众多的过程规范和模板组成，IDP 5.0模型如图5-8所示。

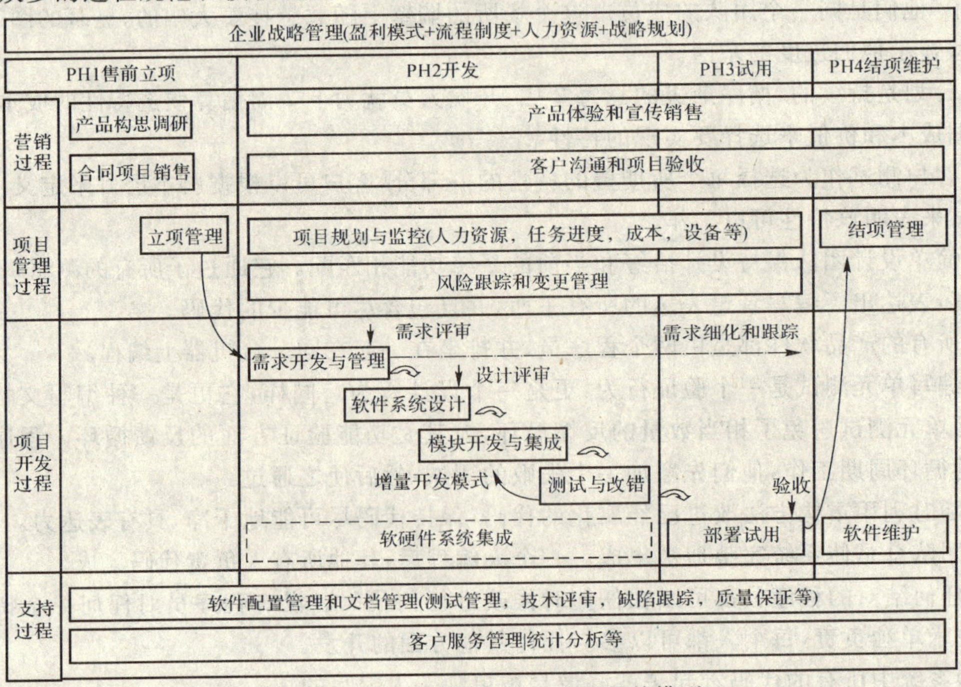

图5-8 集成化软件研发流程IDP的模型

研发项目的组织结构模型如图 5－9 所示，按照职务高低划分为 3 个层次：机构领导、项目经理、项目成员。机构领导是项目经理的直接领导，这里机构可以是公司，也可以是公司的开发部门。一般地，机构领导是本机构内所有项目的决策者。机构领导下达任务给项目经理，项目经理向机构领导汇报工作。项目经理是本项目的管理者，他带领所有项目成员共同完成机构领导下达的任务。项目成员是指在项目中执行具体任务的人员，例如分析员、设计师、程序员、测试员等。项目经理下达任务给项目成员，项目成员们向项目经理汇报各自的工作。项目成员并非固定在一个项目中工作，他们可能来自于相对独立的职能单位（例如开发组、测试组），可以为多个项目提供服务，即矩阵关系。如果机构内没有相对独立的测试组，那么测试人员的直接领导就是项目经理。如果机构内有测试组，那么测试人员的直接领导是测试经理，而项目经理相当于测试人员的“临时雇主”。当测试人员接受了某个项目的测试任务，那么他要向测试经理和项目经理汇报工作。当项目结束后，该项目的人力资源被释放。机构领导决定本机构内的人力资源如何应用。

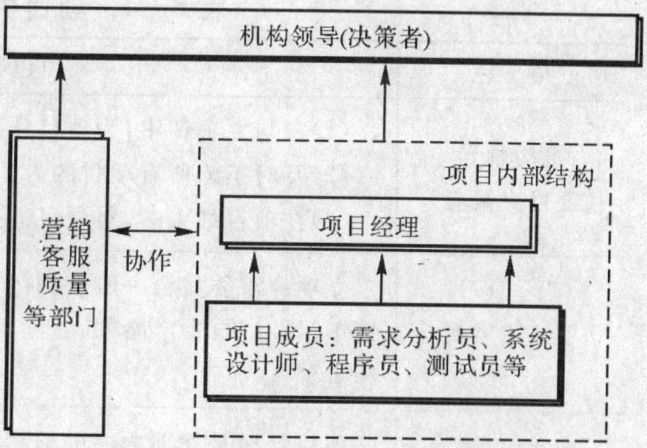

图 5－9　研发项目的组织结构模型

研发项目的角色模型如图 5－10 所示。每个人可以拥有多个角色，视项目情况而定。每个角色必须有明确的职责（说明要做的事情和所负的责任）。常见的角色职责见表 5－4。IDP 流程中的过程域、主要活动和主要工作成果见表 5－5。

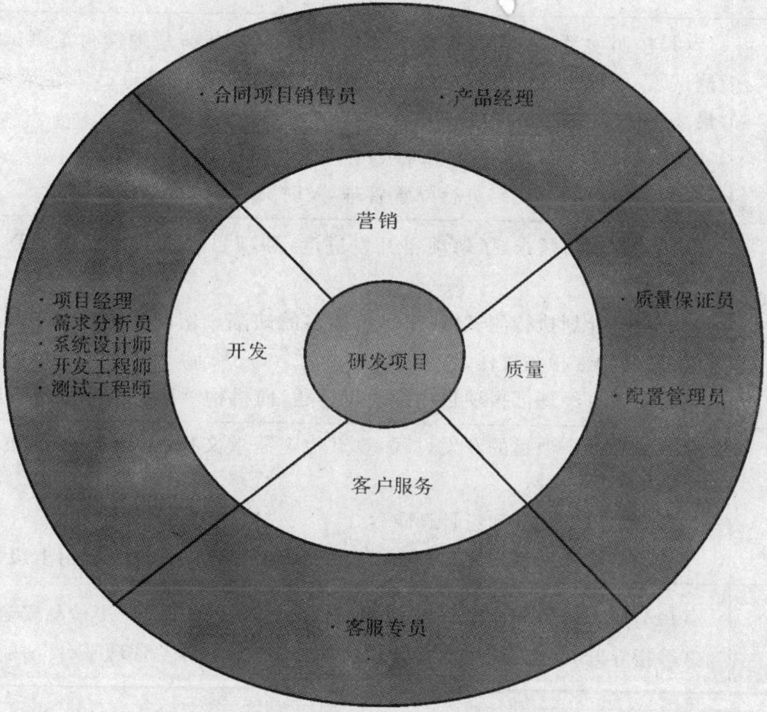

图 5－10　研发项目的角色模型

表 5-4　项目中的角色职责表

角　色	该角色在研发流程中的主要职责
机构领导 （项目决策者）	(1)参与立项评审，为项目分配合适的人力资源 (2)及时了解所有项目的人力资源、进度、质量情况，协商处理问题 (3)在项目结束时，对项目进行综合评估
立项评审委员会	立项评审委员会一般由部门经理以上职位的人员组成，主要职责是参与“合同项目”和“自主产品”的立项评审。该委员会有一名常务负责人，处理立项流程事务
项目经理 （项目管理者）	项目经理是立项之后的项目主要责任人，主要职责是带领团队在预定的时间和成本之内，开发并交付质量合格的项目（产品）。项目经理对本项目的需求、进度、质量、交付负主要责任 (1)负责本项目的任务进度管理、变更管理，以及可能存在的跨项目、跨部门协调 (2)如果本项目没有专门的需求分析员，那么项目经理承担需求分析工作。如果本项目缺乏足够的开发工程师，那么项目经理应当承担某些模块开发工作 (3)在项目结束时，总结经验和教训，完善文档。对项目成员的业绩进行评估
需求分析员	(1)负责本项[illegible]需求调研、分析、定义，撰写详细的需求文档 (2)将需求[illegible]地传达给相关人员（如开发人员、测试人员、客户等），随着项目进展，及时完善需求文档
系统设计师	(1)根据需求开展总体设计，包括构架设计、数据库设计、用户界面设计等 (2)撰写设计文档，并将设计成果准确地传达给其他项目成员
开发工程师	(1)按照项目经理分配的任务执行开发工作，并清楚地交付给测试人员（准备测试）。如果测试人员报告缺陷，应及时消除缺陷。对自己工作成果的质量负最大责任 (2)参与项目讨论，主动发现项目中的问题，消除问题 (3)对自己的源代码进行配置管理，及时完善文档
测试工程师	(1)了解项目需求，了解项目开发进度，和项目经理商议测试计划，设计测试用例 (2)根据计划执行测试，找出尽可能多的缺陷。使用缺陷跟踪工具，及时将测试信息反馈给相关责任人 (3)向项目经理汇报项目内的质量问题，向机构领导汇报共性的质量问题
质量保证员	(1)跟踪每个项目的开发过程，重点检查需求文档、设计文档、变更记录、用户文档是否符合规范 (2)参加需求评审和设计评审 (3)如果发现项目问题，先和责任人沟通，如果难以解决，则由上级领导协调
配置管理员	(1)为所有项目创建配置库，为用户分配合适的权限，负责信息安全和备份 (2)指导开发人员使用配置管理软件和“集成化研发管理平台”

续 表

角　色	该角色在研发流程中的主要职责
产品经理	(1)负责产品调研分析,撰写《产品需求说明书》,使产品顺利立项 (2)跟踪产品开发过程,及时试用产品,纠正偏差,给出优化建议,使产品更加适合目标客户的需求 (3)协助营销人员宣传、销售该产品,及时获取客户的反馈,改进产品 提示:产品经理可兼任项目中的需求分析员
销售员	(1)公司软件产品及合同项目销售,包括制定个人销售计划,拜访客户,向客户推介和演示公司产品和服务,业务洽谈及跟进;需完成给定的销售指标 (2)了解用户需求,及时反馈给公司研发部门和服务部门 注意:合同项目的立项须遵循公司的立项管理流程
客服专员	(1)现场服务,为客户部署软件、培训讲解等。利用电话、互联网提供非现场服务 (2)客户问题的处理跟踪

表 5-5　IDP 流程中的过程域、主要活动和主要工作成果

IDP 的过程域		主要活动	主要工作成果
营销过程	产品构思和调研	产品构思,产品调研	产品需求说明书,产品调研报告
	产品体验和宣传销售	产品体验,宣传销售	产品宣传材料
	合同项目销售	接触客户,可行性分析,投标答辩,签订合同	投标书,合同,项目需求说明书
	客户沟通和合同验收	消除摩擦,评审成果,控制变更,项目验收,发掘商机	项目验收报告
项目管理过程	立项管理	立项申请,立项评审,项目筹备	立项申请书,立项评审报告
	结项管理	结项申请,结项评估,关闭项目	结项申请书,结项评估报告
	项目规划与监控	制定项目计划,人员管理,任务进度管理,项目成本管理,设备管理	项目计划,日志,周报
	风险跟踪和变更控制	识别风险,处理风险,关闭风险 变更申请,变更审批,执行	风险跟踪表,变更控制报告
项目开发过程	需求开发与管理	需求调研,需求分析,需求定义,评审确认,细化跟踪,变更控制	客户需求记录,产品(项目)需求说明书,需求跟踪表
	软件系统设计	系统结构设计,用户界面设计,数据库设计,模块设计	系统设计说明书, 模块设计说明书

续表

IDP的过程域		主要活动	主要工作成果
项目开发过程	模块开发与集成	模块需求细化,模块设计,模块实现和集成	模块需求说明书,设计说明书,软件代码
	测试与改错	准备测试,执行测试,消除缺陷	测试用例,测试报告
	软硬件系统集成	方案设计,选择设备供应商,设备采购和验收,设备安装调试	系统集成方案
	部署试用	撰写文档,软件部署,客户培训,客户试用	部署说明书,安装和使用手册
	软件维护	接受维护请求,分析维护请求,执行维护	维护记录
支持过程	软件配置管理	软件代码管理,文档管理	软件代码库,文档库
	软件质量管理	技术评审,测试管理,发布管理,质量保证,缺陷(问题)跟踪	技术评审报告,发布记录,质量检查表,缺陷报告
	客户服务管理	客户信息管理,客户问题受理	客户信息库,客户问题记录
	统计分析	统计分析	统计分析报告

IDP优缺点分析:IDP是基于CMMI的集成化研发流程。它集成了营销过程、项目管理过程、项目开发过程和支持过程;适合中小型IT企业的CMMI 3级研发流程;其流程容易裁减和扩充。

5.3 军用软件能力成熟度模型

软件能力成熟度模型,其英文全称是Capability Maturity Model for Software,缩写为SW-CMM,简称CMM,是一种用于评价组织软件承包能力并帮助其改善软件质量的方法,也就是评估软件能力与成熟度的一套标准,它侧重于软件开发过程的管理及工程能力的提高与评估。

1986年11月,卡内基-梅隆大学的软件工程研究所(Carnegie Mellon University/Software Engineering Institute,简称CMU/SEI)应美国联邦政府的要求,在Mitre公司的协助下,分别于1987年6月和9月开发出了软件能力成熟度框架和软件成熟度提问单,用于评估软件供应商的能力。通过4年的应用实践,于1991年推出了软件能力成熟度模型1.0版。1992年4月,SEI举行了一个由400多名软件专业人员参加的CMM研讨会,与会代表针对软件能力成熟度模型1.0版进行了深入的讨论,提出了改进意见。SEI在广泛征求意见的基础上,于1993年推出了软件能力成熟度模型1.1版。按照SEI的原定计划,CMM的改进版本2.0应该在1997年11月前完成,然后在取得实践反馈意见之后,于1999年完成准CMM2.0版本。然而,美国国防部办公室要求SEI延迟公布CMM2.0版本,并取消了CMM2.0版本的后续开发研究工作,转而研究开发软件能力成熟度集成模型(Capability Maturity Model Integration,

CMMI)。目前通用流行的版本是 CMM1.2。

军用软件研制能力成熟度模型 GJB 5000A—2008 来自于软件能力成熟度模型 CMM1.2，具体内容参见本书 6.3 节。

5.4 软件过程改进

研究软件过程本质上是为了突出关键过程以改善软件的质量。人们已经得到共识，要提高软件质量必须改进软件过程。

软件过程改进(Software Process Improvement，SPI)帮助软件企业/研发团体对其软件过程的改变(或改进)进行策划和实施。它的实施对象是软件过程，包括软件产品的生产过程及维护过程。

对于软件企业/研发团体来说，软件过程是整个企业/团体中最复杂、最重要的业务流程。人们逐渐认识到要想高效率、高质量、低成本地开发软件，必须以改善软件生产过程为中心，全面开展软件工程和质量管理，这是世界各国软件产业都要走的路。整个 SPI 的实施过程其实就是在回答 3 个问题:什么是过程，为什么要实施 SPI，如何实施。前两个问题的答案是启动一个过程，改进必须要完成的工作，如果没有很好地对两个问题进行思考就匆忙启动一个 SPI，那么这个 SPI 的风险是不可预测的。下面就这两个问题具体进行分析。

什么是软件过程? 这个问题在本章的第一小节已经阐明，即软件过程从本质上来讲就是软件开发的文化。SPI 的最终目的就是要为一个企业或团队的软件开发建立这样一种文化。那么既然是文化，它必然带有明显的个性化色彩，因此一个企业或团队进行 SPI 的首要任务不是去寻找什么通用的过程，而是要全面分析自身的特点，然后在这个基础上再去参考一些已有的框架进行修改使其作为自己改进的起点。

为什么要进行 SPI? 这个问题的回答是 SPI 的原动力。任何事物进行改进是因为它需要改进，而且这种改进可以为它带来好处。那么进行 SPI 的原因是什么，很多人一定会说是因为软件的开发很混乱，不规范等等。但这只对了一半，这只是在软件这一层面进行了回答。更重要的是 SPI 可以为企业或团队创造更大的利润，因为 SPI 不是在真空中进行，它有它的商业背景，一个 SPI 的实施不仅要有软件层面的需求，更要有商业层面的需求，同时这也是获得高层支持的一个主要原因。因为对于决策层而言，他们更关心获利的大小而不是软件开发的改进。因此这个问题的回答决定了一个企业或团队是否应该进行 SPI，这是一个利益分析的过程。

在决定实施 SPI 之前，首先来分析一下不成熟软件组织与成熟软件组织的差异。在不成熟的软件单位，软件过程一般由实践者及其管理者在项目进程中临时拼凑而成，因而推迟进度和超出预算已成为惯例，产品质量难以预测，有时为了满足进度要求，常在产品功能和质量上做出让步。

然而，一个成熟软件组织具有在全组织范围内管理软件、开发过程和维护过程的能力，规定的软件过程被正确无误地通知到所有员工，工作活动均按照已规划的过程进行。并通过可控的先导性试验和性价分析使这些过程得到改进，对已定义过程中的所有岗位及其职责都有清楚的描述，和通过文档与培训使全组织有关人员对已定义的软件过程都有很好的理解，从而使其软件过程所导致的生产率和质量能随时间的推移得到改进。

表 5-6 给出了不成熟和成熟软件组织的比较，这种比较分析不仅是形成软件能力成熟模

型的基础，也有利于理解该模型。

表 5-6　不成熟软件组织与成熟软件组织的差异

	不成熟软件组织	成熟软件组织
软件过程	临时拼凑、不能贯彻	有统一标准，且切实可行，并不断改进；通过培训，全员理解，各司其职，纪律严明
管理方式	反应式（消防式）	主动式，监控产品质量和顾客满意程度
进度、经费估计	无实际根据，硬件限定时，常在质量上让步	有历史数据和客观依据，比较准确
质量管理	问题判断无基础，难预测；进度滞后时，常减少或取消评审、测试等保证质量的活动	产品质量有保证，软件过程有纪律，有必要的支持性基础设施

5.5　SPI的实施

如何实施SPI？这是改进的主体部分。如果把SPI看作是一个软件开发项目的话，那么5.4节所提的前两个问题就是一个项目的可行性分析阶段，而第3个问题则是项目的实施阶段。如何进行过程改进？当一个企业经过了可行性分析，最后确定要进行改进时，它首先要做的是建立过程改进组织，最常见的措施就是成立SEPG（软件工程过程组），SEPG是整个SPI的实施者，它必须是一个专职的机构而且拥有足够的权利。国内很多软件公司在组建SEPG时出于人力方面的考虑往往采用让一些项目经理兼职去做SEPG成员，而且SEPG并没有什么实际的权利，这种做法对于SPI是非常不利的，这也反映出国内很多公司对于SPI的理解度和信心度都存在不足。在建立了SEPG之后，那么面对的就是真正实施的开始。实施SPI之前首先要从宏观上进行分析，确定出SPI的实施战略，确定战略的目的在于保证改进工作始终能够按照正确的方法向着正确的目标迈进，并且在遇到阻力时能够依照原则和策略进行灵活的处理。因为任何形式的改进都意味着同现有事物的冲突，但改进不是革命，因此这时候就需要平衡，一个不作任何平衡的改进注定要失败。而平衡的依据就是你的目标、原则以及策略。很多过程改进的失败都是因为没有一个宏观上的实施策略，导致在实施的过程中不能很好地处理出现的问题，最终的结果只能是不了了之。策略由两部分组成，一是实施的基本原则，二是实施的基本策略。

5.5.1　基本原则

这是实施过程中必须遵循的准则，所有的实施活动都要围绕着它来展开。根据SPI的目标、焦点和范围制定出以下几个原则。

（1）目标原则。这一点是非常重要的，必须明确SPI的最终目的是为了帮助企业获得更大的利润，而这种利润的获得是通过提高项目的成功率来达到的。因此项目的成功率就是检验实施结果的唯一标准。如果对于一个企业而言，实施 SPI 所带来风险以及开销要大于它所带来的利润，那么 SPI 也就没有必要再实施下去了，不是为了改进而改进。

(2)焦点原则。过程是为产品和开发服务的，因此实施 SPI 一定要以目前的现状作为焦点，任何通用的框架方法只能作为一个指导，如何适应个体的特殊性才是实施的难点。所以，在制定实施任务时一定要时刻围绕自身的现状，千万不要简单地去照搬一些理论或者别人的经验。

(3)范围原则。SPI 不是万能的。过程只是软件的核心因素之一，因此 SPI 不能解决一切开发问题。这就要求在实施过程中要清楚什么是 SPI 能做的，什么是它无法企及的。不要用它做它根本做不到的事，否则你的实施会被一些别的因素搞得一团糟，严重影响实施以及对实施效果的评估。

(4)沟通原则。对于沟通的重要性，无论怎么强调都不会过分，在整个实施过程中 SPEG 要同高层领导、项目主管以及开发人员保持密切的沟通，在这 3 个层次上去传递 SPI 的思想和价值，因为不同层次的成员对 SPI 的关注点是有很大差异的。因此建立一套有效的沟通交流通道可以说是实施 SPI 的基础，因为所有的思想、信息都要通过它去传递。SPI 中沟通的最终目的可以用 3 句话来概括，那就是：把不了解变为了解，把不愿意变为愿意，把不会做变为会做。真正做到了以上 3 点，那么你的沟通就到位了。

5.5.2　基本策略

关于 SPI 的实施策略，有点像我国的中医治疗，充分利用了辩证思想。首先通过望、闻、问、切确定问题所在，鉴别出轻重缓急；然后要考虑个体差异从全局出发权衡利弊确定方案；最后按照方案逐步推进实施，并且要不断地审核实施效果，发现问题及时调整。在整个实施过程中要从宏观和微观两个方面去把握它。整个 SPI 的过程就是以这样一种迭代的方式进行，按照诊断—改进—反馈—评估—再改进的模式不断演化，逐步为一个团队或企业建立起自己的软件文化。

实施战略的确定为 SPI 建立了一个稳定的框架，那么在这个框架下如何去具体地开展实施工作，这就需要一整套实施战术来支持。根据 SPI 实施中遇到的几个核心问题，战术由以下 6 个核心任务组成。

(1)获得执行层的支持。公司的执行层的支持是软件过程改进实施的前提和实施成功的重要保证。软件过程改进，必然需要一定的资源投入，必然要改变公司的一些现有制度和工作流程，有了执行层的支持，才能确保实施时所需资源的及时满足才能有效排除实施过程中的各种干扰因素，使得过程改进活动得以顺利进行。因此，在软件过程改进实施之前，一定要与公司的执行层取得共识。通过与他们一起分析公司在软件开发过程中所面临的各种问题，让他们认识到实施软件过程改进的迫切性；通过必要的培训，让他们认识到软件过程改进所能解决的问题和带来的实际利益；还可通过典型案例的讲解，使他们对实施软件过程改进充满信心。为了让执行层能切身地感受到 SPI 的重要性，在实际实施过程中，最好让执行层参与一些实际工作。一般需要执行层(或其代理人)加入 SEPG，对于一些重要的决策需要他们参与，需要从他们的角度去考虑问题，这样执行起来就能得到他们的理解和支持，同时，评估过程改进的具体效果时，如有他们的参加，必能让他们感受到 SPI 达到了既定目标、改善了项目进度成本、改进了产品质量，为他们带来了实际利益。当然，执行层一般非常繁忙，不大可能随时关注软件过程改进，这就需要主动加强与他们的沟通。在实际实施过程中，在新的阶段开始前，需要向他们提交新阶段改进的具体目标；在实施过程中，需要定期向他们汇报最新的工作进展；在每一阶段结束后，要向他们提交对该阶段实施效果的评估报告。这样，他们就能对软件过程改进的实施过程有一个宏观的了解，对具体进度有所把握，对每阶段实施后为公司所带来的利益有所感受，从而对整个的实施计划及实施过程充满信心。

(2)对现状的诊断。给出改进列表及优先级。兵法云：知己知彼，方能百战百胜。软件过程之所以需要进行改进，最主要的原因就是该软件过程中存在着缺陷和问题。把当前软件过程中的这些问题找出来并且抽象组合，形成有代表性的描述就是软件过程现状诊断。可以说，软件过程现状的诊断是软件过程改进的基础。

对软件过程现状的诊断实质上就是在整个软件工程的活动中寻找造成低效和错误的问题及其原因。根据这个描述，可以从两个方面来进行软件过程的现状诊断。一个方面是从软件过程活动空间的外部来寻找，包括对历史数据进行分析、问卷调查、开会讨论等，该方法也称为黑盒法。另一个方面是从软件过程活动空间的外部来寻找，诊断者直接深入项目内部，对项目进行跟踪，获取当前过程的细节信息，该方法也称为白盒法。两种方法从各自不同的侧面对软件过程进行了考查。前者有利于对软件过程宏观形势的把握，后者有利于深入挖掘软件过程活动中的细节问题，二者各有侧重，互相映衬，不可偏废。

在充分进行了现状诊断之后，就需要对诊断提出的问题进行改进。可以使用改进列表的技术来保证改进的完整性和有效性。在改进列表中.使用改进优先级确保对重点改进项的优先改进。在改进列表中，将列举出所有的改进内容、改进项现状和改进目标。对改进优先级的具体确立方法是：综合考虑不改进可能造成的损失 w 和改进造成的可能的损失风险 u，如果 w 越大。u 越小，改进的优先级就越高，否则，改进的优先级就越低。w 和 u 的取值是在综合考虑企业目前情况的基础上，通过预测获得的。

(3)选择改进体系及改进方法。改进体系建立了一个改进的框架，而改进方法则提供了实现的思路。在体系和方法的选择上既不要盲目地去照搬一些标准，当然也不要彻底地自力更生，毕竟这些标准是经过长时间的总结提炼而成的。因此应该用一种辩证的眼光去看待这些已有的模式，在充分了解了自身的改进需求的基础上去寻求一种最佳的结合。一个好的体系的建立可以使实施获得一个很好的起点和路径，而一套优秀方法的采用则会降低实施难度。选择什么样的体系和方法是由企业自身的特点来决定的，它涉及很多因素，例如，企业的规模、产品的性质、人员的整体素质以及组织结构、改进成本的投入以及改进需求等。只有在认真考虑了这些因素后作出的选择才是一个真正有效的选择，否则就是盲目的选择。因此体系和方法的选择是实施 SPI 之前非常重要的一项任务，但这种选择必须是在你已经认真地回答了什么是过程和为什么要执行 SPI 的基础上。

(4)建立完善的沟通渠道及培训体系。软件行业是一个以人为主的行业，其中的每一个步骤都充满了人的智慧，这将给软件行业带来极高的创造力和想象力，但与此同时，怎样管理组织好这些智慧，怎样利用发挥好人的资源，又成了一个急需解决的问题。沟通是解决这个问题的关键一步，好的沟通真的能给企业带来效益。所以，建立完善的沟通渠道自然也就成了过程改进的关键一项。在 SPI 过程中的沟通，除了和上级领导的协调以外，更主要的是和项目经理和具体开发人员的沟通。过程改进的推行，只有在项目管理层以及开发人员都充分认识到它的重要性，并且相信改进会给项目带来实际的效果时，改进才能真正地在具体项目中落实。在沟通中还应注意方法，比如让过程改进人员以第三方的角色参与到项目中去了解项目的细节，从过程这个角度去观察项目，在项目实施过程中去逐步渗透改进的理念。注意沟通方式，避免出现抵触情绪。因为项目本身的压力很大，这时你如果以一种监督者的身份去推行你的方法，肯定会出现对立情绪，这对实施是非常不利的。

对于过程改进这个个性化的东西而言，没有一个方法是万能有效的，沟通也是如此。但可以确定的一点是，建立完善的人员培训体系和沟通渠道，确实是软件过程改进中不可或缺的重要一步。

(5)建立改进效果的评估体系。

1)建立评估体系的目标。首先此评估体系要能客观评价改进的效果，不能拘泥于某些理论上的细节。应以过程的改进是否基本符合工程化的标准，改进后的执行效果是否极大提高工作效率，提高企业的经济效益，而不能以是否严格符合过程改进的理论步骤为评估标准。其次评估体系要简单化，当然简单化并非形式化，简单化指评估体系要实施起来简单方便并且要有高的可靠性和信赖性。

2)建立评估体系的方法。实际上方法并没有严格意义上统一，应视具体企业具体软件系统具体对待。一般评估体系犹如软件系统的测试，可采用黑盒法和白盒法。所谓黑盒法即从宏观上对过程改进效果进行评估，就整个过程改进是否最大符合工程化方法和本企业的具体情况进行评估。白盒法即对过程改进的每一步都进行评估，看其是否符合既定的目标和要求，此法就是对过程改进效果进行微观上操作，要求相对较高，但用它可精确地评估其改进效果。实际应用中并非对所有的过程都进行跟踪评估，只要对主要过程进行较严格评估即可。因此评估体系的建立一般采用二者结合的方法。在宏观评估的基础上，对关键过程进行详细评估。

3)评估体系的实施。首先要建立可评估的内容。这些内容包括文档的评估、分析设计的评估、人员配备评估、进度控制评估、配置管理的评估、测试方面的评估、技术反馈的评估。建立评估内容后，按照宏观和微观结合的评估方法对过程改进的效果进行有效的评估。可以根据具体企业和具体软件系统，对评估内容侧重点进行考查。

4)评估后的建议。评估后得出对改进效果总体的评价，过程的改进有哪些不标准的方面和不完善的地方，并给出再次改进的建议。这有点像迭代开发模型，一次一次在原有基础上进行过程的改进，以适应企业的要求和软件发展。总之，评估体系的建立是灵活的、动态的，要根据实际情况依照国际工程化标准，来制定具体的评估体系，这样既符合国际标准又符合本企业最大化利益。

(5)跟踪改进带来的风险。要密切关注改进该项目带来的暂时性的负面影响，把它控制在一个合理的风险范围内。一旦这种风险发生，要及时地查找原因，改变改进方式，可能是你的方式太激进。甚至当你发现无法去避免这种风险时，那就要与高层进行讨论，改进是否还要继续下去，可能你目前的公司还不适合作大的改进。因为对企业而言改进的目的不是为了改进，而是要获取更大的利润，因此当改进引入的风险大于它所能带来的利润时，就要考虑是否应该进行下去。

通过前面的分析可以看到 SPI 的实施的确是一个复杂而又漫长的过程，而这种复杂性来源于它的个性化特点，如何能够从企业自身的特点出发去定义一个适合于自身的改进方案是整个实施过程的关键，而这种能力的获得是建立在对软件过程本质的深刻理解以及对自身特点的详细分析的基础上，并且所有的战略与战术也都是在这个基础上去制定和展开的。因此在 SPI 这个问题上一定不能去过份依赖任何理论和框架，因地制宜才是上策。软件过程其实已经不再是传统意义上的工业过程的概念，而是演变为一种文化形式，这是由于软件过程要面对太多人的因素和创造性的活动，因此不可能存在所谓的绝对通用的软件过程模式。

5.6 小结

软件过程管理就是要把整个软件的生命周期，从产品立项到产品维护，订出一个明确合理的工程过程并加以管理。软件过程改进(SPI)则是对具体应用领域中软件生命周期的各个阶段运作流程进行不断改善，使其适合研发团队自身的开发模式并产生巨大的生产力。缺少了过程管理与改进，就无法消除软件危机，更无法提高研发团队开发制造软件的能力。

软件过程管理和软件过程改进都是面向研发组织的，并不是针对某个具体项目。

习题 5

1. 什么是软件过程？
2. 软件过程分为哪几类？
3. 什么是 TSP？什么是 PSP？
4. GJB 5000A 将研发组织的软件能力评价分为几级？每一级的要求是什么？
5. 什么是软件过程改进？
6. 软件过程改进的原则是什么？

第6章 军用软件工程标准

自从1983年军用标准化工作实行统一管理以来，军用软件工程标准化工作受到各有关单位的重视，取得了可喜的成绩。随着我军武器装备现代化水平的不断提高，军用软件工程标准化也取得了重大发展，逐步形成了比较完善的软件工程标准体系。从1988年第一项软件工程国军标GJB 437《军用软件开发规范》发布，至今共发布了软件工程国家军用标准近50项。这些标准中的大多数已被军内外广泛应用，对于在软件开发中引进国外的先进经验，建立软件工程化的概念，实现软件的工程化开发，提高软件的开发质量，特别是对一些大型信息系统工程及重点武器型号软件的开发质量起到了积极的作用。

根据原国防科工委1988年6月颁发的《采用国外先进军用标准的暂行规定》，我国软件工程军用标准绝大多数都是参考美国军用标准，并结合我国具体情况制定的。虽然我国软件工程国军标整体水平仍落后于国外先进国家，同类标准的发布一般落后美国军标近10年左右，但相对于我国软件工程化水平而言，这些标准仍具有先进性和指导性。当然，随着一些新的软件工程技术和方法的出现，也需要对标准进行适时的修订。使其具有一定的时效性。本章将介绍军用软件工程中最重要的几个标准及最新进展。

6.1 军用软件开发通用标准及其修订

1996年发布GJB 2786《武器系统软件开发》规定了武器系统软件开发和保障的基本要求，适用于软件生存周期的全过程，为软件的订购方或使用方了解承制方的软件开发，以及为测试和评价工作提供了依据。GJB 2786充分体现了系统工程和软件工程的思想，具有鲜明的特点。特点之一就是提供了承制方在满足合同或任务书要求前提下的灵活性。在标准中，它定义了软件开发的8项主要活动，并特别说明这些活动可以重叠，也可以交叉或循环进行，因此GJB 2786对许多软件开发模型来说都是可接受的，即其本身可接受多种不同的软件开发方法。标准中唯一带有约束性的是承制方应使用有充分的文件证明的、系统化的软件开发方法，且该方法应支持合同要求的正式审查和审核。

6.1.1 目的、背景与范围

武器装备的信息化和数字化程度越来越高，使得在武器装备系统中计算机软件的规模越来越大，其复杂性程度越来越高，其核心地位和灵魂作用越来越大，并直接关系着武器系统功能的强弱和成败。然而在武器装备研制和实际使用中，与软件核心地位和灵魂作用形成极大反差的是软件质量问题。多年来，软件质量问题呈明显上升的趋势，导致软件开发往往滞后于硬件的研制，成为武器装备研制进度延误、研制经费超支和物资浪费的主要因素，软件已成为制约武器装备发展和发挥效能的瓶颈，更重要的是，软件的质量问题严重影响了部队的使用、训练及战斗力的尽快形成。

为了研制出质量高和可靠性强的计算机软件，人们一直努力从技术和管理两个方面入手，在技术方面，通过在软件研制过程中采用新的方法和工具，减少软件中的潜在缺陷，提高软件的内在质量；在管理方面，通过加强对软件研制过程的控制，使软件的研制过程规范化，并增加透明度，以过程的高质量来保证产品的质量，这就是人们常说的提高软件工程水平。GJB 2786—96《武器系统软件开发》则是我国军用软件工程方面最重要的一项标准。

GJB 2786—96《武器系统软件开发》主要是参照了美军标 DOD—STD—2167A《防务系统软件开发》，并结合我军具体情况制定的，它规定了武器系统的研制开发和保障的基本要求。GJB 2786 的目的和用途是多方面的。

首先，GJB 2786 是软件标准化方面的一项基础标准，它规定了整个系统寿命周期软件开发的统一的要求，为订购方（或使用方）对承制方的软件开发、测试和评价工作提出了依据。

其次，GJB 2786 是一项管理标准，确定了标准术语，提出了评审、审核和评价等方面的要求，并定义了一系列软件管理活动，有助于军方采购部门或项目管理部门有效管理软件开发或软件项目等。

第三，GJB 2786 不是一项设计标准，它并未规定特定的软件开发或设计方法，为满足任务书或合同要求，承制方可选择最佳软件开发方法。

综上所述，GJB 2786 的目的，是在不束缚承制方的技术思想的前提下，对军用软件的开发、管理等提出基本的要求，并和武器装备研制的有关规定及 GJB 438A 等标准一起，共同保证军用软件高效、高质量地开发。

GJB 2786 规定了武器系统软件的研制开发和保障的基本要求，适用于武器系统研制中计算机软件配置项（CSCI）的开发，也适用于固件中的软件部分的开发，可细分为如下几种情况：

（1）系统研制。本标准可以与《武器装备研制项目管理》一起用于整个武器系统的研制。

（2）固件。固件是指“硬件装置和作为只读软件驻留其中的计算机指令或计算机数据的组合，这种软件在程序控制下不易修改”。在现代化的武器系统中存在大量的这类固件，其软件的开发充分体现了军用软件开发的特点。本标准适用于存储在固件中的软件部分的研制，但是不适用于固件中硬件部分的研制。

（3）非交付软件。对于软件开发项目可能还需要开发或使用一些软件，如软件测试环境和软件工程环境下的测试驱动软件、文档编制软件等，而这些软件最终是不需要交付的。标准中的有些条款如 4.2.2“软件工程环境”和 4.3.3“软件测试环境”的要求可能就不适用于这类软件。对于这类软件，GJB 2786 的要求通常是不适用的。

（4）非开发软件。非开发软件是指不是本软件项目合同开发的而又需要交付的软件，它可能是承制方、订购方或其他有关方面提供的软件。按其来源非开发软件可分为已有系统的可重用的软件、订购方（或使用方）提供的软件、市场上可购买的现成软件。标准中 4.2.4“非开发软件”要求适用于此类软件。

（5）非计算机软件配置项（CSCI）软件的开发。在本标准中 CSCI 定义为“为独立的配置管理而设计的并且能满足最终用户功能的一组软件”。CSCI 是为配置管理的目的而设计的，对于一个系统而言，哪些被选为 CSCI，选择多少个 CSCI 是出于一定的考虑的，选择过多的软件配置项既不利于管理的可见性，还会增加开支；并非所有的软件部分都作为软件配置项进行管理的。但是对于本标准而言，它既适用于 CSCI 的开发，也适用于非 CSCI 的开发。

6.1.2　主要内容

GJB 2786 由 6 章和 4 个附录组成。第 1,2,3,6 章和附录 D 分别描述了范围、引用文件、定义、说明事项和标准中使用的缩略语等一般说明性内容，第 4,5 章和附录 A,B,C 构成了本标准的核心。其中第 4 章提出了应用于整个软件开发过程的一般要求，第 5 章提出了应用于开发过程特定活动的具体要求，附录 A,B,C 分别提出了编码、问题分类和评价准则方面的要求。

GJB 2786 对软件开发规定了如下 6 个方面一般要求，这些要求贯穿于整个软件开发过程：软件开发管理，软件工程，正式合格性测试，软件产品评价，软件配置管理，向软件保障阶段转移。其中，对承制方的软件开发管理提出如下要求：承制方应对可交付软件开发过程实施管理；应支持正式审查和审核；应编写软件开发计划，并按照软件开发计划开展活动；应建立和实施风险管理规程；应遵守合同中规定的安全保密要求；应实施转承制方的管理；应明确同软件独立验证和确认机构的接口；应建立软件开发库；应建立和实施纠正工作规程；应编制问题和更改报告等。

对承制方软件工程也提出 10 方面要求，这些要求是：承制方应使用有充分的文件证明的、系统化的软件开发方法；应建立软件工程环境；应进行必要的软件安全性分析；应制定使用非开发软件的计划；应对软件配置项进行分解；应编制从系统规范到各计算机软件配置项、计算机软件部件和计算机单元，以及计算机软件单元级到软件需求规格说明和接口需求规格说明、需求分配的可追踪性文档；应使用合同规定的高级语言；应制定和实施用于开发可交付软件的设计和编码标准；应编制软件开发文件；应分析规定的处理资源和预留量要求等。

对承制方的正式合格性测试要求是：应制定正式的合格性测试计划；应建立软件测试环境；正式合格性测试活动应具有独立性；应记录各测试用例满足或部分满足规定需求的可追踪性。GJB 2786 还要求承制方应在目标计算机系统或签约机构批准的同等系统上，对 CSCI 进行正式合格性测试。

GJB 2786 首先要求承制方应对可交付的软件和文档进行评价，并要求承制方的产品评价的活动应具有独立性；在提交前应与相应机构进行内部协调，确保进行最终评价的可交付项目满足要求的程度是可接受的；应编写和保存软件产品的评价记录；应按照标准附录 C 中规定的评价准则进行产品评价。

对承制方的软件配置管理提出了如下要求：承制方应制定和实施配置标识计划，根据合同规定的标识要求进行配置标识；应制定和实施配置控制计划，进行检入检出控制、版本控制、存取控制等；应制定和实施配置状识纪实计划，编写构成开发配置、分配基线和产品基线的所有产品的管理记录和报告；制定和实施软件、文档的储存、处置和交付的方法和规定；最终要求应对工程更改进行控制。

在向软件保障阶段转移方面，要求承制方提供的可交付代码应能被重新生成和维护；承制方应能在指定的保障环境下完成可交付软件的安装和检查；承制方应交付有关的软件保障和运行文档等。

GJB 2786 对软件开发的详细要求规定了软件开发过程所涉及的 8 项主要活动，即：系统要求分析和设计，软件需求分析，概要设计，详细设计，编码和计算机软件单元测试，计算机软件部件集成和测试，计算机软件配置项测试，系统集成和测试。

对于每项活动从软件开发管理、软件工程、正式合格性测试、软件产品评价、软件配置管理等方面提出了具体要求。具体要求如下：

(1)系统要求分析和设计。承制方应支持系统要求审查、系统设计审查；应对初步系统规范进行分析以判定软件需求的一致性和完整性；应对系统分解进行分析，以确保系统要求在硬件、软件和人员之间进行了最佳分配，并记录分配过程；应为每个 CSCI 规定初步的工程要求，并在软件需求规格说明中记录；应为每个 CSCI 的外部接口规定初步的接口要求，并在概要接口要求规格说明中记录；应为 CSCI 规定一组初步的测试要求，并在软件需求规格说明中记录；应对所形成的软件开发计划、系统和段设计文件、初步软件需求规程说明、初步的接口需求规格说明进行评价，并对这些文档进行配置控制。

(2) 软件需求分析。承制方应进行软件规程说明审查，并形成分配基线；应为每个 CSCI 规定完整的工程要求，并在软件需求规格说明中记录；应为每个 CSCI 的外部接口规定完整的接口要求，并在接口需求规格说明中记录；应为 CSCI 规定一组完整的测试要求，并在软件需求规格说明中记录；应对所形成的软件需求规程说明、接口需求规格说明进行评价，并对这些文档进行配置控制。

(3) 概要设计。承制方应进行软件概要设计审查；应对每个 CSCI 进行概要设计，将软件需求规程说明、接口需求规格说明的要求分配至每个计算机软件部件(CSC)中，为每个 CSC 规定设计要求，并在软件设计文档中记录；应对每个外部接口进行概要设计，并在接口设计文档中记录；在软件设计文档中，应记录概要设计过程中形成的对形成、理解设计很关键的 CSCI 其他工程信息；应制定 CSC 集成和测试方面的测试要求，并在 CSC 的软件开发文件中记录；应确定 CSCI 要进行的正式合格性测试，并在软件测试计划中记录；应对所形成的软件设计文档、概要接口设计文档、软件测试计划和 CSC 测试要求进行评价；应将软件设计文档纳入 CSCI开发配置中，并对概要接口设计文档、软件测试计划进行配置控制。

(4) 详细设计。承制方应对每个 CSCI 进行详细设计，将 CSC 的要求分配至每个计算机软件单元(CSU)中，为每个 CSU 规定设计要求，并在软件设计文档中记录这些信息；应对每个外部接口进行详细设计，并在接口设计文档中记录；在软件设计文档中，应记录详细设计过程中形成的对形成、理解设计很关键的 CSCI 其他工程信息；应为 CSC 集成和测试以及 CSU 确定测试职责、测试用例和进度等方面内容，并在 CSC 的软件开发文件中记录；应为所有 CSU 测试确定测试要求、测试职责、测试用例和进度等方面内容，并在 CSU 的软件开发文件中记录；应制定正式合格性测试所需测试用例，并在 CSCI 的软件测试说明中记录；应对所形成的修改的软件设计文档、修改的接口设计文档、CSC 测试用例、CSU 测试要求和测试用例、软件测试说明和 CSC 测试要求、一定比例的 CSC 和 CSU 的开发文件进行评价；应将修改的软件设计文档纳入 CSCI 开发配置中，并对修改的接口设计文档和 CSCI 的软件测试说明进行配置控制。

(5) 编码和计算机软件单元测试。承制方应制定 CSU 测试规程，并在 CSU 的软件开发文件中记录；应对 CSU 进行编码和测试，并在 CSU 的软件开发文件中记录所有的测试结果；应根据 CSU 测试情况对设计文档进行必要的修正和重新测试，对涉及的 CSU 的开发文件进行修改；应制定 CSC 测试规程，并在 CSC 的软件开发文件中进行记录；应对 CSU 的源代码、CSC 测试规程、CSU 测试规程和测试结果、一定比例的已修改的开发文件进行评价；应将成功经过测试和评价的 CSU、已修改的软件设计文档和源代码纳入开发配置中；应将成功经过测试和评价的CSU的源代码进行配置控制。

(6) 计算机软件部件集成和测试。承制方应进行测试准备审查;应进行计算机软件部件集成和测试,并在CSC的软件开发文件中记录其结果;应根据测试结果对设计文档和代码进行必要的修改和重新测试,对涉及的CSU,CSC,CSCI的开发文件进行修改;应针对软件测试说明中规定的正式合格性测试用例制定安装规程、测试规程和分析测试结果规程,并纳入CSCI的软件测试说明中;应进行CSCI的软件测试说明中规定的测试,在CSCI的开发文件中记录,并修改相应的软件测试说明;应对测试结果进行评价;应对修改的软件测试说明、源代码和设计文件进行评价;应对规定比例的已修改的软件开发文件进行评价;应将成功经过测试和评价的CSC的软件设计文档和源代码清单纳入开发配置。

(7) 计算机软件配置项测试。承制方应支持系统集成和测试后的功能技术状态审核和物理技术状态审核;应根据正式合格性测试结果对设计文档和代码进行必要的修改和重新测试,对涉及的CSU,CSC,CSCI的开发文件进行修改;应根据正式合格性测试结果对接口设计文档进行必要的修改,并编写可交付的接口设计文档;应编写CSCI的已修改源代码、可交付的源代码和可交付的软件产品规格说明;应按CSCI的软件测试说明中的规程进行正式合格性测试,编写测试报告,编写需交付的软件测试说明;应对CSCI的软件测试报告、已修改的源代码和设计文档进行评价;应标识要交付的CSCI的版本,并在CSCI的版本说明文档中记录;应将CSCI的软件产品规格说明纳入产品基线,并结束CSCI的开发配置。

(8) 系统集成和测试。承制方应实施功能技术状态审核和物理技术状态审核;应根据系统集成和测试结果对设计文档和代码进行必要的修改和重新测试;应支持系统集成和测试计划、测试用例和测试规程的开发和编制;应支持系统集成、测试活动和事后测试结果分析,以及系统集成与测试结果报告的编制;应对已修改的源代码和设计文档进行评价;应根据有关规程进行文档更改。

6.1.3 技术特点

GJB 2786是国军标软件工程技术领域一项顶层的十分重要的标准,不论是从标准技术内容方面,还是从其结构组织上都有鲜明的特点。

1. 支持合同要求的提出

GJB 2786包含了许多应在合同或任务书中描述的要求(见表6-1),标准中的这些内容提供了一种把应用软件的特定要求纳入合同的方法,同时有助于订购方考虑并解决关于软件开发方面的一些重要问题。

表6-1 GJB 2786中有关合同要求的细目

GJB 2786的章节号	要求描述
4.1.2	按合同要求进行并支持正式审查和审核
4.1.5	遵守合同中规定的安全保密要求
4.1.7	按合同规定划分同软件独立验证和确认的机构的接口
4.2.2	软件工程环境应符合合同的安全保密要求
4.2.4	非开发软件的结合应用应遵守合同中的数据权限要求

续表

GJB 2786 的章节号	要求描述
4.2.7	应使用合同中规定的高级语言
4.2.10	应分析合同中规定的处理用资源和预留量要求
4.3.2	软件测试环境应符合合同的安全保密要求
4.5.1	根据合同规定的标识要求进行配置标识
4.5.5	应按合同规定，依照有关标准进行工程更改
4.6.1	可交付的代码应能使用合同规定计算机系统重新生成和维护
4.6.3	应按合同规定对签约机构的保障活动提供培训和持续保障
5.1.1.1	应支持合同中规定的系统要求审查
5.1.1.2	应支持合同中规定的系统设计审查

2. 支持系统工程的观点

对于武器系统软件，它常具有嵌入式特点，因此一个计算机软件配置项通常不是孤立地进行开发的，它通常是包含硬件和其他软件的一个大系统中的一部分。GJB 2786 支持系统工程思想，它将军用软件开发放在一个大系统研制环境中去考虑，将软件的研制作为系统研制的一部分，支持系统基于自顶向下的设计思想，即军用软件的研制以确定系统级的要求为开端，通过系统分析和设计将产生系统功能要求，并建立功能基线。一旦功能基线确定了，就可以开始软件配置项的开发，功能基线则将要求分配给软硬件技术状态项目。具体内容见 GJB 2786 的 5.1“系统要求分析和设计”和 5.8“系统集成和测试”。系统研制和软件开发关系如图 6－1 所示。

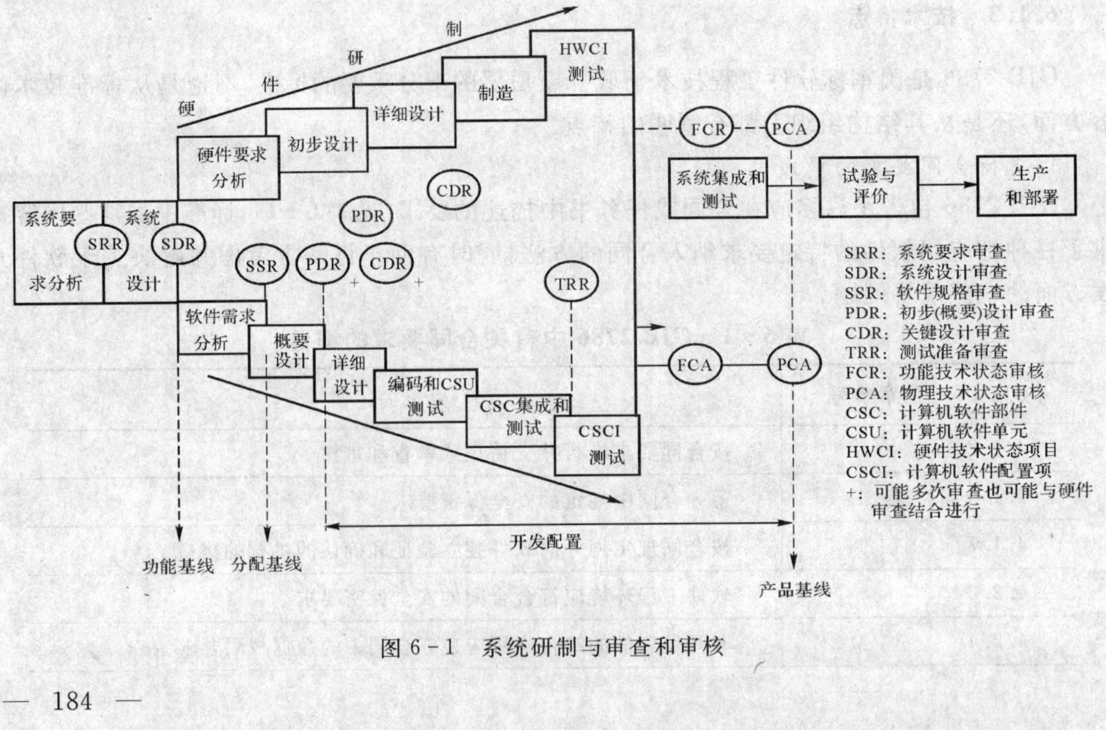

图 6－1 系统研制与审查和审核

3. 具有较好适应性

GJB 2786 具有较好的适应性，主要体现在以下几方面。

（1）与软件开发模型的相容性。GJB 2786 规定了软件开发过程所涉及的 8 项主要活动，为避免使用“阶段”这个暗示顺序开发的词语，而代之以“活动”，在标准中特别指出，这些活动是可以重叠的，也可以交叉或循环进行，这对于许多软件开发模型来说是可以接受的。

（2）与软件开发方法的相容性。GJB 2786 对软件开发方法具有很大的灵活性，它鼓励承制方使用有充分文件证明的、系统化的软件开发方法来进行软件的需求分析、设计、编码、集成和测试。因此，软件承制方可以根据待开发软件的规模和特点等，选择不同的软件开发方法。

（3）审查和审核安排的灵活性。GJB 2786 中规定 CSCI 的开发应与合同中正式审查和审核的进度协调。正式审查和审核的目的是确保软件开发按照系统研制目标和计划进行。订购方应在建议的开发模型、开发方法及正式审查和审核的安排之间进行平衡，确保正式审查和审核的安排与整个系统的进度相协调。

4. 重视转阶段评审

软件的开发由一个阶段转入另一个阶段。前一个阶段的输出作为下一个阶段的依据。如果前一个阶段产品中有缺陷或错误，必将在下一个阶段产品中被保留，甚至被放大。这些缺陷或错误若不能及时地发现和排除，待积累到最后去解决时，不仅要付出更多的人力、时间和经费，严重时，开发工作可能要从头再来。为了避免这种情况的发生，每个阶段结束时应组织评审。按阶段进行评审，可及时地发现和排除本阶段产品中存在的缺陷或错误，以防止它们在下个阶段中蔓延和扩大。此外，软件的评审是为了严格开发阶段，明确转阶段的标准，使开发工作按阶段有序地进行，以避免跨阶段的现象。通过里程碑评审，为软件的配置管理建立了基线。GJB 2786 所要求的评审及评审点的设置如图 6-2 所示。

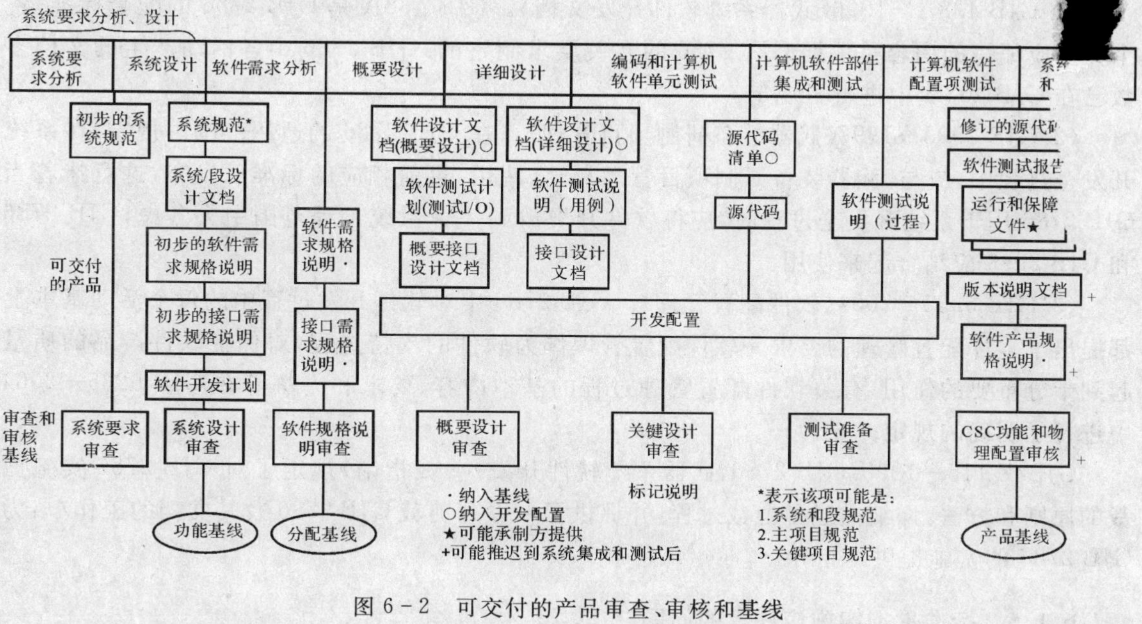

图 6-2　可交付的产品审查、审核和基线

5. 支持剪裁

GJB 2786 的一个突出特点是一般要求和具体要求分别表述，形成的矩阵形结构见表

6-2,这种结构十分有利于查找对一种特定类型的所有要求(如详细设计方面的要求),有利于遵循整个标准对某方面的所有要求(如配置管理方面的要求),而且十分有利于一致地剪裁标准。另外 GJB 2786 中每个要求都是唯一的,不易引起前后不一致的剪裁。

表 6-2 GJB 2786 结构

功能区	一般要求	详细要求							
		系统要求分析和设计	软件需求分析	概要设计	详细设计	编码和CSU测试	CSU集成和测试	CSCI测试	系统集成和测试
软件开发管理	4.1	5.1.1	5.2.1	5.3.1	5.4.1	5.5.1	5.6.1	5.7.1	5.8.1
软件工程	4.2	5.1.2	5.2.2	5.3.2	5.4.2	5.5.2	5.6.2	5.7.2	5.8.2
正式合格性测试	4.3	5.1.3	5.2.3	5.3.3	5.4.3	5.5.3	5.6.3	5.7.3	5.8.3
软件产品评价	4.4	5.1.4	5.2.4	5.3.4	5.4.4	5.5.4	5.6.4	5.7.4	5.8.4
软件配置管理	4.5	5.1.5	5.2.5	5.3.5	5.4.5	5.5.5	5.6.5	5.7.5	5.8.5
向软件保障阶段转移	4.6								

6.1.4 与相关标准的关系

GJB 2786 没有引用任何文件,但并不是说本标准与其他标准无关。与 GJB 2786 关系较为[illegible]切的标准如下:

(1)GJB 438A—1996《武器系统软件开发文档》。GJB 438A 是 GJB 2786 的配套标准,各个[illegible]应编写的内容是依据 GJB 2786 的有关要求制定的,GJB 2786 中各活动产生的文档多数已在 GJB 438A 中进行了规定。

(2)GJB 2993—1997《武器装备研制项目管理》。在 GJB 2786 的适用范围中规定,在系统开发全过程中,应与《武器装备研制项目管理》结合使用,目前相应的标准已发布,这意味着当 GJB 2786 用于系统开发全过程时,应将软件开发放到一个系统工程范围中去考虑,GJB 2786 和 GJB 2993 应结合起来使用。

(3)GJB 5235—2004《软件配置管理》。GJB 2786 中对软件开发过程中的每个活动基本上都提出了软件配置管理的要求。软件配置管理作为软件的支持过程,对保证软件产品的质量起到十分重要的作用,有关软件配置管理过程的基本内容、要求和方法等在 GJB 5235—2004 中进行了明确的规定。

GJB/Z 115—1998《GJB 2786〈武器系统软件开发〉剪裁指南》规定了对 GJB 2786 实施剪裁的原则和方法,详细描述了剪裁过程,并提供了一系列剪裁 GJB 2786 及其文档的工作单,为 GJB 2786 的实施提供了指导。

6.1.5 标准贯彻实施应注意的问题

目前我国武器装备正在全面推行合同制,以签订合同的方式进行订货和验收的管理。合同签订时,有许多因素制约着双方的要求和利益,签订合同的过程是一个充分协调、不断调整各项因素相互关系的过程。通过对标准的剪裁，即采纳、修改、删减或增加要求，允许执行标准时有一定的灵活性，这也为订购方和承制方协商签订合同提供了基础，也使标准的普通性要求转变为特定型号或产品必须执行的强制要求，打破过去贯彻实施标准中存在的不考虑时间、场合和条件要求百分之百无条件执行的做法。

因此在软件开发过程中如果机械地套用 GJB 2786，就可能带来一系列的问题，如进行了大量不必要的软件开发活动，提出了不必要的文档和要求，就会造成时间上的延迟和经费上的不必要投入等。为避免此类问题的发生，就需要根据软件系统的具体情况对 GJB 2786 进行适当的剪裁。

指导剪裁的重要原则是权衡考虑近期效益与长远影响。例如：

(1) 对用户所需支持文档的剪裁，近期可以省时省力，但如不适当，在长期使用和支持软件的费用上可能会产生严重的相反效果。

(2) 对软件产品评估的剪裁，能够节省时间和费用，但如不适当，很可能导致软件产品质量的下降而造成返工。

(3) 对软件配置管理的剪裁，在短期内能够省时省力，但是如果承制方失去了对软件版本及其文档的跟踪，要重新建立它们将需要更大的时间和费用的投入。

(4) 对正式审查与审核的剪裁，可以节省时间和费用，但如不适当，会由此降低对软件开发过程的控制及对订购方的透明度。如果承制方偏离总要求也会导致费用的增加和进度的拖延。

有关 GJB 2786 剪裁时应考虑的因素及过程等更详细的内容见 GJB/Z 115—1998《〈武器系统软件开发〉剪裁指南》。

1. 剪裁时机

对一个给定的合同(或任务)，GJB 2786 的剪裁通常是一个渐进的活动，如图 6-3 所示。在合同谈判之前，订购方和承制方应针对所开发项目的具体情况进行初步剪裁。在初步剪裁的基础上，洽谈合同，进行详细具体的剪裁，并正式签订合同。在开发期间，根据实际需要，可对 GJB 2786 再进行剪裁，但该期间的剪裁内容须得到订购方项目主管部门的认可。

2. GJB 2786 剪裁时考虑的主要因素

GJB 2786 包括了武器系统中所使用的软件在开发和保障过程中需要执行的基本要求，是 GJB 438A 中 16 个文档的源标准。剪裁 GJB 2786 主要从下面 8 个方面进行考虑，这些方面相互作用和影响，形成了软件开发工作的项目环境，而项目环境又直接决定了针对合同(或任务书)要求剪裁 GJB 2786 的方式。

(1)软件开发所对应的武器系统研制阶段。武器系统的研制和使用一般包括论证阶段、方案阶段、工程研制阶段、定型阶段和生产运行阶段等 5 个主要阶段。软件可以在武器系统的研制和使用的任何阶段中开发，但在多数情况下，软件开发在武器系统的工程研制阶段进行。无论开发何时进行，软件开发活动及其产品均应符合不同阶段的软件开发目标。

(2)订购方的政策。在武器系统研制过程中，订购方的政策等，不同程度地影响着对 GJB 2786 的剪裁，订购方的政策有：对使用程序设计语言的要求，安全性分析的要求，软件质量方面的要求等等。

(3) 软件开发的策略。对于软件，开发策略应理解为对开发过程的主要投入。对 GJB 2786 及其文档的剪裁有直接影响的有：

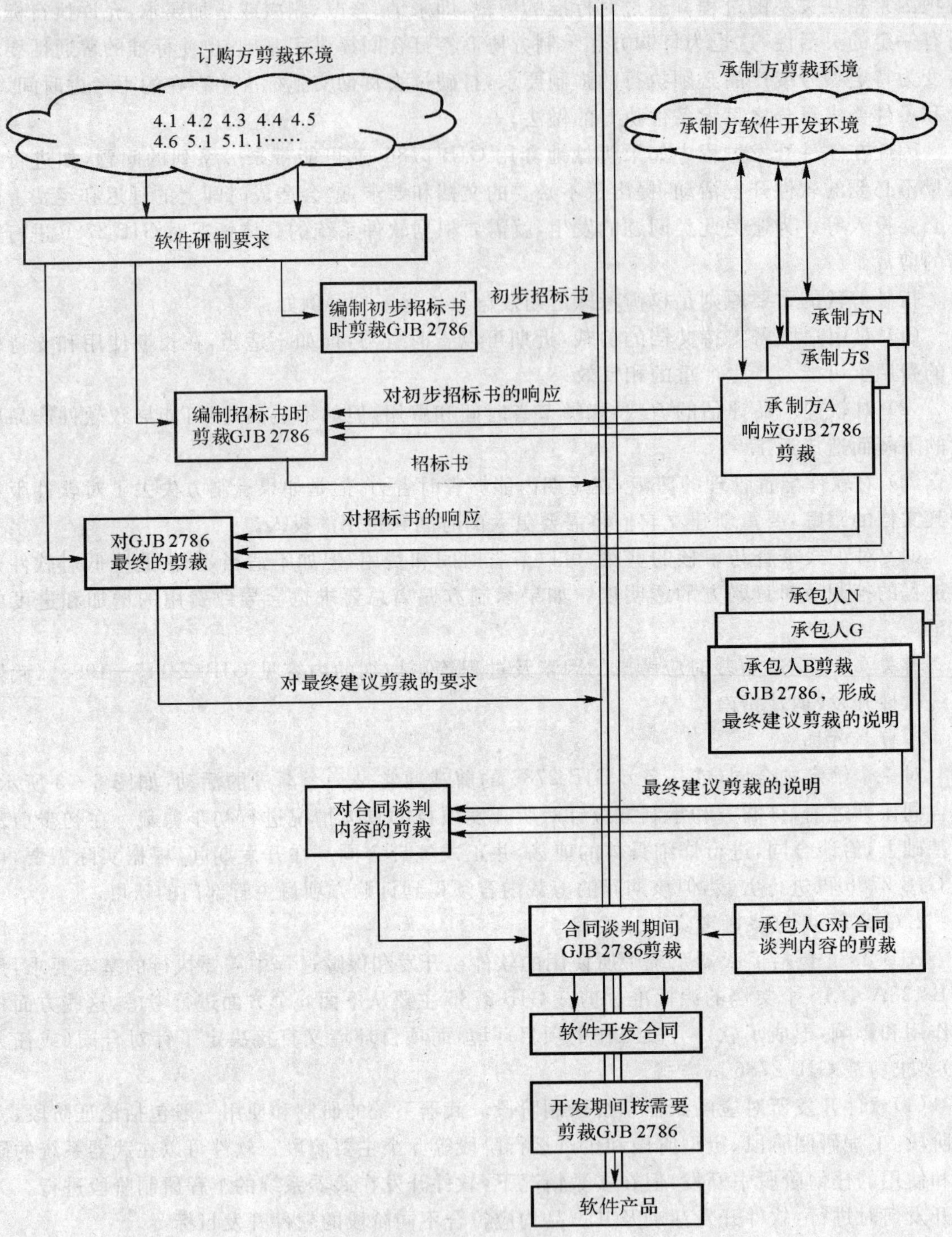

图 6－3　渐进式剪裁

1)是由一个承制方完成所有的软件开发工作，还是把软件工程、测试、产品评价及配置管理等工作分配给几个承制方？

2)是否把正式评审和审查作为项目的里程碑？

3)是否进行独立的验证与确认?

4)软件承制方是否必须参加系统需求的定义?

5)软件承制方是否必须参加系统的集成和测试?

6)其他。

(4) 软件保障方案。软件保障方案规定软件将被支持多久,是否希望软件在一段时间后更改,谁执行这些更改。软件保障方案引出了对剪裁要作如下考虑:

1)谁负责软件保障?

2)软件开发承制方是否提供培训?

3)软件开发承制方是否计划进行责任转移?

4)其他。

(5)系统级特性。系统分配给软件的功能以及这些功能对系统运行的关键性都影响着对GJB 2786的剪裁。影响到剪裁的特性如下:

1)软件是否用来实现用户接口?

2)软件的错误是否会导致系统保密性的破坏?

3)软件的错误是否会导致系统安全性的破坏或危及人员生命?

4)软件是否用于实现系统内部和系统外部的接口?

5)系统对软件的规模时间是否有限制?

6)部分或全部软件是否实现固化?

7)其他。

(6)软件目标。当前阶段的软件目标是剪裁的基础。软件目标和是否存在已有的软件产品决定了当前阶段的任务。当前阶段软件产品可以采用以前阶段或已有项目的成果。因此,在做出对当前阶段的剪裁决定之前,需要标识和评估这些已有的产品。如果项目是采用现成的而不是按GJB 2786开发的,就应考虑对以前的文档是否进行修改,何时进行修改。

软件目标主要考虑:

1)转向当前阶段的软件产品是什么?是否完备正确?

2)当前阶段的软件目标是什么?

3)是否准备和修改文档?

4)是否打算进行测试?

(7) 软件类型。不同类型的软件具有不同的剪裁要求。按软件的作用,软件可分为应用软件和支持软件。支持软件包括承制方的软件工程环境和软件测试环境中的软件等。它们有交付的和不交付的。按软件来源,软件又可分为新开发软件、修改的软件、非开发的软件。

现在对各种类型的软件如何考虑剪裁问题作一阐述。

1)应用软件。是软件开发的基本目标,GJB 2786中的所有要求都可用于这种软件。

2)支持软件。是指承制方的软件工程环境、软件测试环境中的软件等。支持软件关键应考虑要获得使用(或可能修改)交付的软件所需的文档,并确保交付的软件已被测试并得到合理的控制。

①软件工程环境中的软件。软件工程环境中的软件是用于开发武器系统的软件,通常运行在计算机中,而不是在武器系统中。软件工程环境中的部分软件可能要支持应用软件,这些软件应该交付,例如编辑器、操作系统等。对这类软件剪裁时主要应考虑:该软件是否是同一

类型的软件？复杂性如何？应用软件的重新生成对它的正确性、可靠性的依赖程度如何？应用软件与它的耦合程度？软件工程环境中大多数软件不需交付，如市场上可购买到的编辑器、调试器以及承制方开发的项目管理系统等，这类软件不需要 GJB 2786 的所有要求，4.2.2 条中的要求基本上就足够。

②软件测试环境中的软件。软件测试环境中的软件用来完成软件的功能合格性测试，这些软件可能运行在武器系统的计算机上或其他用于软件开发和测试的计算机上。用于将来测试应用软件的那部分软件应该交付，对这类软件，剪裁时主要应考虑：该软件是否只用在该系统上？软件的复杂性如何？应用软件的测试对它的正确性和可靠性的依赖程度如何？软件测试环境中软件的非交付部分，GJB 2786 中 4.3.2 条的要求基本上就足够。

③其他软件。除软件工程环境和测试环境中的软件外，系统的研制常常还需要开发和使用其他一些支持软件，如人员培训软件等。对于系统未来保障可能需要的那部分软件应该交付。这类软件，剪裁时主要应考虑：该软件的复杂性如何？应用软件的使用对该软件的正确性、可靠性的依赖程度如何？对于非交付部分，GJB 2786 的要求通常不适用。

3)新开发、修改和非开发软件。

①新开发软件。GJB 2786 主要用于新开发软件，对于特殊要求，可根据给出的剪裁考虑因素而定。

② 修改的软件。修改软件在合同开始时已存在，但在交付前还需进行修改。对这类软件，剪裁时应考虑已存在的代码、文档和基线。在决定 GJB 2786 中的文档要求之前，应考虑对现行文档进行修改是否可行，某些活动，如把 CSCI 分解成 CSC 和 CSU 是否必要等。GJB 2786 中的要求应进行评审以决定是否用于软件修改工作。

③非开发软件。非开发软件不经修改或不需修改就可使用，这类软件主要有商用软件、订购方提供的软件和可重用的软件等 3 类。对于商用软件，一般只有目标码和用户手册，要获取源代码很困难，在这种软件上强制实施 GJB 2786 开发过程或文档编制要求毫无意义，而且不经济。对于订购方提供的软件，源代码通常可以得到，可能还要求承制方评价、开发或修改文档，对这类软件，剪裁时应考虑已存在的事实，并不强制实施无实质意义的过程和文档编制要求。对于可重用软件，承制方拥有源代码，能够开发或修改文档，需要时也可修改软件(可归入"修改软件"类)，对这类软件，剪裁时应考虑已有的文档是否足够，而且对已有的产品不应强制实施特定过程和文档编制要求。

(8) 软件其他特性。

1)关键性。对于武器系统依赖其正确运行以准时完成任务的软件，项目负责人应清楚了解和控制这类软件的开发和测试。

2)技术风险。对于无先例的、复杂的和难度大的软件，应比那些技术成熟或开发比较容易的软件进行更细致的考虑。

3)项目规模。大型项目与小型项目相比在管理上有极大不同，对于大型项目或多个承制方的项目应考虑得更细致。

6.1.6 GJB 2786 剪裁的过程

软件标准剪裁过程是自上而下进行的，通常由 10 步组成，其中前 7 步用于剪裁 GJB 2786 对活动的要求，后 3 步用于剪裁 GJB 2786 对文档的要求，即 GJB 438A。图 6-4 给出了剪裁过程的流程图。

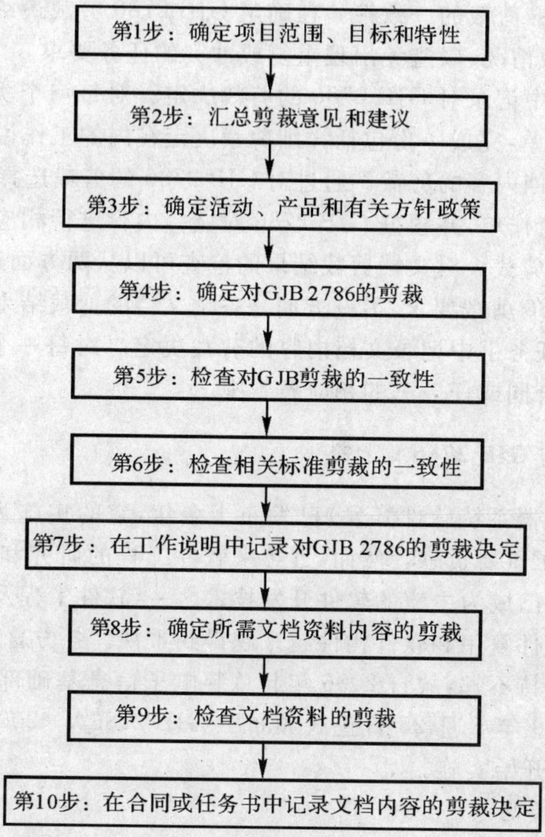

图 6－4　剪裁步骤流程图

第 1 步：确定项目的范围、目标和特性。根据 GJB 2786 第 5.2 条关于剪裁考虑因素所形成的项目环境工作单来确定软件项目的开发环境，标识项目中用到的软件类型，并可利用这种项目环境工作单完成对项目的描述。

第 2 步：汇总剪裁意见和建议。搜集有关机构或个人（包括软件用户、软件支持人员以及承制方等人员）对 GJB 2786 的剪裁意见和建议，经权衡考虑，最终确定项目环境工作单。

第 3 步：确定活动、产品和有关方针政策。确定承制方需要完成哪些活动、应开发哪些产品以及应遵守哪些条例。具体的实施过程如下：

（1）首先对项目中的所有软件进行分类。

（2）根据完成的项目环境工作单填写形成活动产品工作单，对不同类型的软件，应根据剪裁考虑的结果分别回答活动产品工作单上的内容。

第 4 步：确定对 GJB 2786 的剪裁。确定对 GJB 2786 中各章条的剪裁，是保留、修改还是删除。该步骤的实施实际上是一个转换过程，就是将不同类型软件活动产品工作单的回答转变成对 GJB 2786 各章条的剪裁决定。

第 5 步：检查 GJB 2786 剪裁的一致性。对所有章条的决定进行最后核实，确定是否与剪裁工作单上的记录一致。

第 6 步:检查相关标准剪裁的一致性。在确定 GJB 2786 剪裁最终决定之前,应检查合同中引用的其他标准的剪裁情况,以避免出现重复或冲突的任务要求。

第 7 步:在工作说明中记录对 GJB 2786 的剪裁决定。对每一个类型的软件,利用它们各自的 GJB 2786 剪裁工作单,完成一份包括详细剪裁决定在内的工作说明书。

第 8 步:确定所需文档内容的剪裁。通过对 GJB 2786 的剪裁选择出所需的文档。本步骤就是利用各文档的剪裁工作单,并根据 GJB 2786 对文档内容进行相应剪裁。

第 9 步:检查文档的剪裁。对文档剪裁结果的检查可以从两方面进行,一方面是文档内容的剪裁是否符合 GJB 2786 剪裁要求,另一方面是各个文档的剪裁结果之间是否协调一致。

第 10 步:在合同或任务书中记录文档内容的剪裁决定。对每一个应交付的文档,将其剪裁的内容详细地记录在合同或任务书的相应条款中。

6.1.7 GJB 2786 与 GJB 2786A 比较

GJB 2786—1996《武器系统软件开发》已发布十余年,它的实施为规范军用软件的开发、提高军用软件质量做出了重要贡献。然而,近年来软件工程的研究和实践已取得了长足的进步,面向对象语言和方法已成为主流的软件开发技术之一,软件工程及软件过程改进成为保证软件质量的有效手段,软件复用和软件构件越来越得到重视。各方普遍感到 GJB 2786 对当前的一些新技术、新方法支持不够,故自 2006 年起总装电子信息基础部标准化研究中心负责着手修订此标准,并于 2009 年 5 月 25 日正式颁布了 GJB 2786A—2009《军用软件开发通用要求》,2009 年 8 月 1 日起开始实施。

1. GJB 2786A 的重要思想

(1)明确开发活动角色关系。

(2)适应渐增式和演化式开发。

(3)联合评审。

(4)降低对文档编制的强调。

(5)改进软件开发与系统工程的链接。

(6)进行测量和分析。

(7)改进对修改、重用和再工程的覆盖。

(8)增强对软件保障性的强调。

(9)使需求和设计的区别更清晰。

(10)改进与非层次化方法的兼容性。

2. GJB 2786A 的重大改进

(1)可适用于任何软件开发策略。

(2)可适用于任何软件开发方法。

(3)提出了关于软件重用的要求。

(4)明确了进行软件测量的要求。

(5)增强了软件保障性要求。

(6)改进了软件与系统的关系,针对两类系统的软件项目而不只是 CSCI。

(7)明确给出关于数据库的要求。

(8)明确了关于软件项目策划和监控的要求。

(9)明确了软件验收支持要求。

(10)明确了软件质量保证要求。

(11)改进了软件评审要求和软件产品评价。

(12)增强了风险管理要求。

GJB 2786A 与 GJB 2786 主要内容的差别见表 6-3。

表 6-3　GJB 2786A 与 GJB 2786 的对比

软件开发活动要求	GJB 2786A	GJB 2786 中的对应情况			
		基本相同	部分有	无	得到改进之处
一般要求	4 建立与合同要求一致的软件开发过程	√(4.1)			具体活动有增加或描述更准确，活动的组织方法不受限制，由开发方决定
	4.2.1 应采用文档化的系统方法	√(4.2.1)			
	4.2.2 应使用关于描述需求、设计、编码、测试的各种标准	√(4.2.8)			增加了关于需求、测试等标准的使用要求
	4.2.3 使用和开发可重用的软件产品			√	新增
	4.2.4 建立并应用关键需求的处理策略	√(4.1.5,4.2.3)			要求更明确
	4.2.5 分析和满足合同中关于计算机硬件资源的利用要求	√(4.2.10)			
	4.2.6 记录关键决策理由，供保障机构使用	√(4.2.9)有些			GJB 2786 未集中明确提出这个要求
	4.2.7 提供需方访问开发方设施的方便			√	新增
详细要求	5.2 项目策划和监控		√(4.3，4.6.2)		原只要求制定软件开发计划
	5.3 软件开发环境建立，包括软件工程环境软件开发库、软件开发文件，对非交付软件的限制	√(4.2.2，4.8，4.2.9，4.3.2)			
	5.4 系统需求分析		√(5.1)		改进了与系统关系的描述，要求更具体、明确

续表

软件开发活动要求	GJB 2786A	GJB 2786 中的对应情况			
		基本相同	部分有	无	得到改进之处
详细要求	5.5 系统设计		√(5.1)		改进了与系统关系的描述，要求更具体、明确，增加了软件研制任务书要求
	5.6 软件需求分析	√(5.2)			含数据库，要求更具体、明确
	5.7 软件设计	√(5.3,5.4)			含数据库，要求更具体、明确
	5.8 软件实现和单元测试	√(5.5)			含数据库，要求更具体、明确
	5.9 软件集成和测试	√(5.6)			要求更具体、明确
	5.10 CSCI 合格性测试	√(5.7)			要求更具体、明确
	5.11 CSCI/HWCI 集成和测试		√(5.8)		改进了与系统关系的描述，要求更具体、明确
	5.12 系统合格性测试			√	新增
	5.13 软件使用准备		√(4.6.1, 4.6.4)		GJB 2786 未明确提出要求，只在向软件保障阶段转移要求中隐含相关要求
	5.14 软件移交准备	√(4.6)			要求更具体、明确
	5.15 软件验收支持			√	新增
	5.16 软件配置管理	√(4.5)			描述更准确
	5.17 软件产品评价	√(4.4)			评价准则有改进
	5.18 软件质量保证			√	新增
	5.19 纠正措施	√(4.9,4.10)			
	5.20 联合评审		√(4.2)		不强调进行正式评审
	5.21 测量和分析			√	新增
	5.22 风险管理		√(4.4)		要求更具体、明确
	5.23 保密性有关活动			√	新增
	5.24 分承制方管理	√(4.6)			
	5.25 与独立验证和确认机构的联系	√(4.7)			
	5.26 与相关开发方的协调			√	新增
	5.27 项目过程的改进			√	新增

续表

附录	GJB 2786A	GJB 2786
A	各项活动对多个构建版的映射	
B	采用可重用软件产品对本标准的解释	
C	一个系统或 CSCI 按多个构建版开发时各项活动的实施建议	
D	问题报告的类别及严重性等级	基本相同
E	软件产品评价	基本相同，现有改进
F	可供选用的测度	
G	关于工程项目策略、剪裁和构建版策划的指南	缩略语表，现为 3.2 条

6.2　军用软件开发文档通用标准及其修订

GJB 438A—1997《武器系统软件开发文档》是根据美国军用标准资料 DI—MCCR—80030A“软件开发计划”、DI—MCCR—80025A“软件需求规格说明”、DI—MCCR—80026A“接口需求规格说明”、DI—MCCR—80012A“软件设计文档”、DI—MCCR—80027A“接口设计文档”、DI—MCCR—DI—MCCR—80018A“计算机系统操作员手册”等制定的，是与 GJB 2786 的配套标准。

GJB 438A 规定了武器系统软件开发中所需产生的文档的格式、内容和要求，适用于按照 GJB 2786《武器系统软件开发》进行开发的软件。

GJB 438A 规定的文档的格式和内容是根据 GJB 2786《武器系统软件开发》中各阶段描述的工作任务而产生的，因此对于按其他软件开发标准（如 GB/T 8566）而开发的软件，也可参照 GJB 438A 编写相应的文档。

6.2.1　主要内容

在 GJB 438A 中规定的 16 个文档，都是根据 GJB 2786 的要求在软件开发过程中产生的，这些文档记载了软件开发过程中的主要活动信息和要求，其内容的确定也都是根据 GJB 2786 各阶段描述的工作任务而产生的。根据这些文档的内容特点，可将其分为以下 5 类。

(1)计划类文档。软件开发计划，软件测试计划。

(2)需求类文档。软件需求规格说明，接口需求规格说明。

(3)设计类文档。系统和段设计文件，软件设计文档，接口设计文档。

(4)测试类文档。软件测试说明，软件测试报告。

(5)使用和保障类文档。软件产品规格说明，版本说明文档，计算机系统操作员手册，软件用户手册，软件程序员手册，固体保障手册，计算机资源综合保障文件。

有关文档的准备、更改、评价、配置管理等方面内容在 GJB 2786 中也做出了规定，涉及这方面内容的主要章条见表 6－4。

表6-4 GJB 2786中软件文档有关章条索引

文档	GJB 2786中的章条				
	准备	更改	评价	配置管理	其他
系统和段设计文件	5.1.2.2		5.1.4b	5.1.5b	
软件开发计划	4.1		5.1.4a	5.1.5a，5.6.5	4.2.5，4.3.3，4.4.1，5.4.4e
软件需求规格说明	5.1.2.3，5.2.2.1		5.1.4c，5.2.4a	5.1.5c，5.2.5	5.1，4.2.6，4.2.10，4.3.4，5.3.2.1，5.3.3，5.7.2.3
接口需求规格说明	5.1.2.4，5.2.2.2		5.1.4d，5.2.4b	5.1.5d，5.2.5	4.2.6，4.3.4，5.3.2.1，5.3.2.2，5.4.2.2
软件设计文档	5.3.2.1	5.4.2.3，5.7.2.1 5.8.2	5.3.4a，5.4.4a 5.8.4	5.3.5.1 5.4.5.1 5.5.5.1 5.6.5	5.3.2.3，5.4.2.1
接口设计文档	5.3.2.2，5.4.2.2	5.7.2.2，5.8.2	5.3.4b，5.4.4b，5.8.4	5.3.5.3，5.4.5.2，5.8.5	
软件产品规格说明	5.7.2.4			5.7.5.2	4.2.10
版本说明文档	5.7.5.1				
软件测试计划	4.3.1，5.3.3	4.3.1	5.3.4.c	5.3.5.2	5.4.3
软件测试说明	4.3.4，5.4.3	5.6.3.2，5.7.3.3	5.4.4f，5.6.4b	5.4.5.3	5.6.3.1，5.7.3.1
软件测试报告	5.7.3.2		5.7.4a		
计算机系统操作员手册	4.6.4b				
软件用户手册	4.6.4c				
软件程序员手册	4.6.4d				

续表

文　档	GJB 2786 中的章条				
	准　备	更　改	评　价	配置管理	其　他
固体保障手册	4.6.4e				
计算机资源综合保障文件	4.6.2， 4.6.4a				
源代码	4.6.1， 5.5.2.2	5.5.2.3， 5.6.2.3， 5.7.2.1， 5.7.2.3， 5.8.2	5.5.4a， 5.6.4c， 5.7.4b， 5.8.4	4.5.1b， 4.5.2b， 5.5.5.1， 5.5.5.2， 5.6.5	4.2.1,5.7.2.4

在 GJB 438A 中对软件文档的结构作了规定。软件文档一般由封面、目次、正文、注释和附录 5 部分组成。

1. 封面

封面一般应包括以下基本信息。

(1)文档控制号。在 GJB 438A 中未作明确的规定，文档控制号的编制根据各行业、单位做法不同，可自行规定，如在航天行业标准中对文档控制号规定如下：

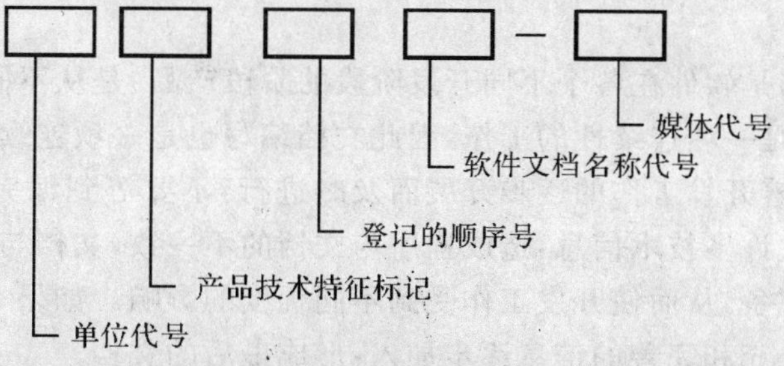

(2)密级。根据文档所含内容的最高密级来确定。

(3)系统名称、CSCI 名称。该文档所适用的系统的名称和所适用的 CSCI 的名称。

(4)文档名称。该软件文档的名称。

(5)编写单位。编制该文档的单位的名称。

(6)编写人及编写日期。

(7)审核人及审核日期。

(8)批准人及批准日期。

2. 目次

当文档内容较长或章条较多时，应编写目次。目次的内容包括章、条、图表、注释和附录的编号、标题及其页码。标题与页码之间用符号“……”连接。注释和附录可以另编页码。

3. 正文

正文是各文档的具体内容，其详细要求见 GJB 438A 的第 5 章。

GJB 438A 中各文档的第 1 章和第 2 章的标题基本是相同的。第 1 章范围中“1.1 标识”在 GJB 438A 中要求:“列出本文档已批准的标识号、标题、缩略语”等,此时要求有文档已批准的标识号等常常是不现实的,而且与所参照文件出入较大,这里应理解为“列出本文档所适用系统和 CSCI 的已批准的标识号、名称和缩写”。以软件详细设计文档为例,这里可以按如下方式描述:

“该软件设计文档描述了 XXXX(YYYY)ZZZZ 系统中 xxxx(yyyy)zzzz 的详细设计。”

其中,XXXX 为系统名称;YYYY 为系统名称的缩写;ZZZZ 为系统的标识号;xxxx 为 CSCI 名称;yyyy 为 CSCI 名称的缩写;zzzz 为 CSCI 的标识号。

如果该文档还适用于其他 CSCI,这里还应描述清楚。

4. 注释

各文档的注释部分应包括能帮助了解这份文档的所有信息(例如:背景信息、词汇表、公式),以及本文档使用的所有的缩略语及其含义。

5. 附录

各文档的附录应提供文档维护的详细信息(例如:图、表、分类数据等)。每个附录都应在文档的正文中被引用。为方便起见,附录可单独装订成册。附录应按字母顺序(A,B 等)分类,并且每个附录中的条编号均须加上附录字母(例如:附录 A,A1,A2 等)。

6.2.2 技术特点

软件文档是整个软件开发工作的重要产品,随着软件开发工作的推进,软件文档不断产生、修改和完善,因此说软件文档编制是一个逐步完成的工作过程。文档的编制应考虑以下特点。

(1)及时性。文档是软件在各个不同开发阶段的阶段产品,是从不同的侧面对软件所作的说明。由于软件开发是一项连续性的工作,因此文档编写也是一项连续性的工作,所以文档的起草应尽可能做到随着开发工作的逐步开展而及时进行,不要等到编完程序之后才开始考虑编写文档,那样会丢失许多技术信息,造成程序与文档的不一致,文档与文档之间的不一致,使文档编制不准确、不完备,从而使开发工作受到不同程度的影响。如果一个文档需跨越几个阶段才能完成,则要把补充和完善的信息逐步加入,形成最后的文档。

(2)灵活性。软件的种类很多,有的软件是新开发的,有的则是对已有软件的修改;有的软件是支持软件,有的则是应用软件;有的软件规模十分庞大,源程序达几十万甚至上千万行,有的软件规模则很小,源程序只有几百行,上千行;有的是独立应用的,有的则要嵌入到大型的设备和装备中去。由此可见,不同的软件在规模和复杂程度上差别很大,安全可靠性要求千差万别,不同类型的软件具有不同的开发要求,在技术和管理上有极大不同,因此允许文档编制工作有一定的灵活性,文档种类和内容是可剪裁的。

(3)完整性。对 GJB 438A 中规定的 16 种文档的内容进行比较可以看出,同一软件的不同文档存在着一定程度的重复,如文档的“范围”和“引用文件”部分,主要概述文档所适用系统和 CSCI 的用途、标识、标题、缩写等这些内容基本上是相同的。这些信息之所以在每个文档中都出现,是为了方便各种文档的不同的读者,使每个文档相对完整,自成体系。

6.2.3　与相关标准的关系

GJB 438A 引用了 GB 1988—1980《信息处理　信息交换用的 7 位编码字符集》、GB 2312—1980《信息交换用的汉字编码字符集　基本集》和 GJB 2786—1996《武器系统软件开发》3 项标准，GB 1988 和 GB 2312 仅在系统和段设计文档第 5 章“处理资源”中以示例的方式提及，可以说与本标准并无密切的关系。

GJB 2786 是 GJB 438A 的配套标准。GJB 438A 中描述的各个文档，其内容的编写都是依据 GJB 2786 的有关要求制定的，而且在软件研制的每一个阶段 GJB 2786 还详细描述了该阶段应编制什么文档，修改什么文档，在什么时间将文档纳入配置管理等方面的内容，为文档的编制和管理做出了规定。

另外，GJB/Z 115—1998《GJB 2786〈武器系统软件开发〉剪裁指南》规定了对 GJB 2786、GJB 438A 实施剪裁的原则和方法，详细描述了剪裁过程，并提供了一系列剪裁 GJB 2786 及 GJB 438A 的工作单，为 GJB 438A 的实施提供了指导。

6.2.4　标准贯彻实施应注意的问题

GJB 438A 的 4.3 条中明确指出：在编制文档时可根据任务要求裁剪文档，既可裁剪种类，也可剪裁内容，既可整章节裁剪，也可裁剪小节。因此在软件开发过程中，根据软件系统的具体情况，允许对 GJB 438A 中规定的文档进行剪裁。

在对 GJB 438A 进行剪裁时，应重点权衡考虑近期效益与长远影响，如对用户所需支持文档的剪裁，近期可以省时省力，但是如果不适当，在长期使用和支持软件的费用上可能会产生严重的相反效果；然而，如果提出了不必要的文档要求，也会造成时间上的延迟和经费上的不必要投入等问题。

在具体进行 GJB 438A 的剪裁时，常常与 GJB 2786 的剪裁密不可分。规范的做法应是，首先对 GJB 2786 进行剪裁，根据 GJB 2786 剪裁的结果选择出所需的文档，并确定对文档内容进行相应剪裁。一般来说，当软件的关键性、规模和复杂性增大时，文档编制的种类和详细程度将随之增加，反之可适当减少。

表 6－5(根据 GJB/Z 115 的有关章条编写)列出了各文档的目的和用途，也为文档种类的选择提供了指南。

表 6－5　文档的目的和选择指南

文档名称	目　的	选择指南
系统和段设计文件	(1)描述系统和段的设计，以及运行环境、支持环境、系统体系结构等内容 (2)说明由硬件、软件和手工操作组成的系统和段的结构 (3)说明 HWCI 和 CSCI 的特性 (4)作为制定软件、接口和硬件需求规格说明的基础	(1)一般由系统级的承制方编制。若软件为系统的主要部分，则可由软件承制方准备 (2)如果系统为软件系统则不需要该文档

续表

文档名称	目的	选择指南
软件开发计划	(1)描述承制方进行软件开发的计划，包括软件工程、正式合格性测试、配置管理计划 (2)提供管理部门对软件承制单位的了解，以及他们所采取的方法和规程 (3)管理部门可用来监督软件的研制过程及进展情况	通常都需要编制正式的软件开发计划
软件需求规格说明	(1)规定分配给CSCI的工程需求、合格性需求、交付准备 (2)管理部门可用来评价CSCI是否符合要求，作为验收的依据 (3)承制方用来作为CSCI设计和正式测试的依据 (4)可作为CSCI分配基线的一部分	通常都需要一个软件需求规格说明
接口需求规格说明(IRS)	(1)描述一个或多个CSCI与其他配置项之间一个或多个接口需求 (2)管理部门可用来评价CSCI接口是否符合接口需求 (3)承制方用来作为接口开发的依据 (4)可作为CSCI分配基线的一部分	(1)当外部接口不多，也不复杂时，也可把此文档合并到软件需求规格说明中 (2)对于一个系统，若不要求接口需求规格说明数量与CSCI数量匹配，则一个接口需求规格说明可用于描述多个CSCI的接口
软件设计文档	(1)描述由CSC和CSU组成的CSC的完整设计 (2)描述从CSCI到它的CSC和CSU的需求分配 (3)在概要设计评审时，用来说明概要设计；在详细设计评审时，用来说明详细设计，并用作CSU编码的基础 (4)管理部门可用来评价概要设计和详细设计 (5)物理配置审核后，成为软件产品规格说明的一部分，并作为CSCI的产品基线的一部分	(1)通常都需要一个软件设计文档 (2)当CSCI较复杂时，也可把此文档分为软件概要设计文档和软件详细设计文档
接口设计文档	(1)描述一个或多个CSCI与其他配置项之间一个或多个接口的详细设计 (2)用于控制接口设计，并作为接口软件设计的基础 (3)管理部门可用来评价接口设计 (4)物理配置审核后，成为产品基线的一部分	(1)当外部接口不多，也不复杂时，也可把此文档合并到软件设计文档 (2)如果没有需要规范的外部接口就不需要此文档
软件产品规格说明	(1)由一个CSCI的软件设计文档和源代码表组成 (2)物理配置审核后，经批准同意，建立产品基线	每个CSCI都需要一个软件产品规格说明

续表

文档名称	目　的	选择指南
版本说明文档	(1)用于标识和描述一个 CSCI 的版本 (2)用于跟踪和控制发放给运行环境的软件版本	每个 CSCI 通常都需要一个版本说明文档
软件测试计划	(1)描述一个或多个 CSCI 正式合格性测试的计划 (2)管理部门可用来评价正式合格性测试计划是否合适	每个 CSCI 或一起进行测试的 CSCI 组，通常都需要一个软件测试计划
软件测试说明	(1)包含进行一个 CSCI 正式合格性测试所必须的测试用例和测试规程 (2)管理部门可用来评价一个 CSCI 正式合格性测试的测试用例和测试规程是否合适	每个 CSCI 通常都需要一个软件测试说明
软件测试报告	(1)用来将一个 CSCI 正式合格性测试的结果文档化 (2)为管理部门提供一个正式合格性测试的永久记录	对于每一个软件测试说明都需要一个软件测试报告
计算机系统操作员手册	(1)为计算机系统初始化、运行、监督、终止，以及标识和隔离计算机系统故障部件提供信息 (2)既可作为操作员手册，又可用作计算机系统诊断手册	对于在 CSCI 中运行的每个计算机系统，通常都需要一个计算机系统操作员手册
软件用户手册	(1)向用户人员提供足以执行 CSCI 的说明 (2)描述执行软件的步骤，期望的输出结果，以及当错误信息出现时应采取的措施	有人机界面的每个 CSCI 通常都需要一个软件用户手册
软件程序员手册	(1)提供程序员理解规定的宿主机和目标计算机指令集结构所需的信息 (2)提供可用于解释、检查结果、调试或更改宿主机或目标计算机中已有软件的信息	如果没有商用的程序设计语言，或承制方使用了一个非标准版的程序设计语言，则需要一个软件程序员手册
固体保障手册	(1)为把软件或数据装入系统的固件部件提供必要的信息 (2)描述固件设备、支持软件、支持设备，以及把软件装入固件所需的步骤，检验装载过程等	如果系统不包括固件，则不需要固件支持手册
计算机资源综合保障文件	(1)提供可交付软件生存周期支持所必需的信息 (2)将承制方对交付软件的支持转换为保障机构的支持	对于没有明确提出开发后需要软件保障的项目，此文件可能不需要，因其费用太高

根据实际需要，有时可以把几种文档合并写成一份文档，而有时则需要把某种文档分开写成几卷。例如，对于小规模的系统，可以将用户手册、操作员手册等合写成一份使用手册，反之，当系统的规模非常庞大时，一种文档可以分开按每个子系统进行编写，此时，每个文档仍应

遵循 GJB 438A 的要求。目前，一些行业根据自身行业特点，对文档种类裁剪都有自己习惯的做法，如航天行业主要按软件规模大小和关键等级来进行裁剪，将软件规模分为 5 类(见表 6-6)，将软件分为 A,B,C,D 4 个关键性级别(见表 6-7)，并使软件文档与软件规模和关键性等级联系起来(见表 6-8)。

表 6-6 软件规模分类

软件规模	嵌入式软件 源码行数或指令条数 n	非嵌入式软件 源码行数 n
巨	n≥100 000	n≥500 000
大	10 000≤n≤100 000	50 000≤n≤500 000
中	3 000≤n<10 000	5 000≤n<50 000
小	300≤n<3 000	500≤n<5 000
微	n<300	n<500

表 6-7 软件关键性等级

级 别	定 义	危害说明
A	其失效可能导致灾难性危害的软件	人员死亡，系统报废
B	其失效可能导致严重危害的软件	人员严重受伤，严重职业病，系统严重损坏，任务失败
C	其失效可能导致轻度危害的软件	人员轻度受伤，轻度职业病，系统轻度损坏，对完成任务有影响
D	其失效可能导致轻微危害的软件	使用中增加麻烦、不方便，但不影响完成任务

表 6-8 文档的取舍与合并原则

<table>
<tr><th rowspan="2">软件文档</th><th colspan="3">规 模</th><th colspan="3">关键等级</th><th rowspan="2">嵌入式
软件或固件</th></tr>
<tr><th>巨、中、大</th><th colspan="2">小、微</th><th>A,B</th><th colspan="2">C,D</th></tr>
<tr><td>软件开发计划</td><td>◎</td><td colspan="2">◎</td><td>◎</td><td colspan="2">◎</td><td>◎</td></tr>
<tr><td>质量保证计划</td><td>◎</td><td colspan="2">◎</td><td>◎</td><td colspan="2">◎</td><td>◎</td></tr>
<tr><td>软件需求规格说明</td><td>◎</td><td colspan="2">◎</td><td>◎</td><td colspan="2">◎</td><td rowspan="3">合并</td></tr>
<tr><td>接口需求规格说明/设计文档</td><td>□</td><td colspan="2">◎</td><td>◎</td><td colspan="2">◎</td></tr>
<tr><td>软件设计文档</td><td>□</td><td colspan="2">◎</td><td>◎</td><td colspan="2">◎</td></tr>
<tr><td>软件测试计划</td><td>◎</td><td>◎</td><td rowspan="3">合并</td><td>◎</td><td>◎</td><td rowspan="3">合并</td><td></td></tr>
<tr><td>软件测试说明</td><td>◎</td><td>◎</td><td>◎</td><td>◎</td><td></td></tr>
<tr><td>软件测试报告</td><td>◎</td><td>◎</td><td>◎</td><td>◎</td><td></td></tr>
<tr><td>计算机系统操作员手册</td><td>◎</td><td colspan="2">◎</td><td></td><td colspan="2"></td><td></td></tr>
</table>

续 表

<table>
<tr><th rowspan="2">软件文档</th><th colspan="2">规　模</th><th colspan="2">关键等级</th><th rowspan="2">嵌入式软件或固件</th></tr>
<tr><th>巨、中、大</th><th>小、微</th><th>A,B</th><th>C,D</th></tr>
<tr><td>软件程序员手册</td><td>◎(二次开发)</td><td></td><td>◎(二次开发)</td><td></td><td></td></tr>
<tr><td>软件用户手册</td><td>◎</td><td>◎</td><td>◎</td><td rowspan="2">合并</td><td></td></tr>
<tr><td>版本说明文档</td><td>◎</td><td>◎</td><td>◎</td><td></td></tr>
<tr><td>固件保障手册</td><td></td><td></td><td></td><td></td><td>◎</td></tr>
<tr><td>数据库设计说明</td><td></td><td></td><td></td><td></td><td></td></tr>
</table>

注:◎表示选取；　　□表示可拆分。

根据 GJB 438A 产生的文档,章和节的顺序应该与本标准规定的相同,若剪裁掉某章或节,则在剪裁掉的章或节标题下直接说明;若剪裁掉整章或节,则仅需在剪裁掉的章或节最高层标题下加以说明。

如果在章节内存在一系列须分别讨论的因素,则可以扩展或进一步细分这些章节,以适应具体需要。如 N. N 这节扩展时,写成 N. N. N 段;反之,如果章节中的有些细节并非必需,也可以根据实际情况进行合并。

6.2.5　GJB 438A 与 GJB 438B 的差异

随着 GJB 2786A—2009《军用软件开发通用要求》的颁布实施,与之相配套的文档编制标准自然也要发生相应的更改,于是 GJB 438B—2009《军用软件开发文档通用要求》应运而生。

GJB 438B 符合 GJB 2786A 标准,可满足执行 GJB 2786A 所产生的军用软件开发文档的要求,适用于军用软件开发过程中文档的编制。该标准增加了软件研制任务书、软件质量保证计划、软件质量保证报告、软件配置计划、软件配置管理报告和软件研制总结报告等文档,并在软件开发计划、软件质量保证计划、配置管理计划中,对 GJB 5000A 二级有关要求给予了适当考虑和体现。

GJB 438A 与 GJB 438B 的差异对照见表 6－9。

表 6－9　GJB 438A 与 GJB 438B 差异对照表

	GJB 438A	GJB 438B
1	系统/段设计文档	系统/子系统设计说明 系统/子系统规格说明 运行方案说明 软件研制任务书
2	软件开发计划	软件开发计划 软件配置管理计划 软件质量保证计划 软件安装计划 软件移交计划

续表

	GJB 438A	GJB 438B
3	软件需求规格说明	软件需求规格说明
4	接口需求规格说明	接口需求规格说明
5	软件设计文档	软件设计说明 数据库设计说明
6	接口设计文档	接口设计说明
7	软件产品规格说明	软件产品规格说明
8	版本说明文档	软件版本说明
9	软件测试计划	软件测试计划
10	软件测试说明	软件测试说明
11	软件测试报告	软件测试报告
12	计算机系统操作员	软件输入/输出手册 软件中心操作员手册
13	软件用户手册	软件用户手册 计算机操作手册
14	软件程序员手册	计算机编程手册
15	固体保障手册	固体保障手册
16	计算机资源综合保障文档	软件配置管理报告 软件质量保证报告 软件研制总结报告

6.3 军用软件研制能力成熟度模型(GJB 5000A—2008)

6.3.1 目的、背景与范围

在现代武器装备中,软件已成为重要组成部分,发挥着核心作用,软件的质量最终决定现代武器装备的质量,因此,如何保证武器装备软件质量已是武器装备建设中不可回避的一个问题。GJB 5000A—2008《军用软件研制能力成熟度模型》的制定,旨在引进国外先进的管理经验,提高我国军用软件的质量,它目前已成为我国武器装备软件建设和发展的一项重要标准。

GJB 5000A 主要是参照美国卡内基-梅隆大学的软件工程研究所开发的软件能力成熟度模型(CMM)1.2 版制定的。CMM 是应美国联邦政府的要求,特别是美国国防部希望解决的对软件承包商的能力评价问题研制的,在应用过程中,CMM 的另一个作用越来越突出,那就是 CMM 描述了软件过程不断改进的科学途径,使软件开发组织能自我分析,找出尽快提高软件过程能力的策略。CMM 的这个作用得到国际软件产业界和软件工程界广泛关注和认可，被认为是软件工程技术最重要的发展之一。因此在标准编制时，考虑到与国际接轨，并保持与国家有关文件精神及国家有关机构做法一致，如 2000 年 6 月国务院下发《鼓励软件产业和集成电路产业发展的若干政策》文件鼓励软件出口企业按 CMM 改进过程，故而在技术内容上全部采用 CMM1.2 相关章条的内容，同时考虑到我国军用软件研制单位的实际情况，为了更顺利采纳 CMM 理念，减少实施中的困难，根据我国多年来软件工程方面的经验，在模型应用方面，增加了应用软件能力成熟度模型的有关建议。

本标准规定了军方用于评估组织的软件能力成熟度的模型，并规定了软件整个生存周期内的主要软件管理过程和工程过程。适用于第二方或第三方对组织的软件能力进行评价，也适用于组织本身对软件过程进行评估和改进。

GJB 5000A 有两个最基本的用途：一是软件过程评估，用于确定一个软件组织当前的软件过程的状态，了解其软件过程的弱项和强项，明确组织所面临的急需解决的问题，进而有步骤地实施软件过程改进，提高组织的软件过程能力；另一个是软件能力评价，用于识别能完成所需软件任务的合格承制方，或者监控承制方软件开发工作中软件过程的状态，进而对承制方的软件工作产品和软件过程提出应改进之处。

根据上述两个最基本的用途，软件能力成熟度模型可供：

(1)软件过程评估组(可由组织外部和内部的人员组成，软件承制方发起的)用来识别组织软件过程的强项和弱项。

(2)软件能力评价组(一般全部由组织外部的人员组成，第二方或第三方发起)用来选择承制方，并监控合同的执行。

(3)管理部门(管理人员)和技术人员用来识别为了改进组织的软件过程，该组织应开展哪些必需的活动，应该制定哪些方针，需要提供哪些必备条件和承诺。

(4)软件过程改进组用作指南，帮助定义和改进组织的软件过程。软件过程改进组一般应参照软件能力评估组的评估结果来采取措施，定义和改进组织的软件过程。

6.3.2　主要内容和技术特点

GJB 5000A 规定了软件能力成熟度的模型，该模型将组织的软件能力成熟度分为 5 个等级，1 级(或等级 1)称为初始级，2 级(或等级 2)称为已管理级，3 级(或等级 3)称为已定义级，4 级(或等级 4)称为已定量管理级，5 级(或等级 5)称为优化级，从 1 级到 5 级，软件能力成熟度逐步提高，如图 6－5 所示。

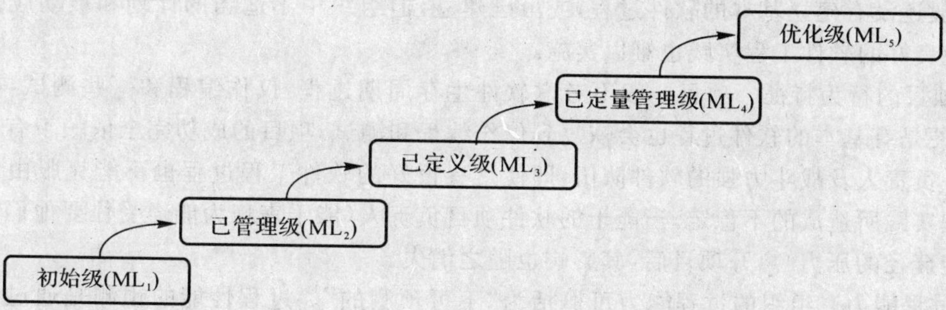

图 6－5　军用软件研制能力成熟度的 5 个等级

对软件能力成熟度模型的描述又分为 4 个层次，即成熟度等级、过程域、目标和实践，其组成结构如图 6-6 所示。每个成熟度由若干过程域组成，每个过程域都有一些专用目标和共同目标，每个专用目标下包含若干专用实践，共用目标下则包含若干共用实践。

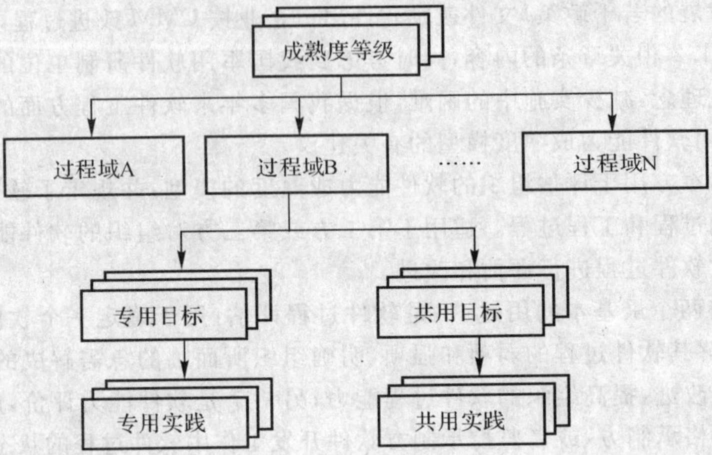

图 6-6　军用软件研制能力成熟度模型结构

为了使感兴趣的人员对 GJB 5000A 有一个宏观上的了解，更便于把握重点和方向，下面对 GJB 5000A 主要内容和特点作进一步的介绍。

1. 成熟度等级

成熟度等级是 GJB 5000A 的最顶层结构，是软件组织在走向成熟的过程中所经历的逐步向上的一个个台阶式的平台。每个成熟度等级由若干过程域组成，当一个等级的所有过程域及其以下所有等级的各过程域的全部目标实现时，就表明这一等级上各个软件过程域相应的重要成分或方面得到了稳定，就表明该组织达到了该等级的成熟度要求，或者说站在了这个平台之上。这一方面反映了这个组织过程能力增长的实际情况，另一方面也说明这个组织具备了向上一个成熟度等级进化的基础。分级表示共有 5 个成熟度等级，每一等级构成了前进中过程改进基础的一个层次，它们都是实现下一个成熟度等级的基础。

(1) 初始级。

1) 基本状态。软件过程无序，有时甚至混乱。几乎没有什么经过定义的过程，成功依赖于个人的努力。

2) 组织上的行为特征。组织一般不能提供软件开发和维护的稳定环境；缺乏健全的管理实践；一般还没有建立基本的软件过程，或虽已建立，但组织中不适当的计划和被动应付的管理方式使良好的软件工程实践也难以实施。

3) 项目的行为特征。项目一般不考虑软件生存周期过程，仅作编程和一些测试，在时间紧时，即便是有基本的软件过程也会恢复到仅作编程和测试；项目的成功完全依赖于有一个杰出的软件负责人及战斗力强的软件队伍，即使是有很好的软件工程过程也不能克服由于缺乏健全管理实践所造成的不稳定；当能干的软件项目负责人(能干表现为能经受住要他们在软件过程中走捷径的压力)离开项目后，其影响也随之消失。

4) 过程能力。组织的过程能力可概括为“不可预测的”。过程性能的预测是通过个人的能力而不是通过组织的能力实现，且随个人固有的技能、知识和动机的不同而变化；这样的过程能力就决定了一个具体项目的进度、预算、功能和产品质量一般不可预测。

(2) 已管理级。

1) 基本状态。已建立起基本的项目管理过程，并用来跟踪项目的成本、进度和功能性。必要的过程纪律已经就位，使具有类似的项目，能重复以前的成功。

2) 组织上的行为特征。组织已建立了管理软件项目的方针，按照方针进行策划并得到执行。组织的总目标是使软件项目的有效管理过程(这个过程可特征化为实用的、已文档化的、已实施的、已培训的、已测量的和能改进的)制度化。新项目的规划和管理在类似项目的经验基础上进行。各项目所实施的具体过程可以不同。

3) 项目的行为特征。项目已设置基本的软件管理。包括：项目的承诺是基于现有经验并考虑当前项目的需求做出的，聘用有　技能的人员，这些人员拥有足够的资质，以便产生受到控制的工作产品。一旦出现差异就可被及时识别；对软件需求和为实现需求所开发的工作产品建立了基线，并控制其完整性；软件标准均已确定，并且项目组能保证准确地执行这些标准；若有分承制方，软件项目(组)与他们一起努力建立强有力的组织与分承制方关系。

4) 过程能力。组织的过程能力可概括为"有纪律的"。因为项目软件的策划和跟踪是稳定的，能重复以前的成功。根据以前项目性能所制定的计划切实可行，项目过程处于项目管理系统的有效控制之下。

(3) 已定义级。

1) 基本状态。软件过程在管理活动和工程活动两方面均已文档化、标准化，并集成为"组织的标准软件过程"。所有项目软件过程都是"组织的标准软件过程"的一个经过批准的剪裁版本。

2) 组织上的行为特征。组织集成了一个"组织的标准软件过程"。这个过程是已文档化的，包括软件工程过程和管理过程，是一个有机的整体。它能帮助软件管理人员和全体技术人员更有效地实施软件活动。组织设立一个负责软件过程活动的机构(例如软件工程过程组)，制定并实施全组织的培训计划，保证所有人员具有履行其职责所必需的知识和技能。

3) 项目的行为特征。项目建立并实施"项目定义的软件过程"。这个过程是根据项目自身特点，通过对"组织的标准软件过程"剪裁形成的，它包含的是一组对本项目协调的、集成的、妥善定义的软件工程过程和管理过程，通过这个过程管理者能够深入了解项目的技术状态和进展。

4) 过程能力。组织的软件过程能力可概括为"标准和一致的"。因为无论软件工程活动还是管理活动，过程都稳定且可重复，成本、进度和功能特性均受控，软件质量得到跟踪。这种过程能力的基础是对一个项目定义的活动、角色和职责等在全组织内有共同的理解。

在成熟度等级 3，过程已经得到了很好的定义和理解，并用标准、规程、工具和方法进行了描述。作为成熟度等级 3 的基础，组织的标准过程集已经建立，并随着时间推移而不断改进。这些标准过程用于建立整个组织的一致性。项目按照剪裁指南剪裁组织的标准过程集，以建立项目的已定义过程。

成熟度等级 2 和成熟度等级 3 的关键区别是标准、过程说明和规程的适用范围。在成熟度等级 2，这些标准、过程说明和规程在过程的各个特定实例(例如，某个具体项目)之间可以有很大差别。在成熟度等级 3，一个项目的标准、过程说明和规程都是为了适合具体项目或组织的情况而从组织的标准过程集中剪裁出来的，因此，除了剪裁指南所允许的差别之外，这些标准、过程说明和规程都是一致的。

另一个关键区别是：在成熟度等级 3，过程一般描述得比成熟度等级 2 更加严格。一个已定义过程明确地阐述了其目的、输入、入口准则、活动、角色、测量、验证步骤、输出和出口准则。在成熟度等级 3，通过对过程活动的相互关系、过程的详细测量值、过程的工作产品和服务的理解，使过程都得到更加积极主动的管理。

在成熟度等级 3，组织应使其成熟度等级 2 的过程域得到进一步的成熟。为了达到成熟度等级 3，应使用在成熟度等级 2 中没有阐述的、与共用目标 3 有关的共用实践。

(4)已定量管理级。

1) 基本状态。组织已采集了关于软件过程和产品质量的详细测量数据，并且软件过程和产品均得到定量的了解和控制。

2) 组织上的行为特征。组织对软件产品和过程设置定量的质量目标。组织制定的测量大纲，对软件产品和过程严格定义了一致的度量；组织用这些度量对软件过程和产品进行检测；利用全组织的软件过程数据库对项目定义软件过程中的数据进行收集、管理和分析；把这些测量数据作为全组织的资产，为定量地评价项目的软件过程和产品建立基准。

3) 项目的行为特征。项目实现了对产品和过程的控制，并将其过程性能的变化限制在可接受的范围内。项目能区别过程性能的特殊变化与随机变化；可定量估计新应用领域软件开发的风险，并进行精心管理。

4) 过程能力。组织的软件过程能力可概括为“可预测的”。过程已被测量，并在可测量的范围内运行，组织能在限制的范围内预测过程和产品的质量趋势；当发生意外情况时，可明确指出变化产生的原因，并能及时采取措施予以纠正，从而使软件产品具有可预测的高质量。

成熟度等级 3 和成熟度等级 4 之间的关键区别是过程绩效的可预测性。在成熟度等级 4，过程绩效使用统计技术和其他定量技术加以控制，并且是可定量地预测的。在成熟度等级 3，过程通常只是定性地可预测的。

(5) 优化级。

1) 基本状态。过程实施中的定量反馈信息和新思想、新技术的典型试验中的定量反馈信息，使组织能持续进行过程改进。

2) 组织上的行为特征。整个组织致力于不断改进软件过程。组织能识别过程的弱项，并对弱项加以增强；组织注意将新技术转化为生产力，对新技术和过程更改建议进行性价分析，识别最佳技术革新并加以推广应用。

3) 项目的行为特征。项目软件组均进行缺陷分析，确定产生原因，并评价软件过程以防止已知类型缺陷再次发生，同时将经验教训告知其他项目。

4) 过程能力。组织的软件过程能力可概括为过程是“不断改进的”。因为这些组织为增强其过程能力，不断改善其项目的过程性能。既采用在现有过程中增量式前进的办法，也通过采用新技术、新方法的革新措施，使过程能持续改进。

成熟度等级 4 和成熟度等级 5 之间的关键区别是所涉及的过程变异类型。在成熟度等级 4，组织关注过程变异的特殊原因，并提供结果的统计可预测性。虽然过程可以产生可预测的结果，但是，这些结果可能不足以实现已确定的目标。在成熟度等级 5，组织关注过程变异的共因，并且改变过程(移动过程绩效的均值或者减少过程的固有变异)以改进过程绩效并实现已确定的定量过程改进目标。

2. 关键过程域

GJB 5000A 的第 6～9 章共规定了 22 个过程域，其中 2 级及 2 级以上的每个软件能力成熟度等级都包含若干个对该成熟度等级至关重要的过程域，它们的实施对实现该成熟度等级起关键作用。

GJB 5000A 中每个过程域都有一些专用目标和共用目标，这些目标是对过程域中专用实践的概括，表示该过程域的范围、边界和意图，用来确定组织或项目是否已经有效地实施该过程域。当一个过程域的全部目标均已达到时，才表明该过程域已被实现。

其中，等级 2 的 7 过程域集中关注软件项目所关心的、与建立基本项目管理和控制有关的事项；等级 3 的 11 个过程域既涉及项目，又涉及组织，因为组织需建立对所有项目都有效的规范化的软件工程过程和管理过程的基础设施；等级 4 的 2 个过程域的关注焦点是建立对软件过程和软件工作产品的定量了解；等级 5 的 2 个过程域包括为了实施持续不断的可测的软件过程改进，组织和项目都应解决的关键问题。具体分类见表 6－10。

表 6－10　过程域、类型和成熟度等级

成熟度等级 \ 过程管理		支持过程	过程管理	项目管理	工程过程
5	优先级	原因分析和决定	组织创新和部署		
4	已定量管理级		组织过程绩效	定量项目管理	
3	已定义级	决策分析和决定	组织过程定义 组织过程焦点 组织培训	风险管理 集成项目管理	验证 确认 技术解决方案 需求开发 产品集成
2	已管理级	配置管理 测量与分析 过程和产品质量保证		供方协议管理 项目策划 项目监控	需求管理
1	初始级				

3. 实践

GJB 5000A 中每个过程域规定的实践（包括专用实践和共用实践）是对过程域中的目标（包括专用目标和共用目标）的实施和制度化贡献最大的基础设施和活动。在标准中，实践的描述很具体，占的篇幅也最大。专用实践和共用实践按其共同特征可分为以下 5 类。

（1）执行承诺类实践，描述组织为保证过程得以建立并持续发挥作用所应采取的行动，一般包括制定组织的方针，规定高层管理者应提供的支持。

（2）执行能力类实践，描述为了能够实施软件过程，项目或组织中必须存在的先决条件，一般包括资源、组织结构和培训等保证条件的建立和实施。

（3）执行活动类实践，描述实现关键过程域所必需的角色和规程，一般包括制定计划和规程、进行工作、跟踪活动情况以及在需要时采取纠正措施。

（4）测量分析类实践，描述对过程需要进行的测量和对测量结果进行的分析，一般包括为了确定活动的执行状态和有效性所采用的测量。

(5)验证实施类实践，描述那些能保证遵循已建立过程进行活动的措施，这类实践一般包括管理者和软件质量保证部门所作的评审和审核。

“执行承诺”，这是关键过程域得以实现的最重要的前提；当然，没有“执行能力”也不可能完成好“执行活动”；实践中如果不对“执行活动”进行“测量分析”和“验证实施”，就无从了解活动的实际情况，不能对活动施加合适的管理和控制，这样的过程必然不稳定，缺乏纪律性，不能制度化，更无法加以改进。执行活动类中的实践描述为建立过程能力应开展的工作，不执行这些活动(或替代的实践)，就不能达到过程域的目标，而其他 4 类实践则作为一个整体共同形成使组织能将执行活动中的实践规范化的基础。

每个过程域的目标是对该过程域中全部实践的概括，而过程域的某个目标必须通过一组实践去实现。每个过程域的实践与其目标都有一个对应关系，了解这个对应关系对深入理解和实现过程域的目标是非常有利的。表 6-11 中列出了专用实践与专用目标的对应关系，表 6-12 则列出了共用实践与共用目标的对应关系。

表 6-11　专用实践与专用目标的对应关系

成熟度等级	过程域	专用目标	对应的专用实践
己管理级	配置管理	1　建立基线	1.1　标识配置项 1.2　建立一个配置管理系统 1.3　生成或发布基线
		2　跟踪和控制更改	2.1　跟踪更改申请 2.2　控制配置项
		3　建立完整性	3.1　建立配置管理记录 3.2　执行配置审核
	测量与分析	1　安排测量与分析活动	1.1　确定测量目标 1.2　指明测量项 1.3　指明数据采集和存储规程 1.4　指明分析规律
		2　提供测量结果	2.1　采集测量结果 2.2　分析测量数据 2.3　存储数据和结果 2.4　交流结果
	项目监控	1　对照计划监督项目	1.1　监督项目策划参数 1.2　监督承诺 1.3　监督项目风险 1.4　监督数据管理 1.5　监督利益相关的参与 1.6　实施进展评审 1.7　实践里程碑评审

续 表

成熟度等级	过程域	专用目标	对应的专用实践
已管理级	项目监控	2　管理纠正措施直到结束	2.1　分析问题 2.2　采取纠正措施 2.3　管理纠正措施
	项目策划	1　建立估计值	1.1　估计项目的范围 1.2　建立工作产品和任务属性的估计值 1.3　定义项目生存周期 1.4　建立工作量和成本的估计值
		2　制定项目计划	2.1　编制预算和进度表 2.2　标识项目风险 2.3　制定数据管理计划 2.4　制定项目资源计划 2.5　策划所需的知识和技能 2.6　制定利益相关方参与的计划 2.7　制定项目计划
		3　获得对计划的承诺	3.1　评审影响该项目的计划 3.2　使工作与资源水平相协调 3.3　获得计划承诺
	过程和产品质量保证	1　客观地评价过程和工作产品	1.1　客观地评价过程 1.2　客观地评价工作产品和服务
		2　提供客观深入的了解	2.1　交流并确保解决不符合项 2.2　建立记录
	需求管理	1　管理需求	1.1　获得对需求的理解 1.2　获得对需求的承诺 1.3　管理需求更改 1.4　维护需求的双向可追溯性 1.5　标识项目工作与需求之间的不一致性
	供方协议管理	1　建立供方协议	1.1　确定获取方式 1.2　选择供方 1.3　建立供方协议
		2　满足供方协议	2.1　执行供方协议 2.2　监督所选择的供方过程 2.3　评价所选择的供方工作产品 2.4　接收所获取的产品 2.5　移交产品

续 表

成熟度等级	过程域	专用目标	对应的专用实践
已定义级	决策分析和决定	1 评价备选方案	1.1 建立决策分析指南 1.2 建立评价准则 1.3 标识备选方案 1.4 选择评价方法 1.5 评价备选方案 1.6 选择解法
	集成项目管理	1 使用项目的已定义过程	1.1 建立项目的已定义过程 1.2 为策划项目活动使用组织的过程资产 1.3 建立项目的工作环境 1.4 集成计划 1.5 利用集成计划管理此项目 1.6 向组织的过程资产做贡献
		2 与利益相关方协调和协作	2.1 管理利益相关方的参与 2.2 管理依赖关系 2.3 解决协调问题
	组织过程定义	1 建立组织的过程资产	1.1 建立标准过程 1.2 建立生存周期模型说明 1.3 建立剪裁准则和指南 1.4 建立组织的测量库 1.5 建立组织的过程资产库 1.6 建立工作环境标准
	组织的过程焦点	1 确定过程改进时机	1.1 建立组织的过程需要 1.2 评估组织的过程 1.3 标识组织的过程改进
		2 策划并实施过程改进	2.1 建立过程行动计划 2.2 实施过程行动计划
		3 部署组织的过程资产和纳入经验教训	3.1 部署组织的过程资产 3.2 部署标准的过程 3.3 监督实施 3.4 将与过程有关的经验纳入组织的过程资产
	组织的培训	1 建立组织的培训能力	1.1 建立战略培训能力 1.2 确定哪些培训需要是组织的职责 1.3 制定组织培训的战术计划 1.4 建立培训能力

续 表

成熟度等级	过程域	专用目标	对应的专用实践
已定义级	组织的培训	2　提供必要的培训	2.1　交付培训 2.2　建立培训记录 2.3　评估培训的有效性
	产品的集成	1　准备产品集成	1.1　确定集成顺序 1.2　建立产品集成环境 1.3　建议产品集成规程和准则
		2　确保接口一致性	2.1　评审接口说明的完备性 2.2　管理接口
		3　组织产品部件和交付产品	3.1　确认集成产品部件已就绪 3.2　组装产品部件 3.3　评价已组装的产品部件 3.4　包装和交付产品或产品部件
	需求开发	1　开发顾客需求	1.1　引出需要 1.2　开发顾客需求
		2　开发产品需求	2.1　确定产品需求和产品部件需求 2.2　分配产品部件需求 2.3　标识接口需求
		3　分析和确认需求	3.1　制定运行方案和场景 3.2　建立必需功能性的定义 3.3　分析需求 3.4　分析需求以达到平衡 3.5　确认需求
	风险管理	1　风险管理准备	1.1　确定风险源和类别 1.2　定义风险参数 1.3　建立风险管理策略
		2　标识和分析风险	2.1　标识风险 2.2　评价、分类和排序风险
		3　缓解风险	3.1　制定风险缓解计划 3.2　实施风险缓解计划
	技术解决方案	1　选择产品部件的解决方案	1.1　制定备选方案和选择准则 1.2　选择产品部件的解决方案

续表

成熟度等级	过程域	专用目标	对应的专用实践
已定义级	技术解决方案	2 开发设计	2.1 设计产品或产品部件 2.2 建立技术数据包 2.3 使用准则设计接口 2.4 作开发、购买或重用分析
		3 实现产品设计	3.1 实现设计 3.2 编撰产品支持文档
	确认	1 准备确认	1.1 选择要确认的产品 1.2 建立确认环境 1.3 建立确认的规程和准则
		2 确认产品或产品部件	2.1 实施确认 2.2 分析确认结果
	验证	1 准备验证	1.1 选择要验证的工作产品 1.2 建立验证环境 1.3 建立验证规程和准则
		2 实施同行评审	2.1 准备同行评审 2.2 实施同行评审 2.3 分析同行评审数据
		3 验证所选的工作产品	3.1 实施验证 3.2 分析验证结果
已定量管理级	组织过程绩效	1 建立绩效基线和模型	1.1 选择过程 1.2 建立过程绩效测量项 1.3 建立质量和过程绩效目标 1.4 建立过程绩效基线 1.5 建立过程绩效模型
	定量项目管理	1 定量管理项目	1.1 建立项目的目标 1.2 构成已定义过程 1.3 选择统计管理的子过程 1.4 管理项目绩效
		2 统计管理子过程绩效	2.1 选择测量与分析技术 2.2 应用统计方法了解变异 2.3 监督所选子过程的绩效 2.4 记录统计管理数据

续表

成熟度等级	过程域	专用目标	对应的专用实践
优化级	原因分析和决定	1　确定缺陷原因	1.1　选择要分析的缺陷数据 1.2　分析原因
		2　处理缺陷原因	2.1　实施行动建议书 2.2　评价更改的效果 2.3　记录数据
	组织创新和部署	1　选择改进	1.1　收集和分析改进建议书 1.2　标识和分析创新 1.3　对改进作试点 1.4　选择部署和改进
		2　部署改进	2.1　策划部署 2.2　管理部署 2.3　测量改进效果

表 6-12　共用实践与共用目标的对应关系

共用目标	对应的共用实践
2　制度化已管理过程	2.1　制定组织方针 2.2　策划过程 2.3　提供资源 2.4　指派职责 2.5　培训人员 2.6　管理配置 2.7　标识并吸纳利益相关方 2.8　监督并控制过程 2.9　客观评价遵循性 2.10　与更高层管理者一起评审状态
3　制度化已定义过程	3.1　建立已定义过程 3.2　采集改进信息

专用实践与共用实践中描述的是要“做什么”，而不强行规定应当“如何做”。也就是说，不管是什么做法，只要能有效地实现该过程域所提出的目标就行，至于实践是如何执行的则是不强求的。

6.3.3　与相关标准的关系

GJB 5000A 是我国军用软件质量管理方面的一个重要标准，其关注的质量管理方面内容与 ISO 9000 族标准（相当于 GJB 9001A《质量管理体系要求》或 GB/T 19000—2000《质量管理

体系 基础和术语》、GB/T 19001—2000《质量管理体系 要求》和 GB/T 19004—2000《质量管理体系 业绩改进指南》等)关注的方面相同。

它们都非常关注产品质量，都以相同的质量原理为基础，都强调通过良好的过程来保证产品质量，都以组织的领导者和管理的作用为最关键的成功条件，都采用 PDCA 方法，都重视规范化、活动规程和必要的文档与记录。ISO 9001—2000 中绝大部分要求在 GJB 5000A 中都可以找到直接相关或有联系的描述。这两个文件的最大相似之处在于它们都有一个基本思想："言所行，行所言"。

ISO 9001—2000 中规定的某些要求在 GJB 5000A 中没有论述；反之，GJB 5000A 中描述的某些过程或活动在 ISO 9001—2000 中也没有论述，所以两者之间不存在互相包含的关系。这两个文件有明显的差别，主要是由于 ISO 9001—2000 是针对各类产品的，而且是由制造业的质量理论和实践总结发展而成为当前的版本，不可能针对软件产品及其制造的特点展开说明，而 GJB 5000A 则专门针对软件，做出了良好软件过程的详细描述；ISO 9001—2000 是考虑在市场环境下，作为组织管理体系的一部分，给出质量管理体系的要求；而 GJB 5000A 则主要从军方软件采购或承制方软件研制的风险降低的角度，在人员、技术和过程三要素中以软件过程的妥善定义和持续改进为主线，以统计过程控制原理为主要基础来设计模型；ISO 9001—2000 评估的目的是要认证组织是否建立了有效的质量管理体系，为此给出比较简明、科学、原则性的要求，评估的结论是合格与否，而 GJB 5000A 则用于评估组织的软件过程能力的状况，确定采购风险，或找出软件过程的强项和弱项，明确改进途径，为此给出良好软件过程的详细描述和能力提高的简明科学途径。

ISO 9001 中有些条款与 GJB 5000A 的过程域没有强联系，7.5.4"顾客财产"和 7.5.5"产品防护"这两个条款的内容在 GJB 5000A 中没有适当地阐述。此外，7.5.1"生产和服务提供的控制"，以及 7.5.2"生产和服务提供过程的确认"，在 GJB 5000A 中是以分散的方式加以论述或阐述得不充分的。

这两个文件的最大差别在于 GJB 5000A 明确强调不断改进过程，而 ISO 9001 仅论述可接受的质量体系基本准则，至于总体业绩持续改进的有关指南完全放在了 ISO 19004—2000 中。另一个差别是 GJB 5000A 把焦点严格对准软件，而 ISO 9001 则有宽得多的范围，包括硬件、软件、流程性材料和服务。

上述基本差别，导致一些外观上的不同。这两个文件在详细程度上有很大差别，ISO 9001—2000 第 4～8 章约为 7 页长，而 GJB 5000A 则 200 多页。可见，GJB 5000A 的描述要比 ISO 9001—2000 详细得多，因此 GJB 5000A 的可操作性更好。

军用软件承制单位通过 GJB 9001A—2001 或 GB/T 19001—2000 认证后，需要考虑按照 GJB 5000A 要求提高软件能力的问题。由于各单位软件工程化的基础不同，需要采取的措施及其力度也不一样。一般说来，如果已在软件方面比较认真地建立了 GJB 9001A 所要求的质量管理体系，应该比较容易达到 GJB 5000A 2 级，达到 3 级就需要较大的努力了，其与本标准改进过程域要求的符合情况大致如图 6－7 所示。

通过了 GJB 9001A—2001 或 GB/T 19001—2000 认证的软件组织与 GJB 5000A 各级均存在差距，要达到 2 级需要做一些工作，要达到 3 级需要做更多工作，要达到 4、5 级需要做大量工作。

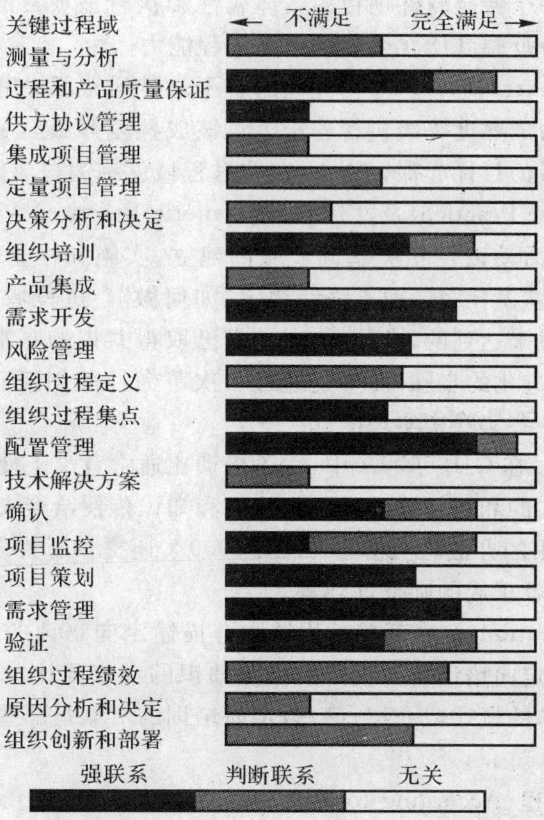

图 6-7　ISO 9001 和 GJB 5000A 的符合性示意图

6.3.4　标准贯彻实施应注意的问题

GJB 5000A 中包含着不少新概念。为了使概念的含意得以准确理解，这里首先定义和解释一些基本的术语和概念，然后对关键过程域描述中常用的一些术语和短语加以说明，最后对 GJB 5000A 实施给出建议。

1. 基本概念的理解

(1)软件过程(Software Process)。过程是指为了实现给定目的所执行的一系列步骤。过程是各种活动或动作的序列，它们的执行在时间上有一定的先后顺序。软件过程是“用来开发和维护软件及其相关产品(例如项目计划、设计文档、代码、测试用例和用户手册)的一组活动、方法、实践和转换”。软件过程包括工程过程和管理过程等。

(2)软件过程能力(Software Process Capability)。描述(开发组织或项目组)通过执行其软件过程能够实现预期结果的程度。一个软件组织或项目组的软件过程能力提供预测该组织或项目组承担下一个软件项目时最可能的预期结果的一种方法。软件过程能力既可对整个软件组织而言，也可对一个软件项目组而言。特别要注意，软件过程能力指的是实施软件过程所能获得的预期结果，而非实际结果。

(3)软件过程性能(Software Process Performance)。表示(开发组织或项目组)实施其软件过程所得到的实际结果。软件过程性能既可对整个软件组织或项目组而言，也可对一个特定软件项目而言。由于一个特定软件项目的具体属性和执行该项目的环境所限,该项目实际的过程性能可能并不充分反映其所在组织的整个过程能力。

(4)过程域(Process Area,PA)。互相关联的若干软件实践活动和有关基础设施的集合。除初始级外每个软件能力成熟度等级包含若干个对该成熟度等级至关重要的过程域,它们的实施对达到该成熟度等级的目标起保证作用,这些过程域就称为该成熟度等级的过程域。

(5)专用实践(Specific Practice)及共用实践(Generic Practice)。对过程域的实施起关键作用的方针、规程、措施、活动以及相关基础设施的建立、实施和检查。GJB 5000A 的专用实践及共用实践一般只描述"做什么",而不强制规定"如何做"。过程域的目标是通过实施其包含的专用实践及共用实践来达到的。国际上有一个已取得共识的基本观点是:整个软件过程的改进是基于许多小的、进化的步骤,而不是通过一次革命性的创新而实现的。可以说,这些小的进化步骤就是通过一些实践来实现的。

(6)培训(Training)。在 GJB 5000A 中,术语培训比通常意义上使用此术语所考虑的范围要宽。培训可以使用正式的和非正式的手段将技能和知识传授给个人。课堂培训是许多组织用来提高职员技能所采用的办法,除此之外 GJB 5000A 还提供了许多其他的手段,例如录相教学、计算机辅助指导或者正规的师徒计划等。

(7)定向培训(Orientation)。在某些过程域中有描述定向培训的关键实践。"定向培训"与"培训"有区别。第一,定向培训所传授的技能和知识的深度要比由培训传授的深;第二,定向培训是对一个专题所作的概述或介绍;第三,定向培训的对象是那些负责监督该专题完成情况的人员及与此相关的人员。

(8)按照文档化的规程(According to a Documented Procedure)。大多数过程域中,都有一个或多个专用实践使用了"按照文档化的规程"的短语。这是要求负责一项任务或活动的人员必须依据这个文档化的规程来实施,就能以重复的方式执行它。这对执行过程的规范化很重要,也是贯穿 GJB 5000A 的主题之一,即把软件过程记入文档并要求按照文档执行其中的规程,这样就提高了组织的过程能力。

(9)分配给软件的系统需求(System Requirements Allocated to Software)。在 GJB 5000 中分配给软件的系统需求通常简称为"分配需求",它是系统需求中将要由系统的软件成分实现的一个子集。分配需求是软件开发计划的主要输入。软件需求分析将对分配需求进行详细的阐述和精炼,结果产生文档化的软件需求。在 GJB 5000A 中则称为"产品需求"和"产品部件需求",是软件设计的基础。

(10)"经过评审"和"经过同行评审"的比较(Reviewed Versus Undergoes Peer Reviews)。GJB 5000A 包括评审和同行评审两种。评审是将一个软件工作产品或一组工作产品提交给经理、顾客、最终用户,或其他有兴趣的个人,以得到他们的认可或同意。评审一般在任务后进行。

同行评审是将一个软件工作产品或一组工作产品提交给生产者的同事,以识别出缺陷。经理、顾客或终端用户一般不出席同行评审。同行评审是任务过程中不可缺少的部分。进行同行评审使得缺陷能及早排除,导致较高的生产率和高质量的产品。

某些软件工作产品要经过评审,某些要经过同行评审,还有一些既要经受评审又经受同行评审。

(11)"置于配置管理之下"与"受到管理和控制"相比较(Placed Under Configuration Management Versus Managed and Controlled)。对某些软件工作产品(例如软件设计和代码),应在预先确定的点上建立基线。这些基线要经过正式评审和认可,使其成为进一步开发工作的基础。对已基线化的软件工作产品(配置项)实施严格的更改控制过程。在与顾客打交道时,要由基线进行控制,并保持稳定性。有时也称此为基线配置管理。短语“置于配置管理之下”适用于此类软件工作产品。

当配置控制由开发者实施时,通常称之为开发配置管理。在开发中预先确定的某些点上,开发配置管理下的某些项也可置于基线配置管理之下。对这些软件工作产品的控制是将“置于配置管理之下”的概念扩展至开发配置管理。虽然它是一种很有用的工程实践,但是在 GJB 5000A 中是不需要开发配置管理的。

某些软件工作产品,例如估计或软件开发计划,可以不必置于配置管理之下,但仍然需要“受到管理和控制”。这些软件工作产品不是基线的一部分,因此不用置于配置管理之下,但它们必须受控,以使得项目按一种有“纪律”的方式进行工作,短语“受到管理和控制”用于对标识和定义这种软件工作产品的过程进行特征描述。“受到管理和控制”意味着在给定时间(过去或现在)上使用的工作产品版本是明确的(即版本控制),并且对其更改也要以一种受控的方式进行(即更改控制)。

(12)计划的类型(Types of Plans)。在专用实践中有两个主要计划类型,即正式计划(例如,软件开发计划、软件质量保证计划和软件配置管理计划等)和非正式计划(例如,同行评审计划、风险管理计划和测试计划等)。

非正式计划一般编写为正式计划的一部分(例如,同行评审计划可以作为软件开发计划的一部分)或者作为正式计划的附件(例如,同行评审进度表可以是软件开发计划中的一节)。无论是制定还是保证执行这些计划,正式计划都要求有管理者的高度支持。在已签订合同的情况下,这些正式计划一般也要交付给订立合同的顾客。

(13)组织(Organization)。在 GJB 5000A 中组织的机构有明确的划分,他们有各自的工作范围和目标,正确理解其中的基本概念,对恰当地解释能力成熟度模型的各个实践是很有必要的。

在 GJB 5000A 中,一个组织通常是指一个公司或其他实体内的一个单位,这些实体可以是政府机构也可以是军队等。在组织内部将许多项目作为一个整体加以管理。在一个组织中的所有项目共有一个相同的高层管理者并遵守共同的方针。

项目是一项要求共同努力去完成的任务,其目标是开发和(或)维护一个具体的产品。产品可以包括硬件、软件和其他成分。一般项目有它自己的投资、成本统计和交付时间表。

组是负责一组作业或活动的部门、经理和个人的集合。组的规模可以不同,最小时可以只有一个受委派的兼职个人,也可以有几个来自不同部门的兼职个人,最大时可以有几个专职的个人。

一个组织可以拥有和管理多个项目,一般情况下在一个项目中会成立多个小组,但有的小组也可能隶属于整个组织。在这里重点说明的是,在 GJB 5000A 中这些小组是有明确划分的,受影响组可能是以下这些组中的一个或一部分(见图 6-8),进一步说明这些小组之间的关系可以帮助和理解学习使用这个标准。

2. 实施要点

(1)实施的难点。GJB 5000A 反映了软件工程的最佳实践,在软件开发管理和工程方面的许多要求是当前不少软件开发单位所不熟悉、不习惯的，只有经过理解，并对照查找本单位的问题，结合本单位的情况制定改进措施，改变本单位原来的不良习惯，才能真正改进本单位的软件过程，提高软件过程能力。

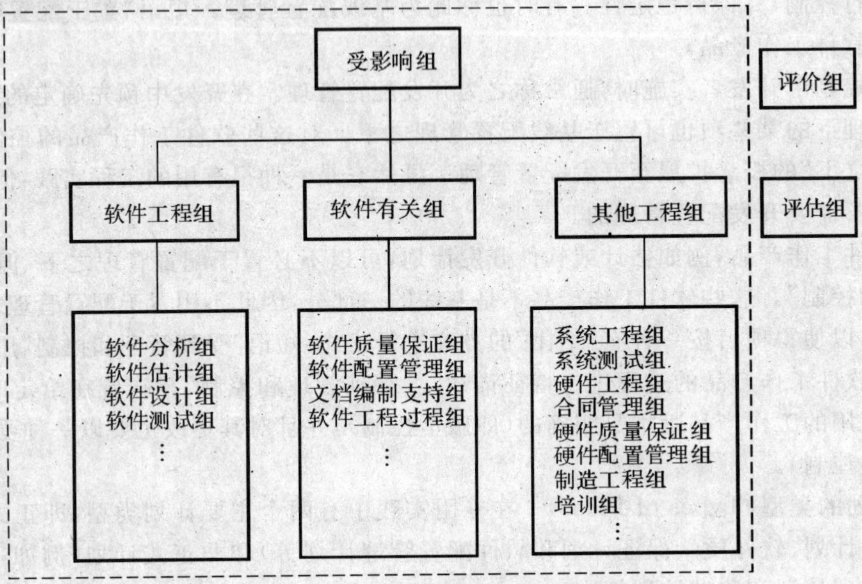

图 6-8　GJB 5000A 中涉及各工程组的关系

实施 GJB 5000A 是降低软件风险的有效途径，但一个单位如果从软件开发尚未工程化的原始状态起步，那么相当长时间（如 2 年）内表面上可能看不到效果，甚至会感到开发同类产品所用的投入和时间比原来更多。仅当组织的主要领导对 GJB 5000A 的作用有深刻认识，并决定大力实施，视之为单位生存和发展的必由之路时，才能确保取得成功。

(2)注意事项。

1)注重实效。实施 GJB 5000A 是为了建立真正提高软件过程能力的基础。一定要不图虚名，扎扎实实打基础，不急于求成，不要希望短时间内“跳跃”式跨上几级，应注重实效。软件能力成熟度模型给出了软件组织提高其软件能力的几个前进台阶，推荐了关注点的优先顺序。参照这个顺序时应注意不能追求不考虑基础的跳级。每个等级均为更高等级的基础，较高等级的软件过程只有在具备了相应的基础条件后才能充分发挥其潜力；若没有合适的基础，则它们往往在最需要的时刻（即有压力的情况下）就起不了作用，通常也不能提供未来改进的基础。一个组织只有逐步经历这些等级才能建立优秀的软件工程文化。因此，不应刻意跨越等级前进。

2)注重本地化。GJB 5000A 描述的实践虽是他人的成功经验，一定要采纳或借鉴，但首先必须理解其实质，使之与本单位的实际情况紧密结合，理清 GJB 5000A 中组织、角色和一些术语与本单位习惯做法的对应关系，弄清哪些实践已实施，哪些表述不同但实际已实施，哪些尚未实施或有缺陷。

3)作为一个工程项目对待。GJB 5000A 的实施与 ISO 9000 认证相似，应作为一个特殊工程项目对待。特殊在于，它不仅如同一般项目，需由一个团队在一定时间内使用一定的资源来实现一定的目标，它的实施还涉及一个组织的各个层面，它需要持续开展下去，一阶段又一阶段地设定并实现新的目标，否则会如逆水行舟，不进则退，甚至前功尽弃。另外，作为一个项目，不仅应给予必要的资源和时间保证，还应有长远规划。

(3)实施建议。对于目前处于初始级的组织，在尚未建立基本的软件过程时，就试图去实施已管理级过程，通常效果不好。在 GJB 5000A 中对一个尚未建立基本软件过程的组织提出了建议：

1)确定软件工程化方针。一个尚未建立基本软件过程的组织，高层管理者应首先确定软件工程化的方针，即要求各软件项目彻底改变过去非工程化的软件开发方式，创造必要条件，使各软件项目按照软件工程要求实施软件开发，并考虑软件生存周期过程，将软件开发工作分为便于管理和控制的若干阶段，进行开发和管理。

确定方针是最高领导的职责。把这列为建议的第一条，是因为没有这一条，就不可能从原来习惯了的“自编、自导、自演”转变到工程化的软件开发方式。这是我国许多武器系统实践说明的必然事实。按照软件工程化方法开发软件，开始时需要较多的人力、资金和时间的投入，要单独给软件产品开发列计划、拨经费、排开发周期，还要改变软件开发人员原已习惯的工作方式，所有这些都是本单位的重大变革，涉及单位传统习惯的改变。没有领导的坚定决心和明确方针，必然不能成功。

2)建立基本软件过程。曾经在具有相当软件研制经验的单位做过试验，用 GJB 5000A 2 级的要求进行软件过程评估，结果差距太大，以至使人们失去信心，不愿再考虑按 GJB 5000A 的标准去过级。经分析可以看出，主要原因是该软件研制单位虽然做过很多软件研制工作，但从软件工程化的角度看，还是起点较低，尚未建立基本的软件工程过程。

图 6－9 描述了 GJB 5000A 中软件项目管理过程的体系结构，由图可见，软件项目管理活动、质量保证活动和配置管理活动都是围绕软件项目开发活动展开的。该图中表示项目的软件开发活动已经按某种软件生存周期分阶段进行，说明软件开发已经按软件工程的基本要求开展。否则，软件过程不分阶段，是个黑盒子，项目管理活动便无法开展，不存在工作产品，也谈不上基线。在这种情况下要实施 GJB 5000A 2 级的几个过程域是很难的。

实际上 1991 年，美国软件能力成熟度模型 SW—CMM 1.0 正式发布时，美国军用软件开发标准 DOD—STD—2167A《国防系统软件开发》已经使用了 3 年多，承担军用软件研制任务的主要单位都有一套执行该标准的具体办法，由军代表监督实施。可以说，这些单位已建立了基本的软件工程过程，采用了软件工程化的软件开发方式，只是管理十分薄弱，管理过程尚未适当建立，完全依靠软件开发承担者个人的素质来完成任务，因而风险很大。根据这种情况，SW—CMM 强调，应首先搞好软件项目管理，对每个软件项目建立适当的管理制度，为进一步提高管理水平打好基础。

GJB 5000A 建议按照 GJB 2786A 等有关标准建立基本的软件过程。可是，不少军用软件研制单位尚未摆脱“自编、自导、自演”的状态，对 GJB 2786A—2009(基本与 DOD—STD—2167A 相同)都不太了解，或者认为要求太高，很难执行。有的单位，开发软件根本不分阶段，不产生中间产品，整个开发过程是个黑盒子。管理者对软件开发过程中的情况一无所知，无法进行管理，甚至也没有想进行管理。实施 GJB 5000A，必须首先改变这种状况，即必须建立基本的软件工程过程，然后才能实施和加强软件项目管理，向 GJB 5000A 2 级前进。

基本软件过程是实施软件工程化必须采用的最基本的软件生存周期过程，不实施这些过程就不可能产生交付顾客的产品。GJB 2786A—2009《军用软件开发通用要求》及其配套的标准，如 GJB 438B—2009《军用软件开发文档通用要求》等，对如何实施软件工程做出了明确的规定。可以说，只要认真贯彻这两项标准，便已走上软件工程化的轨道。

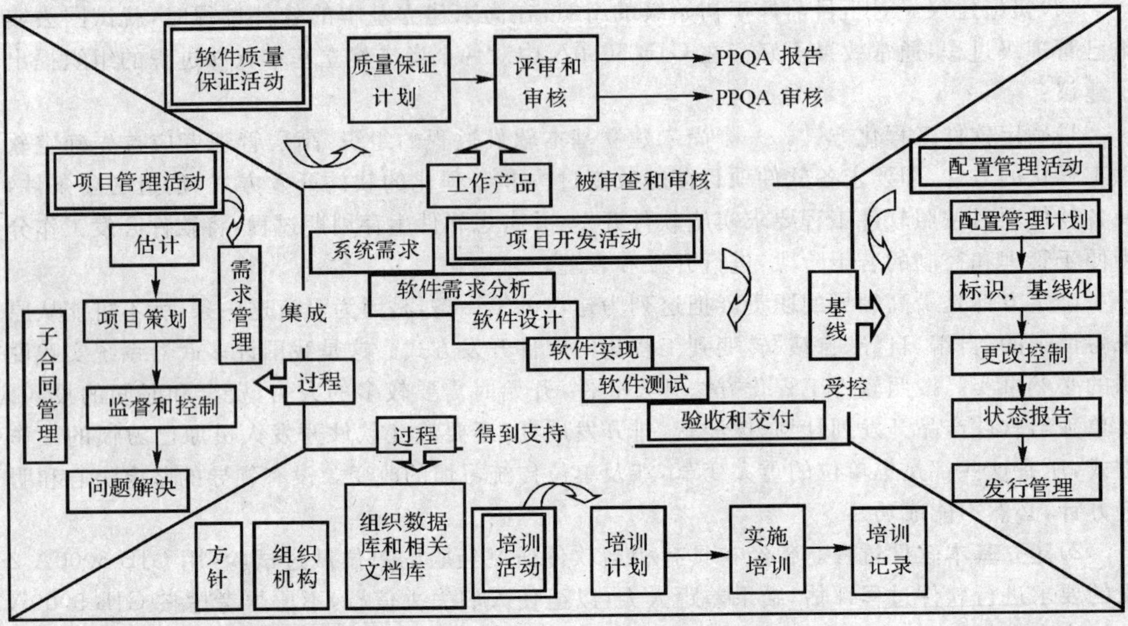

图 6-9　过程体系结构

有些单位可能已经建立了基本软件过程，具有较好的软件工程基础，采用其他标准如参照 MIL—STD—498《软件开发和文档》制定的标准，或者 GB/T 8566—2001，那当然会更容易前进到 GJB 5000A 2 级。国际标准 ISO/IEC TR 15504《软件过程评估》描述了 40 个基本软件过程，有兴趣者也可参照。

3）实施基本软件过程。为了有效地执行 GJB 2786A 等标准，应根据项目的实际情况对标准加以剪裁，建立起适用的基本软件过程，并注意如下问题：

①在项目中，将软件产品与硬件产品同等看待，例如列入产品配套表，按软件研制程序单独安排足够的软件开发时间、经费和其他资源。

②制定软件研制程序时应选择合适的软件生存周期模型，将软件开发过程分为可控制的若干阶段，按阶段制定计划，进行监督和跟踪。

③软件实现阶段与其前后阶段的工作应由不同人员分工合作，不宜由同一人承担。

④明确各阶段应产生的文档和验证要求。

⑤建立基线和版本控制规程。

⑥建立计划进展和质量保证方面的记录，并妥善管理。

基本软件过程的实施策略上应注意循序渐进、由易而难，从易产生效果处做起。选择试点项目时注意项目的周期要较长一些，避免由于工程进度而放弃过程规范。在实施基本软件过程时要学习运用数据和收集数据，改进项目管理；对基本软件过程的实施要强制执行并制度化；对过程文档也要强制执行，要改变过去的习惯；对执行的结果还应进行记录，以备修改等。

6.4 小　结

军用软件工程的标准化给研制军用软件指明了方向，其中 GJB 2786A—2009《军用软件开发通用要求》与 GJB 438B—2009《军用软件开发文档通用要求》是军用软件研制过程中最重要的两个标准。本章对两个标准的演化过程及主要内容进行了介绍。同时，对评价单位从事软件研制能力水平的重要标准 GJB 5000A—2008《军用软件研制能力成熟度模型》进行了介绍。

习　题　6

1. GJB 2786A—2009《军用软件开发通用要求》与 GJB 2786—1997《武器系统软件开发》相比较的几个主要变化是什么？

2. GJB 438B—2009《军用软件开发文档通用要求》与 GJB 438A—1997《武器系统软件开发》相比，增加了哪几个文档？

3. 制定 GJB 5000A—2008《军用软件研制能力成熟度模型》的目的是什么？该模型关注哪几个过程域？

参考文献

[1] 韦群,龚波,任昊利. 军用软件工程. 北京:国防工业出版社,2010.

[2] 石柱. 软件工程标准手册:基础和管理卷. 北京:中国标准出版社,2007.

[3] 阮镰,陆民燕,韩峰岩. 装备软件质量和可靠性管理. 北京:国防工业出版社,2006.

[4] 韩万江,姜立新. 软件项目管理案例教程. 北京:机械工业出版社. 2009.

[5] 贲可荣,何智勇. 软件工程:基于项目的面向对象研究方法. 北京:机械工业出版社,2009.

[6] 中国人民解放军总装备部. 军用软件研制能力成熟度模型 GJB 5000A—2008. 北京:总装备部军标出版发行部,2009.

[7] 林锐,刘兴文,徐继哲,等. IT 企业研发管理——问题、方法和工具. 北京:电子工业出版社,2009.

[8] 总装备部电子信息基础部标准化研究中心. 军用软件工程系列标准实施指南. 北京:航空工业出版社,2006.

[9] 高振平,肖龙旭. 军用软件通用开发过程. 北京:蓝天出版社,2002.

[10] 覃征. 软件工程与管理. 北京:清华大学出版社,2005.

[11] 吴建. UML 基础与 Rose 建模案例. 北京:人民邮电出版社,2007.

[12] 陈松桥. 现代软件工程. 北京:清华大学出版社,2004.

[13] Pressman Roger S. Software Engineering A Practitioner's Approach. Fourth Edition. 北京:机械工业出版社,2004.

[14] 何新贵,石柱,等. GJB 5000《军用软件能力成熟度模型》实施指南. 北京:国防工业出版社,2004.

[15] 刘敏莺,等. Rational Rose 2003 基础教程. 北京:冶金工业出版社,2005.

[16] 徐宝文,等. UML 与软件建模. 北京:清华大学出版社,2006.

[17] 齐治昌,谭庆平,宁洪. 软件工程. 2 版. 北京:高等教育出版社,2004.